인간과 환경

문제와 희망을 엿보다

인간과 환경

문제와 희망을 엿보다

강신규 · 안태석 · 곽경환
김범철 · 김희갑 · 한영지 지음

북스힐

차례

제3부 미래 × 변화와 마주하기

프롤로그

지구는 우주의 관점에서 보면 떠다니는 하나의 섬입니다. 태양계에서 유일하게 생명체가 살아가는 행성입니다. 적절한 태양과의 거리, 공전과 자전 그리고 기울어진 자전축23.5도이 있어 4계절이 있고 비와 바람 등 다양한 기상조건을 가진, 현 인류*Homo sapience*가 태어나 살아온 보금자리입니다.

이 아름다운 지구는 지금으로부터 45억 년 전에 만들어졌습니다. 이 시간을 1년의 시간으로 바꾸고 지구에서 일어난 여러 가지 사건을 대입하면 다음과 같습니다. 첫 생명체인 난세포생물이 나타난 시간은 3월 중순이고, 다세포생물은 11월 초순, 공룡은 12월 12일 즈음에 나타나 지구를 지배했습니다. 인류는 12월 31일 19시경에, 문명의 탄생은 12월 31일 11시 59분입니다. 지구역사로 보면 인간이 지구의 주인이 된 시간은 매우 짧음을 알 수 있습니다.

최초의 생명은 번개를 에너지로 하여 무기물에서 유기물이 만들어진 데에서 유래했다고 합니다. 환원된 가스들과 번개는 DNA의 구성물질을 만들었고 이들이 뭉쳐 코아세르베이트Coacervate라는 원시 생명체가 만들어지고 점차 생명체로 발전하였습니다[1].

생명의 탄생과 더불어 지구역사에서 중요한 사건은 바로 광합성 생물이 나타나면서 산소를 만들어 낸 것입니다. 초기 지구는 암모니아, 수소, 메탄 등 환원 상태의 가스로 가득 찬 대기로 둘러싸여 있었고, 약 35억 년 전에 지구 바다에서 광합성 색소를 가진 미생물이 나타났습니다. 환원 상태의 물질을 산화하면서 에너지를 얻는 물질대사과정을 가진 생물체였습니다.

이들 광합성 원시미생물은 물과 이산화탄소를 이용해 유기물을 합성하고 그 과정에서 산소를 만들어 공기 중으로 내보냈습니다. 그리고 하늘로 올라간 산소분자는 태양에서 오는 자외선에 의하여 오존이 되고 이 오존이 모여 오존층을 만들었는데, 요즈음 '오존층 파괴'라 불리는 현상이 발생하는 바로 그 성층권의 오존층입니다.

오존층은 태양에서 오는 자외선을 막아주는 유익한 역할을 합니다. 자외선은 생물의 유전자인 DNA의 변이를 유발하여 생물을 죽이거나 변이를 유발하는데, 오늘날 살균법의 하나인 자외선법도 이 원리를 이용한 것입니다. 따라서 오존층이 생성되기 전에 생물체는 바다에서만 살 수 있었고, 자외선이 차단된 후에야 육지로 진출하게 됩니다. 그리고 대기에 풍부한 산소를 이용해 에너지를 생성하는 생명체가 등장합니다.

바다에 비해 거칠고 불확실한 육지 환경에 노출되면서 생명체의 진화 속도는 매우 빨라져 다양한 생물체들이 등장하였습니다[2].

현생인류는 약 20만 년 전에 출현하였습니다. 아프리카에서 출현한 현생인류는 세계 곳곳으로 퍼져 나갔고 1만 년 전인 신석기 시대에 접어들면서 목축과 농경을 시작하게 됩니다. 현생인류 이전에는 북경원인, 자바원인, 네안데르탈인, 데니소바인 등 구 인류가 나타났다가 사라졌습니다. 현생인류는 사회적 생활을 하면서 주변의 환경을 변화시켰습니다. 청동기시대를 지나면서 인구가 늘어, 복잡한 사회정치 조직이 만들어졌고, 주로 강을 끼고 문명이 발생한 후 주위로 퍼져 나갔습니다. 그리고 인류는 자연을 희생양 삼아 팽창에 팽창을 거듭해 갑니다.

제1부

과거 - 환경변화의 서막

01

인간과 환경

강신규

생물은 주변 서식처의 물질과 에너지 자원을 이용해 살아가며 거꾸로 주변에 영향을 미칩니다. 현존하는 모든 종species은 주변으로부터 물질과 에너지를 성공적으로 얻도록 진화한 결과입니다. 사람도 마찬가지입니다. 다만 야생종과 달리 사람은 세대와 세대를 거듭하면서 '주변'의 범위와 '자원'의 종류를 아주 넓게 확장해 왔습니다.

현존하는 모든 종은 성공적으로 자손을 퍼뜨린 결과입니다. 자손을 퍼트리고 자원을 얻는 과정에서 구애도 하고, 경쟁도 하고, 협력도 하고, 먹고 먹히기도 하는 등 다른 생명체와 다양한 관계를 맺습니다. 무리를 지어 사회 생활을 하기도 합니다. 사람도 마찬가지입니다. 다만 야생종과 달리 사회성이 유독 뛰어난 인간은 세대와 세대를 거듭하면서 '관계'의 범위를 넓히고 복잡하게 형성해 왔습니다.

인간은 '자원resource'과 '서식처habitate'와 '관계relationship'를 다루는 데 있어 탁월한 능력을 개발함으로써 지구생태계의 운명을 좌우하는 지배적 생물이 되었습니다.

한 개체가 살아가면서 마주치고 이용하고 영향을 주고받는 모든 주변 생물들, 물질과 에너지, 그리고 이들과의 관계를 통칭하여 그 개체의 환경이라 부릅니다. 그 개체가 인간일 경우 인간 환경이라고 부를 수 있습니다. 이 책은 우리 주변의 여러 대상과 이들과의 관계에 대한 이야기입니다. 오늘날 우리 주변은 지구 전체로 확장되었고, 덩달아 관계도 아주 복잡해졌습니다. 눈에 띄지 않는 숨은 관계들 혹은 아직 모르는 관계들이 하나둘이 아니라서 우리가 무언가를 하면서 주변 환경에 미치는 부작용을 최대한 줄인다 해도 종종 낭패를 보기 십상입니다.

농작물의 병해충 예방을 위해 개발했던 DDT는 잔류 독성이 강해 사용을 금지했지만 50년이 지난 지금도 땅과 바다에 남아 상위포식자인 바다사자의 불임률을 높였습니다. 아주 적은 양이긴 하지만 계란 껍질에서도 검출되었습니다(14장 참고). 내연기관 자동차는 백여 년의 역사를 뒤로 하고 전기자동차에 자리를 내주고 있습니다(6장 참고). 청정에너지라 여겼던 원자력발전은 몇 차례의 사고를 겪으며 논란의 대상이 되었습니다(7장 참고). 화석연료 사용량이 늘면서 지난 이백 년 만에 대기의 이산화탄소 농도가 130 ppm 증가했습니다. 이것은 과거 10만 년 동안에 100 ppm 정도 오르내리던 자연의 변화량보다 클 뿐 아니라 어마어마하게 빠른 변화속도입니다[3]. 이미 기후변화의 서막이 열렸습니다.

환경시스템

인간 환경은 여러 구성품들이 다양한 관계를 맺으며 작동하는 복잡계complex system의 일종입니다. 세균, 바이러스, 벌레, 식물 등 다른 생명체들이 있고, 공기, 물, 흙 등 비생명 물질과 태양광, 바람, 지열 등 다양한 에너지를 담고 있습니다. 이 각각의 구성품은 서로 따로 놀지 않고 시계의 부품처럼 서로 맞물려 작동합니다. 구성품 중 일부가 망가지거나 부실하게 작동할 경우 공룡이 멸종했던 것처럼 인간 역시 생존을 위협받을 겁니다. 구성품은 전체가 하나가 되어 작동합니다. 이런 전체를 시스템이라 부릅니다. 인간 환경은 인간 환경시스템입니다. 앞으로 이 책에서는 인간 환경을 간단히 환경 혹은 환경시스템이라 부르겠습니다.

구성품 중에 생물을 포함한 시스템을 우리는 생태계ecosystem라 부릅니다. 인간 환경시스템도 생태계의 일종입니다. 시계부품을 조립하면 시계가 되고 건전지를 넣으면 시계가 작동하듯이, 생태계도 부품, 조립, 에너지가 필요합니다. 생태계에서 시계의 부품에 해당하는 것은 온갖 종류의 생물과 더불어 공기와 물 등의 무생물자원을 포함한 물질자원입니다. 조립은 시계부품들끼리 서로 관계를 맺어주는 것으로 생태계에서는 인간과 자원과 에너지 간에 맺어지는 관계를 의미합니다. 그리고 태양에너지, 화석에너지, 유기물에너지 등이 시계의 건전지와 같은 역할을 함으로써 생태계의 구성원들 사이로 물질이 순환하고 에너지가 흐르며 생명체는 자라고 번식하게 됩니다.

우리 주변엔 다양한 시스템이 있습니다. 부엌에 믹서기, 전자레인지,

식기세척기가 있고 거실에 에어컨, 청소기, TV가 있습니다. 이것들은 가정 시스템의 일부입니다. 가정은 동네, 학교, 회사, 국가 등 더 커다란 사회시스템의 일부입니다. 이처럼 하나의 시스템은 더 큰 시스템의 일부가 되기도 합니다. 시스템에는 상위, 하위와 같은 위계가 있습니다. 하지만 위계가 꼭 엄격한 서열구조를 의미하진 않습니다. 가정은 사회에 영향을 받지만 일부 가정의 변화가 주변으로 전파되어 사회의 규칙을 바꾸기도 합니다. 자연생태계에서도 한 종의 변화가 다른 여러 종에 영향을 미쳐 생태계의 구조와 작동방식이 변화하는 경우가 있습니다. 이처럼 생태계에서 수는 많지 않아도 중요한 역할을 담당하는 생물종을 핵심종keystone species이라 부릅니다. 한편 단지 개체수가 많아 다수를 차지하는 생물종은 따로 구분하여 우점종dominant species이라 합니다.

핵심종의 주요한 특징은 대체불가성에 있습니다. 즉 꼭 필요한 역할을 일부 특정 생물들만 수행하는 경우입니다. 하지만 자연생태계에는 약간의 차이가 있을 뿐 비슷한 역할을 하는 여러 종이 공존하는 경우가 많아서 대체불가보다는 대체가능한 경우가 더 흔합니다. 따라서 핵심종은 엄격한 의미의 대체불가성보다는 그 어려움에 방점이 찍혀 있다고 보는 게 합리적입니다. 예를 들어 생태계 먹이망에서 가장 복잡한 먹이사슬 관계를 가진 생물종이 사라지면 다른 생물들 간의 관계가 크게 요동치며 변화할 것입니다. 자연에서 흔히 볼 수 있는 핵심종의 사례이며, 보통 이 역할을 담당하는 것이 여러 종류의 사냥감을 노리는 포식자와 여러 식물의 생식에 관여하는 벌들bees입니다(15, 16장 참고).

환경문제는 환경시스템에 장애 혹은 빠른 변화가 발생한 경우이며 이를 시스템적으로 보면 자원과 에너지 그리고 폐기물의 문제로 단순화할 수 있습니다. 이 중 어느 하나에 문제가 생기면 다른 것도 영향을 받는데, 이런 연결성이 환경문제를 복잡하게 만듭니다.

예를 들어 더 많은 식량을 생산하기 위해 살충제를 개발한 것은 일견 합리적 해법이었습니다. 하지만 살충제는 독성물질농축 문제를 야기했습니다(14장 참고). 에어컨의 냉매로 사용된 염화불화탄소CFCs, 일명 프레온가스 개발은 인류의 삶의 품격을 높여 주었습니다. 하지만 사용 후 폐기물이 된 염화불화탄소는 성층권 오존을 파괴하는 주범으로 판명되어 사용이 금지되었고 대체물질이 개발되었습니다. 그런데 이 대체물질이 지구온난화를 초래하는 온실가스의 일종이라 아직도 에어컨 냉매에 대한 논란은 끝나지 않았습니다(9장 참고). 20세기 초반 트랙터의 개발과 미국 중서부의 농경지 개발은 환호를 받았습니다. 하지만 트랙터와 농지가 1930년대 발생한 엄청난 모래폭풍의 원인을 일부 제공하였기에 마냥 환호할 수만도 없습니다(이와 관련해 존 스타인벡의 '분노의 포도'란 소설을 추천합니다)(10장 참고).

인류와 환경

사람은 지구의 자원과 에너지를 이용하고 폐기물을 배출하면서 환경과 다양한 영향을 주고받습니다(8, 9, 13, 18, 19장 참고). 오늘날 사람의 영향력은 상당합니다. 하지만 인류사의 대부분 기간 동안 사람의 영향은 무시할 정도로 작았습니다. 인류가 가공할만한 힘으로 지구환경을 좌우하게 된 것은 1800년대 산업혁명 이후로 고작 200년 정도에 불과합니다. 하지만 1만 년 전 농경의 시작, 오천 년 전 고대문명의 탄생, 기원전 제국국가의 건설, 13세기 몽골제국의 확장, 16세기 대항해시대의 개막 등 몇몇 계기를 거치며 인류는 조금씩 조금씩 환경에 미치는 영향력을 확장하며 힘을 키워왔습니다.

작물재배는 산림의 대규모 훼손을 초래했고 이는 인류역사상 사람이 지구기후에 영향을 미친 첫 사례가 되었습니다(4장 참고). 고대 이래로 농경지가 확장하면서 숲의 이산화탄소 흡수량이 줄어들었습니다. 농경지 확장은 결과적으로 대기 중 이산화탄소 농도를 약 40 ppm 정도 높이는 데에 기여했다고 합니다. 이 양은 지난 5백만 년의 빙하시대 동안에 나타난 자연적인 대기 이산화탄소 변화의 절반에 해당하는 상당한 크기입니다. 빙하시대 동안 이산화탄소 농도는 약 200 ppm에서 300 ppm까지 늘었다 줄었다를 반복해 왔습니다(3장 참고).

인구가 늘면서 농경지도 늘었고 대기의 이산화탄소 농도도 함께 증가했습니다. 반면에 큰 전쟁을 겪거나 질병이 창궐했던 시기엔 인구가 줄어 많은 농경지가 버려져 숲으로 다시 변했고 대기의 이산화탄소 농도도 함께 줄어들었습니다. 기후학자들은 중국 5호16국 시대의 잦은 전쟁, 몽골제국의 건설, 유럽 페스트 창궐, 신대륙 발견과 아메리카 원주민 몰살 등의 시기에 지구 대기의 이산화탄소 농도가 낮아졌다는 것을 발견했습니다. 여기에 16~18세기의 다소 한랭건조했던 소빙하기 Little ice age가 찾아왔습니다.

그러다 19세기에 들어서며 지구기후에 반전이 일어납니다. 변화의 가장 큰 동력은 폭발적인 인구증가와 내연기관의 발명, 즉 화석연료 기반의 산업혁명이었습니다(2, 6장 참고). 초기의 면직류 등 공산품 부문의 개발에 이어 농업부문, 교통부문으로 화석연료 사용이 확대되면서 화석연료 시대를 열었습니다. 지난 200년간 화석연료는 지구 대기의 이산화탄소 농도를 산업화 이전의 약 280 ppm에서 2019년 기준 410 ppm까지 올려놨습니다[5]. 앞으로 100년 이내에 적어도 600~800 ppm 정도까지 올라갈 것으로 예상하고 있습니다. 대기의 이산화탄소농도가 증가하면서 기후, 빙하, 동식물, 해류, 해수면 등 다방면에서 지구생태계의 변화가 발생하고 있습니다(22, 23, 24장 참고).

하지만 지구역사에서 800 ppm의 대기 중 이산화탄소 농도는 그다지 높은 편이 아닙니다. 마지막 초연결대륙이던 2억 년 전의 판게아 Pangaea대륙 시대 이산화탄소 농도는 2,000 ppm에 달했습니다. 하지만 인류는 판게아 대륙 시대로부터 약 2억 년이 지나 대기의 이산화탄소가 250 ppm 정도로 낮아진 환경에서 탄생하고 살아왔습니다(3장 참고). 오늘날의 410 ppm! 이미 우리는 선조들이 한 번도 경험하지 못한 새로운 대기 환경을 만들었고 앞으로 그 속에서 살아갈 길을 찾아야 합니다.

합성화학물질의 개발도 화석연료만큼이나 환경에 큰 영향을 주었습니다. 우리가 늘 달고 사는 비닐, 플라스틱, 스티로폼을 비롯해 의류, 의약품, 농약과 비료, 건축자재 등등 무수히 많은 합성물질이 만들어졌고 그만큼 쓰레기도 많아졌습니다. 이들은 원래 자연에 없던 것이라, 자연은 이들을 처리할 방법을 아직 모릅니다. 간혹 플라스틱을 분해하는 미생물을 발견했다는 뉴스가 들려옵니다만 완벽히 통제한 실험실의 환경은 험악한 바깥 세상과는 너무도 다릅니다(18장 참고).

합성화학물질을 만들고 사용하고 폐기 처리하는 과정에서 인체에 유해한 물질들이 배출됩니다. 인체의 호르몬 작용에 영향을 주거나, 암을 유발하거나, 호흡기를 손상시키는 등 그간 알지 못했던 유해성이 하나둘씩 새롭게 밝혀지고 있습니다. 폐기물을 소각하는 과정에서 다이옥신dioxin 등 건강에 유해한 물질이 배출됩니다. 땅에 버려진 폐기물 중 일부는 강과 바다로 흘러들었고, 시간이 지나면서 잘게 쪼개져 새우, 물고기의 내장에 축적됩니다. 해류를 타고 흘러가 태평양 한가운데에 쓰레기 섬을 만들기도 합니다. 오늘날 사람이 만들어낸 합성화학물질 쓰레기는 공기와 물과 땅과 동식물에 잔류하며 환경의 새로운 구성원이 되었습니다.

사람은 생명 부문에서도 이전 자연생태계에 없던 새로운 구성원을 만들어냈습니다. 유전자변형생명체LMO, Living Modified Organism; 흔히 GMO라 부르기도 함입니다. 굶주리지 않고 배불리 먹는 것은 인류의 오랜 희망입니다. 인류 역사의 몇 차례 중요한 기술적 혁신은 식량과 관련이 있습니다. 인류는 야생 곡물과 야생 짐승을 순화시켜 안정적으로 탄수화물과 단백질을 얻는 수단으로 삼았고 더 많은 식량을 생산하는 품종으로 개량했습니다. 과거 육종을 통해 유전자를 선택하던 수준을 넘어 이젠 인위적으로 유전자 조합을 변형하는 단계에까지 이르렀습니다.

오늘날 우리는 알게 모르게 직간접적으로 LMO 식품을 섭취합니다. 먹이사슬을 거쳐 우리 식탁에 올라오는 음식에서 LMO를 완벽히 걸러내기 어려울 정도입니다. 세계보건기구WHO는 LMO에 대해 '아직 위험성이 발견되지 않았다'라는 정도로 애매한 우려를 표하고 있습니다. 우리나라는 식품 성분 표기에 LMO 포함 성분을 표기하도록 법제화하였습니다. 이제 LMO 역시 우리 환경의 새로운 구성원이 되었습니다.

인류는 기존 환경시스템의 구성원을 없애거나 새로운 구성원을 추가함으로써 결과적으로 구성원 간의 관계에 변화를 가져왔습니다. 환경 변화를 유발한 결정적 계기는 인구증가입니다. 적어도 겉보기엔 그렇습니다. 19세기 이후 그간 경험하지 못했던 놀라운 속도로 인구가 증가했고, 앞서 얘기한 여러 가지 환경의 변화가 생겨났습니다. 하지만 19세기의 인구증가는 이전 세기에 과학적 토대를 마련했던 의약, 물리, 화학 등 자연과학의 발달과 시민사회, 자본주의 등 사회과학의 발전에서 변화의 모멘텀을 얻었습니다(2장 참고). 그리고 인구증가는 거꾸로 과학의 발전을 견인하여 환경에 대한 인간의 영향력을 증폭시켜 왔습니다. 사람과 환경의 공존을 위한 해결의 열쇠는 양의 되먹임positive feedback으로 자가 증폭하는 인구-과학기술-사회경제의 연관고리를 인구-과학기술-사회경제-지속가능환경 체계로 변환함으로써 환경 고유의 증폭을 억제하는 음의 되먹임negative feedback 기작을 적극 수용하는 것입니다.

변화하는 환경,
인류의 미래는?

오늘날 우리의 과학기술과 사회경제체제 그리고 한껏 늘어난 인구는 지구생태계를 변화시키는 막강한 힘을 가지게 되었습니다. 이미 힘은 쓰였고 환경은 변화하고 있습니다. 환경의 변화는 거꾸로 우리 인류에게 어떤 영향을 미칠까요?

다윈은 종의 진화를 자연선택natural selection의 결과로 해석했습니다. 서식처의 환경이 변한 경우, 혹은 종이 다른 서식처로 이동해 새로운 환경을 만날 때 그 종은 달라진 환경에 적응해 살아남거나, 사멸하거나, 아니면 다른 좋은 곳을 찾아 이주하게 됩니다[6]. 진화에서 선택의 의미는 환경에 잘 적응해 자손을 많이 퍼트려 살아남았다는 것입니다. 사람마다 모습과 성격이 다르듯이, 같은 종이라 해도 개체마다 유전자 조합이 조금씩 다릅니다. 이 중에서 새로운 환경에 잘 적응하고 자손을 많이 낳은 개체의 유전형질이 자손대대로 번창할 것이고, 이를 자연선택이라 합니다. 자연선택은 사람의 선택과 달리 의도가 없으며 적응과 생존의 결과입니다(24장 참고).

마찬가지로 환경변화는 인류에게 가해지는 선택압을 높이고 있습니다. 인류는 변화한 환경에 더 잘 적응하기 위해 열심히 노력하는 중입니다. 준비가 잘 된 집단은 빨리 적응해 경쟁에서 우위를 차지하고 번성할 가능성이 높습니다. 반면에 내 코가 석자라 살기 바쁜 집단은 준비할 겨를도 없이 선택압에 고사해버릴 수도 있습니다. 환경변화를 만든 것이나 여기에 잘 준비된 것이나 모두 선진국의 몫이 크니 환경변화는 빈익빈 부익부를 더 심화시킬 수 있습니다. 따라서 국제환경문제 해결 과정에 개발도상국과 선진국의 입장이 다를 수밖에 없습니다. 이를 흔히 남북문제라 부르는데, 개발도상국과 선진국이 각각 지구의 남반구와 북반구에 주로 많이 분포하기 때문입니다(25장 참고).

야생의 자연선택은 변화한 환경에서 살아남아 자손을 남기려는 본능의 결과입니다. 이런 면에서 우리 사람도 비슷한 구석이 있지만, 야생종과 다른 큰 차이가 하나 있는데 역사학자들은 이를 인간의 상상력이라 부릅니다. 상상력은 인류역사의 주요한 변화를 견인해왔습니다. 불의 발견, 작물재배, 가축, 승마, 대포, 비행기, 내연기관, 원자력, 합성섬유, 농약, LMO, 로봇, 인공지능, 화성탐사, 민주주의, 시장경제 등 인간은 상상한 바를 하나씩 현실로 만들어 왔습니다.

지금까지 우리가 알고 있던 모든 지식을 모아 최선의 지혜를 짜낸다 해도 오늘날 변화하는 새로운 환경의 구조와 작동원리를 완벽히 이해하고 통제할 수 없습니다. 우리는 아직도 환경시스템의 구성원과 연관성을 모두 이해하지 못합니다. 조금씩 나아진다고 해도 미래에도 마찬가지일 겁니다. 하지만 지구온난화처럼 지구환경은 이미 변하고 있기에 부족하면 부족한 대로 가깝고 먼 미래에 발생 가능한 문제를 예견하고 해결책을 찾아가야 합니다. 과거에도 그러했듯이 오늘날 과학의 불확실한 부분을 인간의 상상력으로 메꾸어 최선의 길을 찾아야 합니다. 앞으로 이어질 여러 이야기 꼭지에서 인간 환경의 지속가능한 미래를 탐색하는 상상의 나래에 도움이 될 만한 몇 가지 이야기 꾸러미를 풀어보겠습니다.

02

작아지는 지구 - 인구 이야기

강신규

인구는 많아도 걱정 적어도 걱정입니다. 2020년 세계인구는 78억 명으로 2011년에 70억 명을 찍은 후, 불과 9년 만에 8억 명이 늘었습니다. 호모 사피엔스*Homo sapiens*가 탄생한 후 인구가 10억 명이 되기까지 20만 년이 걸렸지만, 그 10억이 70억으로 늘어나는 데는 단 200년이 필요했을 뿐입니다. 현재의 폭발적 인구증가 추세가 그대로 이어질 경우 2100년 세계인구는 156억이 됩니다. 인구증가 둔화를 감안할 경우 대략 110억 정도를 예측하고 있습니다. 실로 인구폭발이라 부를 만합니다.

반면에 한국의 상황은 사뭇 달라서, 2020년에 주민등록 인구가 오히려 전년보다 줄어들었습니다. 저출산, 노동인구 감소에 대비해 사회경제구조를 리모델링해야 한다는 목소리가 높아가고 있습니다. 인구가 늘면 자원과 환경을 걱정하고, 인구가 줄면 생산과 경제를 걱정하니 인구는 많아도 걱정 적어도 걱정입니다. 이번 이야기 꼭지에서 인구변화의 원인과 과정을 살펴보고, 인구와 관련해 무엇이 문제이고 왜 발생하는지, 특히 환경과 어떤 관계가 있는지를 알아보겠습니다.

인구와 개체군 크기

20만 년 전에 등장한 현생인류는 인류역사 대부분의 시간 동안 다른 야생포유동물과 별반 다를 것 없이 먹잇감을 찾아 헤매며 살아왔습니다. 불확실한 자연의 생산성 때문에 수렵과 채집으로 얻을 수 있는 식량의 양은 들쑥날쑥하여 많은 인구를 안정적으로 부양하기 어려웠습니다. 부족한 식량, 숱한 질병과 부상 등으로 유아 사망률이 높았고 성인이 되어도 오래 살지 못했습니다. 그다지 멀지 않은 조선시대만 해도 왕의 평균 수명은 46.1세였고, 백성들의 평균 수명은 35세 혹은 그 이하였을 것으로 추측하고 있습니다[7].

사람의 인구수와 같은 의미로 야생동식물의 경우에는 개체군 크기 population size라는 개념이 있습니다. 개체군은 같은 종에 속하는 개체들의 무리입니다. 사람도 호모 사피엔스 개체의 집단이니 인간개체군이라 불러도 무방하지만 그냥 우리끼리는 인구라 부르고 맙니다. 집단을 이루는 개체들의 총수를 개체군 크기라 합니다. 지리산에 곰이 100마리 있다고 가정하면, 지리산의 곰개체군 크기는 100마리가 됩니다. 그럼 지리산 곰개체군의 크기는 어떻게 변화할까요?

새끼를 출산하면 더해지고 사망하면 줄어듭니다. 여기에 더해 약 100 km 떨어진 덕유산에 살던 곰이 이사오면(유입) 늘어나고 반대로 지리산에서 다른 곳으로 이사가면(유출) 줄어듭니다. 보통 잠깐 방문했다 돌아가는 건 개체군 크기에 넣지 않습니다. 이를 정리하면 (개체군 크기 변화량 = 출산 - 사망 + 유입 - 유출)이란 식에 따라 개체군 크기가 늘기도 하고 줄기도 함을 알 수 있습니다.

지구에는 엄청나게 많은 야생종이 있습니다. 하지만 생태학자들은 그 다양한 생명체들을 출생, 사망, 이주 특성에 따라 두 가지 개체군 유형으로 구분합니다. 한쪽 극단에는 많이 낳고 일찍 죽으며 빨리 이주하는 특성을 가진 종들이 있고, 반대쪽 극단에는 적게 낳고 오래 살며 이주하길 주저하는 특성을 가진 종들이 있습니다. 전자와 후자의 생존전략을 각각 r-전략, K-전략이라 부릅니다. 우리 주변에서 볼 수 있는 r과 K 전략 생물에는 무엇이 있을까요?

우선 인간은 K 전략종에 가깝습니다. 곰, 사자, 호랑이, 고래 등 대형 포유류의 대부분이 K 전략종에 해당합니다. 많이 낳고 떼로 이동하는 메뚜기, 쥐 등은 r 전략종에 해당합니다. 식물도 이런 구분이 가능합니다. 한 곳에 오래 자리잡고 자라는 수목은 K 전략종에 가까우며 매해 자라고 죽으며 많은 씨앗을 퍼뜨리는 민들레와 같은 풀은 r 전략종에 가깝습니다.

r과 K 전략종은 시간에 따라 개체군 크기가 변하는 양상이 서로 사뭇 다릅니다. r 전략종은 빠르게 증가해 가용한 먹이와 서식공간이 부족해져 성장의 한계에 부딪히면 성장 속도를 줄이는 등의 여유도 없이 수

가 급감합니다. 시간에 따른 개체군 변화 그래프 모양이 영문자 J와 비슷하다 하여 J형 개체군 성장이라 합니다. 반면에 K 전략종은 수명도 길고 개체 당 자손 수도 적어 개체군 크기가 천천히 변화합니다. 조건이 양호하다면 계속 자손을 낳아 수가 늘면서 성장의 한계에 접근합니다. 그러면 경쟁, 질병 등 생육조건이 열악해져 출산은 줄고 사망과 유출이 늘어 성장은 멈추고 개체수는 안정한 수준을 유지합니다. 이 변화 모양을 본 따서 S형 개체군 성장이라 부릅니다.

보통 r 전략종은 J형 성장을, K 전략종은 S형 성장을 보일 때가 많습니다. 하지만 현실은 그렇게 단순하지 않습니다. 기후변동, 화산, 쓰나미, 산불 등 온갖 종류의 자연재해가 관여하여 생육조건이 변화하는 까닭에 야생 개체군의 성장은 실험실에서만큼 뚜렷한 J형, S형 성장패턴을 보이지 않습니다. 그 몇 안 되는 자연의 예 중에서 메뚜기 떼 얘기를 해 보겠습니다.

r 전략종은 자손을 많이 낳기 때문에 먹이 구하기와 기후 조건이 양호할 경우 자손에서 자손으로의 출산이 급격히 늘어 개체군 크기가 커집니다. 하지만 조건이 안 좋아지면 많은 수가 죽거나 다른 곳으로 이주하기 때문에 개체수가 빠르게 줄어듭니다. 갑자기 메뚜기 떼가 창궐해 이동하며 길목에 있는 모든 곡식을 싹 다 먹어치우다 먹이, 기후, 천적, 질병 등의 한계를 만나서 소멸해 버리는 병해충 창궐 소식을 간혹 접하게 됩니다.

2020년 지구 곳곳에서 메뚜기 떼가 창궐했습니다. 인도 북부와 서부에서는 약 5만 헥타르 농지에 막대한 피해를 입혔고, 중국 운남성에 메뚜기 떼가 출몰하면서 인도의 수십 배인 380만 헥타르 땅에 피해를 주었습니다. 라오스 북부에서 번식하여 중국을 찾은 메뚜기 떼의 규모는 3만 명 이상의 사람이 먹을 수 있는 식량을 매일매일 먹어치우는 규모로 약 4천억 마리나 된다고 합니다. 2021년 초반엔 케냐, 에디오피아 등 동아프리카 전역이 메뚜기 때문에 매일 3만5천 명의 하루 식량이 증발해 버리는 난리를 겪었습니다[8].

이제 메뚜기 떼의 창궐과 소멸과정, 즉 메뚜기 개체군 크기의 변화를 출산, 사망, 이주 과정을 통해 설명해 보겠습니다. 암컷 메뚜기는 배 끝의 산란관을 통해 한 번에 수십 개의 알을 낳습니다. 평상시 저밀도 환경에서 부화한 메뚜기들은 모이지 않고 서로 피하는 습성을 가지기 때문에 메뚜기 떼로 발전할 가능성이 적습니다. 그런데 무슨 이유에서든 암컷이 고밀도 환경에 노출될 경우 보통 메뚜기의 알보다 더 큰 알을 낳게 되고, 이 큰 알에서 부화한 유충들은 무리를 지으며 페로몬을 방출해 다른 메뚜기들을 유인하여 점점 커다란 무리가 되어 갑니다.

메뚜기 떼가 늘어나면 식욕을 자극하는 호르몬이 더 많이 방출되어 왕성한 식욕으로 농경지를 휩쓰는 포악한 메뚜기 떼가 되어 갑니다. 먹을 것을 찾아 계속 이동하다가, 먹을 게 줄어들거나 생육에 불리한 기후환경에 접어들거나 인간의 강력한 방제활동 등으로 점점 수가 줄어들면 다시 저밀도가 되고 평상시의 순한 메뚜기 개체군으로 되돌아갑니다.

한편 메뚜기 떼 창궐의 첫 단추인 저밀도에서 고밀도 개체군으로 변화하는 과정에 기후변동이 관여하는 것으로 알려져 있습니다. 아프리카 사막메뚜기의 경우 건기 때 알 상태로 몇 년씩 땅속에 있습니다. 건기가 지속되면 쌓이는 알의 양이 많아집니다. 그러다 큰 비가 자주 내리는 해를 맞이하면 엄청난 수의 메뚜기 유충이 땅 밖으로 나오게 됩니다.

근래 지구 기후변화의 여파로 기후 변동성이 커져가고 있습니다. 덥고 춥고 습하고 건조한 상태 간의 기후 변동은 예로부터 있었지만 그 변동폭이 커져가고 있습니다. 이는 비단 메뚜기만이 아니라 다른 많은 동식물 개체군의 출산, 사망, 이주에 영향을 미칠 것이 분명합니다. 과연 우리는 많은 야생동식물의 생태에 대해 그들의 미래에 대해 그리고 우리 인간에게 되돌아올 영향에 대해 얼마나 이해하고 있을까요?

인류 개체군의 변화: 선사에서 현대까지

호모 사피엔스는 20만년 인류역사 대부분의 기간을 수렵과 채집으로 식량을 구하며 소규모 집단을 이루어 흩어져 살았습니다. 먹이 부족이 야생개체군의 성장 한계를 결정하듯이 초기 현생인류 집단의 크기는 안정적으로 구할 수 있는 식량의 양에 따라 정해졌습니다. 그리고 구할 수 있는 식량이 늘어남에 따라 점차 집단의 크기가 커지게 됩니다.

현생인류의 언어 사용은 인구증가의 첫 번째 파도를 만들었습니다. 인간은 보다 다양한 발성이 가능한 함몰 후두 구조를 가지고 태어났기 때문에 네안데르탈인 등 다른 호모*Homo* 속 영장류에 비해 탁월한 언어 능력을 발휘할 수 있었습니다. 고인류학자들은 과거 15만년에서 5만년 사이에 현생인류가 언어를 사용하기 시작했다고 추정합니다[9]. 언어는 소식과 정보를 보다 상세하게 전달할 수 있게 해주어 채집과 사냥의 효율성을 높여 주었습니다. 어디에 먹을 만한 과일이 있는지 언제 가면 많이 딸 수 있는지를 입에서 입으로 전달해주었고 사냥감을 어디로 몰아 어떻게 잡을지를 보다 자세히 의논하게 되었습니다.

시간이 지나면서 언어는 주위의 다른 공동체와 물물교환을 하여 남는 것과 필요한 것을 맞바꾸는 일도 가능하게 해주었습니다. 언어는 사냥과 채집과정 그리고 유통과정에서 필요한 계획과 약속 등 눈에 보이지 않는 것을 상상하는 능력을 키웠습니다. 이 모든 것이 인구증가와 공동체 규모의 확장에 기여하였을 겁니다. 그러다 1만 년 전에 이르러 곡물재배가 시작되고 점차 곡물이 주식의 자리를 차지하게 됩니다. 농경의 시작은 인구증가의 두 번째 파도를 불러 일으켰습니다.

땅을 개간해 파종하고 재배하는 곡물재배 과정에서 적절한 물 관리와 비옥한 토양은 생산량을 높이는 데에 아주 중요한 요소입니다. 큰 강은 주기적으로 범람하여 상류로부터 가져온 다량의 영양물질을 강 주변의 땅에 제공해 주었습니다. 이런 비옥한 땅, 범람원은 인근의 강물을 이용하기도 쉬워 농사에 적합했고, 여러 농경 집단이 강가를 따라 자리 잡았습니다. 개간과 관개에 많은 노동력이 필요했고 수렵과 채집에 비해 더 많은 식량을 안정적으로 생산함으로써 인구는 꾸준히 증가했습니다. 여기에 홀로세 최적기Holocene Optimum라 불리는 1만 년에서 5천 년 전까지의 비교적 따뜻하고 비가 잦았던 기후조건도 농업생산성 향상과 인구증가에 한몫을 담당했습니다. 하지만 고인류학자들의 연구결과를 보면 농경의 시작이 바로 인류의 영양상태를 향상시키는 데는 별로 기여하지 못한 것으로 판단됩니다. 오히려 농경시대 이전의 수렵채집인보다 초기 농경사회 사람들의 영양상태가 더 열악했다는 주장이 있습니다[10].

온난하고 다습했던 홀로세 최적기를 지나 지구기후는 전반적으로 더 쌀쌀하고 건조해진 쪽으로 변화하였고, 그 후 작은 기후변동을 거듭해왔습니다. 홀로세 최적기 이후에 기후는 농업에 불리한 쪽으로 변화했지만 다행히 철제 농기구의 사용과 관개 기술의 발달, 더 많은 숲과 초지를 농지로 개간하는 과정을 통해 농업생산성은 꾸준히 늘어 갔습니다. 이에 따라 인구 역시 비록 전쟁, 전염병으로 인한 부침에도 불구하고 꾸준히 그 수가 늘어났습니다. 그리고 마침내 1800년대 들어 인구 증가의 세 번째 파도가 밀려왔고 우리는 지금도 그 거센 물결을 맞고 있는 중입니다.

세 번째 파도는 초대형 쓰나미급으로, 인구는 1800년 10억 명에서 2020년 78억 명으로 불과 2백 년 사이에 약 8배나 증가했습니다. 세 번째 파도를 촉발시킨 원인은 출생률, 사망률, 이주량 등 개체군 조절에 관여하는 모든 항목이 개체군 크기를 증가시키는 쪽으로 작용한 데 있습니다. 이는 마치 하모니를 이룬 장대한 오케스트라 연주와 같았습니다.

신대륙에서 가져온 감자, 옥수수, 고구마가 가뭄 피해와 굶주림을 덜어주었고, 미국 중부의 광활한 콘벨트corn belt 지역 등 새로운 경작지가 개발되었고, 화석연료와 농기계를 이용한 대규모 농업이 가능해졌고,

살충제로 해충을 박멸하고, 인공 비료를 사용해 농업 생산성을 높였으며, 육종과 유전자 조작으로 병충해와 가뭄에 강한 품종을 개발하는 등 식량위기의 순간마다 다양한 방식으로 농업 생산량을 높임으로써 늘어난 인구를 부양할 수 있었습니다. 덕분에 개체군 크기가 커지면 자원부족과 영양상태 악화로 출산률이 떨어지는 야생동물과 달리 인류는 인구가 늘어감에도 불구하고 꾸준한 출산률을 유지할 수 있었습니다. 근래 우리나라를 비롯한 선진국의 출산율 감소는 먹이량 부족이 아니라 사회경제적 이유때문으로 야생동물의 경우와는 다릅니다.

출산율의 미미한 변화와 달리 사망률은 지난 200년 만에 놀라울 정도로 낮아져 현 인구폭발의 주요 원인이 되었습니다. 특히 인구변화에서 중요하게 바라보는 수치는 5세 이하 어린이의 사망률인데, 이 값이 1800년에서 2000년 사이에 약 40%에서 3%까지 낮아졌습니다. 이 사이에 무슨 일이 생긴 걸까요? 몇 가지 열거해보면, 백신 개발: 1796년 제너의 천연두 백신, 1885년 파스퇴르의 광견병 백신, 1940년대 독감 백신. 치료제 개발: 1897년 호프만의 아스피린, 1928년 플레밍의 페니실린. 위생 보건의 향상: 19세기부터 유럽, 미국 여러 도시에서 하수도 및 하수처리장을 건설해 콜레라와 같은 수인성 전염병 감소함 등등. 이처럼 1800년대 이후 예방, 치료, 위생, 보건의 발전이 사망률을 낮추는 데에 크게 기여해 왔습니다.

1492년 콜럼버스의 항해 이후 아메리카대륙으로의 유럽인 이주와 정착 역시 세계인구 증가에 큰 몫을 담당했습니다. 미국의 경우 1800년에 약 5백만 명이던 인구가 2020년엔 3억 3천만 명까지 늘어납니다.

같은 기간에 세계인구가 약 8배 증가했지만 미국은 66배 늘었습니다. 하지만 대륙 간 이주가 인류에게 새로운 서식처를 제공한 것은 아닙니다. 그곳엔 이미 오래전에 유라시아 대륙에서 이주해 온 원주민들이 살고 있었습니다. 신대륙으로의 이주는 구대륙의 인구과밀을 해소해 줌으로써 구대륙의 지속적인 인구증가를 도와주었지만, 아메리카 원주민은 유럽인이 가져온 질병으로 파멸적인 인구붕괴를 겪게 됩니다.

인구, 무엇이 문제일까?

첫째, 현재 지구의 인구규모는 지속불가능할 정도로 커졌습니다. 이미 지구 곳곳에서 식량과 쓰레기로 몸살을 겪고 있습니다. 높은 인구 증가율도 문제입니다. 19세기 이전에는 인구가 2배로 증가하는 데 대략 1,000년이 걸렸지만 최근에는 불과 40년마다 인구가 두 배로 늘어나고 있습니다.

둘째, 인구수도 문제지만 더 심각한 문제는 인구의 지리적 분포가 심각하게 불균등하다는 것입니다[6]. 도시에 살고 있는 인구의 비율이 1800년에 전체 인구의 3%였던 것이 2000년에 47%로 증가하였습니다. 도시에 과밀한 인구는 단지 사람이 많다는 이유만으로도 다양한 환경문제를 유발합니다. 도시인에게 필요한 식량, 에너지 등 온갖 종류의 자원을 외부에서 가져와야 하고, 엄청난 양의 쓰레기가 생겨나 어딘가에서 처리해야 합니다. 반면에 농촌지역에는 일손이 부족해 어려움을 겪어 농번기에 외국에서라도 노동인력을 보충해야 합니다. 도시민이 먹을 곡식과 고기를 싸게 많이 생산하기 위해 많은 양의 비료, 살충제, 항생제를 사용하는데, 이는 토양과 물을 오염시키는 원인 물질이기도 합니다(14장 참고).

특히 중국과 인도는 세계 인구의 1/3을 보유한 대표적 인구대국으로 식량, 에너지, 광물질의 블랙홀과도 같습니다. 에너지를 소비하며 엄청난 양의 검댕과 미세먼지를 내뿜어 주변국의 대기질마저 악화시키고 있습니다. 특히 이들 대기오염물질이 편서풍을 타고 동쪽으로 불어가는 까닭에 동쪽에 있는 나라들이 피해를 보고 있습니다. 문제해결을 위한 국가 간 협력이 필요합니다. 미국과 캐나다, 서유럽과 북유럽 등 몇몇 지역에서 국경을 넘는 대기오염물질 저감과 보상에 대한 성공적인 협력 모델을 개발한 바가 있습니다(25장 참고). 앞으로 아시아 지역에서도 좋은 협력 모델을 만들어가야 합니다.

세 번째 문제는 지구상에서 인구와 자원과 빈부의 분포가 지리적으로 일치하지 않는다는 것입니다. 중동지역은 인구는 적지만 석유가 많습니다. 식량, 석탄과 여러 광물자원도 같은 처지로 지역적 편중이 매우 심합니다. 중국은 호주에서 생산한 석탄의 큰손입니다. 우크라이나는 유럽의 식량창고로 이곳의 밀 생산량에 따라 런던과 파리의 빵 값이 오르내립니다. 이처럼 생산한 곳에서 필요로 하는 곳으로 자원이 이동합니다. 국가 간에 이루어지는 국제교역은 정치적 이유로 혹은 재해/재난을 이유로 종종 이동이 멈추곤 합니다. 빈부격차 역시 국가 간의 자원이동을 불균등하게 합니다. 가난한 나라는 필요한 자원을 충분한 양만큼 가져오기 어렵습니다.

너무 많은 인구, 빠른 인구증가 속도, 불균등한 인구분포, 인구-자원-빈부의 지리적 불일치 등은 인구문제의 다양한 측면입니다. 여기에 더하여 사람은 식량, 에너지, 광물, 합성화학물질을 소비하면서 대기와 땅과 물에 쓰레기를 배출하여 다양한 환경문제를 유발하고 있습니다. 인구는 많아도 걱정 적어도 걱정입니다.

이제 현대 환경위기의 근원인 인구문제에서 눈을 돌려 현대 환경변화의 또 다른 축이라 할 수 있는 기후변화의 배경에 관해 얘기해 보겠습니다. 혹자는 오늘날의 기후변화를 기후위기라 부르기도 합니다. 우선 현재 벌어지는 일을 이해하려면 먼저, '인류가 역사에 등장하기 이전, 오랜 지구역사에서 기후는 어떻게 변화해 왔을까?'라는 질문을 던져 보는 게 좋겠습니다(3장 참고). 그리고 여기에 우리 인류가 어떤 영향을 미쳐 왔고 미치고 있는지를 살펴보도록 하겠습니다(4장, 6장 참고).

03

온실가스와 기후의 역사

강신규

희미한 어린 태양의 역설

'희미한 어린 태양의 역설The faint young Sun paradox'을 아시나요? 태양과 지구 나이는 각각 50억, 45억 년 정도입니다. 지구가 어렸을 때 태양은 지금보다 25~30% 정도 더 어두웠습니다. 지난 500만 년의 빙하시대 동안에 약 3% 정도의 일사량 변화가 빙하기와 간빙기의 기후변화를 불러 일으켰으니 햇빛이 지금보다 30%나 적었다면 지구 전체를 얼어붙게 할 정도로 어마어마한 추위를 가져왔을 겁니다. 하지만 적은 햇빛에도 불구하고 오랜 과거의 지구는 지금보다 훨씬 더 따뜻했습니다. 오늘날 동토의 땅인 시베리아와 알래스카마저도 수억 년 전에는 잎이 넓은 식물이 자라고 공룡들이 어슬렁거리던 기후가 온화한 곳이었습니다.

옛날 옛적 태양이 지금보다 어두웠음에도 불구하고 왜 지구는 더 따뜻했을까요? 많은 고기후학자들은 지구온난화의 원인물질인 온실가스에서 그 답을 찾고 있습니다[3]. 대기의 이산화탄소 가스는 지표가 방출한 열선을 잘 흡수합니다. 그리고 다시 열선의 형태로 방출합니다. 지구 바깥으로 나가던 것을 흡수했다가 다시 방출할 때는 방향이 제각각이라 그중 반은 지표로 되돌아간다 보아도 무방합니다. 지표는 내보낸 열의 일부를 다시 되돌려 받는 셈이니 그 양이 많을수록 더워지게 됩니다. 이산화탄소, 메탄 등 온실가스 분자가 많을수록 지표에 되돌아오는 열의 양이 늘어납니다. 이렇듯 열선을 잘 흡수하는 기체를 온실가스라 하며 대표적으로 이산화탄소CO_2, 메탄CH_4, 아산화질소N_2O 등이 있습니다. 온실가스는 태양에너지와 함께 지구기후를 조절하는 중요한 역할을 담당해 왔습니다.

소행성 29277

1992년 발견된 '소행성 29277'에 백여 년 전 그린란드 빙하를 연구하던 중에 사망한 어느 기상학자의 이름이 붙여졌습니다. 처음으로 '대륙이동설'을 주장했던 알프레트 베게너Alfred Wegener입니다. 1930년 베게너는 연구팀을 이끌고 기후와 빙하의 관계를 조사하기 위해 그린란드로 향했습니다[11]. 그해 겨울 영하 60℃의 혹한과 눈보라를 헤치며 연구의 성패를 쥔 내륙 만년설 조사지 캠프로 겨울나기 식량을 전달하고 해안가 캠프로 귀환하던 중 실종되었고, 그의 시신은 다음 해 봄 그의 형에 의해 발견됩니다.

베게너는 1915년 그의 기념비적인 저서 '대륙과 해양의 기원Die Enstehung der Kontinente und Ozeane'에서 지질, 고생물, 고기후 등의 자료를 바탕으로 고대에 원래 하나로 연결되어 있던 대륙판게아이 점차 갈라져 이동한 결과로 오늘날과 같은 대륙의 분포가 만들어졌다는 대륙이동설을 주장합니다. 하지만 그의 가설은 여러 지질학자들로부터 혹독한 평을 받게 됩니다. 무엇보다 대륙이 이동하는 이유와 메카니즘을 설명하지 못했기에 베게너의 가설은 수십 년간 외면받게 됩니다. 그러다 1960년대에 이르러 지표 아래에 있는 맨틀의 대류가 지각을 이동시키는 원동력이라는 판구조론이 널리 인정되면서 대륙이동설은 판구조론의 선구이론으로 받아들여졌고 베게너는 현대과학사에 불후의 명성을 얻게 됩니다.

대륙이동과 이산화탄소

대륙이동설과 판구조론은 지구역사에서 대기의 이산화탄소 농도 변화를 이해하는 데에 중요한 단초를 제공합니다. 지표 아래에 위치한 맨틀은 상부와 하부로 구분됩니다. 맨틀의 상부는 암석권이라 부르는 단단한 고체이고, 하부는 암류권이라 불리는 용암처럼 흐를 수 있는 끈적끈적한 유체로서 지구 내부의 뜨거운 열 때문에 위아래로 원을 그리며 순환하는 대류 흐름을 하고 있습니다. 암석권은 지구 전체로 하나의 덩어리가 아니라 아래의 암류권이 만들어낸 여러 개의 대류 순환 고리에 따라 크고 작은 수십 개의 조각으로 나누어져 있습니다. 이렇게 쪼개진 암석권 조각을 지각판tectonic plate이라 부릅니다. 지각판은 암류권의 흐름을 따라 이동하면서 서로 멀어지기도 하고 만나기도 합니다. 멀어지는 지각들 사이로 암류권의 용암이 흘러나와 서서히 식으며 새로운 지각을 만들고, 지각끼리 충돌하는 곳에선 밀도가 높은, 즉 무거운 지각이 가벼운 지각의 아래쪽으로 파고들어 다시 암류권으로 녹아 들어갑니다.

꼭 그렇진 않지만 용암이 분출하는 곳은 대개 심해에 있어 바다 속 산맥 해령을 만들고, 대륙 언저리에는 판들이 충돌해 히말라야, 안데스 등의 고산지대를 만들었습니다. 바로 이곳 판과 판이 충돌해 지각이 암류권으로 녹아들어가는 곳에서 많은 화산이 생겨나 대기에 이산화탄소를 공급해 줍니다.

지구라는 행성이 만들어진 후 우리 지구는 어린 시절 충만했던 에너지를 꾸준히 발산하며 조금씩 더 안정한 상태로 변화해왔습니다. 새로운 지각을 만들고, 용암을 분출하는 방식으로 내부의 뜨거운 열을 끊임없이 해양과 대기로 방출했고 이 열은 다시 열선으로 바뀌어 서서히 우주로 사라져 갔습니다. 어린 지구의 대기는 지구 안쪽으로부터 지금보다 훨씬 많은 이산화탄소를 제공받았기에 강한 온실효과가 발생하여 희미한 태양에도 불구하고 따뜻한 기후를 유지하였습니다.

땅속의 온실가스

그럼 화산이 내 뿜는 가스에 왜 이산화탄소가 많이 들어 있을까요? 우리 지구의 땅속 깊숙한 곳에 원래 많이 들어 있던 걸까요? 이제 차근차근 과학자들의 연구 조각을 맞춰가며 퍼즐을 완성해 보겠습니다. 앞에서 판과 판이 충돌하는 곳에 화산 지대가 널리 분포한다고 했습니다. 주로 해양판과 대륙판이 충돌하는 곳입니다. 추운 깊은 바다 해령에서 만들어진 해양판 지각은 밀도가 높습니다. 해양판이 대륙판과 만나는 곳에서 해양판은 더 가벼운 대륙판 지각 아래 깊이 파고들면서 뜨거워지고 녹아 용암과 가스들이 혼재한 마그마를 만듭니다. 이 마그마 중 일부가 화산을 통해 지표로 분출하곤 합니다. 마그마에는 해양지각에 들어 있던 온갖 종류의 물질들이 녹아 있는데, 이들 중 일부가 변형되는 과정에서 이산화탄소 가스가 만들어집니다.

지각에서 가장 흔한 원소는 규소Si와 산소O이고 이들이 만든 다양한 종류의 규산염이 지각 암석의 대부분을 차지합니다. 한편 비가 만들어져 내리는 과정에서 공기 중의 이산화탄소가 녹아들어 빗물은 약한 산성을 띠게 되는데, 약산성의 빗물이 땅의 규산염을 녹여내 탄소를 포함한 탄산염 광물질을 만들어 바다로 흘러듭니다. 이들 탄소광물질은 결국 해저에 가라앉아 쌓이고 해양지각과 함께 오랜 시간 동안 서서히 이동하여 마그마가 만들어지는 땅속 깊은 곳까지 도달하게 됩니다. 이 곳의 뜨거운 열에너지로 인해 탄소광물은 탄소를 잃어버리고 다시 규산염으로 돌아갑니다. 이때 떨어져 나온 탄소는 산소와 결합해 이산화탄소가 된 후 화산 가스를 통해 다시 대기로 되돌아옵니다.

이렇듯 우리 지구에서는 육지의 규산염이 약산성 빗물에 녹아나는 화학적 풍화chemical weathering와 해저로 퇴적해 마그마 존으로 이동하는 지각의 생성-소멸과정이 함께 작동하면서 대기와 암석권 간에 탄소를 이동시키는 거대한 탄소 순환 고리가 작동하고 있습니다. 지구상에 생명체가 등장하면서 생물은 위에서 언급한 과정을 촉진해 탄소의 흐름양을 늘려 주었고, 암석권을 거치지 않고 대기-생물-토양 사이에서 이동하는 빠른 탄소 순환 고리를 새롭게 만들어냈습니다.

줄어드는 온실가스

이제 여러분은 지각 생성속도가 빠를수록 화산이 더 많은 이산화탄소를 대기로 뿜어낼 것이고, 비가 많이 내릴수록 대기의 이산화탄소가 많이 사라진다는 것을 알게 되었습니다. 대기의 이산화탄소 양은 대기로 들어오고 나가는 양에 따라 변화합니다. 유입이 유출보다 많으면 증가하고 반대로 유출이 더 많으면 감소합니다. 지금의 이산화탄소 농도(~410 ppm)가 수억 년 전(~2,000 ppm)에 비해 턱없이 낮은 것으로 보아 그사이에 유입보다 유출량이 더 많았다는 것을 짐작할 수 있습니다. 왜 이런 일이 생겼을까요?

첫째 가능성은 해양지각의 생성속도가 느려진 데에서 찾을 수 있습니다[3]. 일부 연구에 의하면 지난 1억 년간 지각 생성속도가 40% 정도 줄어들었다고 합니다. 따라서 화산가스에 의한 대기로의 유입량이 감소했습니다. 둘째 가능성은 과거 따뜻한 기후에서 비가 많이 내려 화학적 풍화량, 즉 유출량이 많았던 점을 들 수 있습니다. 셋째 가능성은 베게너가 주장한 대륙이동설과 관련이 있습니다. 약 2억 년 전 하나의 거대한 판게아대륙이 쪼개져 이동하기 시작했고, 약 1억 년 전에 이르러 대략 지금의 육지 모양과 비슷한 정도가 되었습니다. 하지만 여전히 대서양은 형편없이 작았고 태평양은 너무 넓었고 인도는 아직 남반구에 머물며 아시아대륙을 향해 북상하고 있었습니다.

대략 5천만 년 전 인도판이 아시아판과 충돌하면서 오늘날의 대륙 모양과 비슷해졌고 히말라야, 파미르, 티베트 등 해발 5천 미터 이상의 고산지대가 생겨났습니다. 그리고 가파른 산 사면을 따라 암석이 부서져 내렸고, 공기에 노출된 암석의 표면이 늘어났습니다. 한편 히말라야의 고산준령이 인도양에서 불어온 몬순의 비구름을 가로막아 산맥의 남쪽 사면에 많은 비가 내렸습니다. 늘어난 강수는 더 많은 대기의 이산화탄소를 흡수했고, 잘게 부서진 암석을 더 많이 녹여내 바다로 흘려보냈습니다. 즉 대기의 이산화탄소가 암석의 화학적 풍화에 다량 이용되어 대기로부터 빠져나갔습니다. 이런 지역 규모의 영향은 전지구의 이산화탄소 농도를 낮출 정도로 큰 파급력을 초래하였습니다. 남미의 안데스산맥, 북미의 로키산맥, 유럽의 알프스산맥 등 지구의 다른 지역에서도 비슷한 일이 진행되어 대기의 이산화탄소 농도를 낮추는 데에 기여했습니다.

앞서 언급한 세 가지 과정 모두 지난 1억 년간에 대기의 이산화탄소 유입량이 줄고 유출량은 늘어났음을 가리키고 있습니다. 그 결과 대기의 이산화탄소 농도는 약 2,000 ppm에서 200~300 ppm까지 낮아졌습니다. 그 영향은 상당하여 지구 평균기온을 15℃ 정도 낮추었고 결국 지구는 약 500만 년 전부터 극지방의 빙하가 연중 내내 녹지 않고 남아 있는 빙하시대에 들어서게 됩니다.

빙하시대의 기후를 어떻게 알아낼까?

빙하에서 수천 미터 깊이의 얼음을 채취하면 수십만 년 전 얼음 결정 사이에 우연히 붙잡힌 미세한 공기 방울을 찾아낼 수 있습니다. 고기후학자들은 이 공기 방울과 얼음 결정으로부터 과거의 온실가스 농도와 기후를 복원해 냅니다. 비슷하게 바다 아래의 땅을 굴착하여 찾아낸 옛날 옛적 살던 유공충의 단단한 껍질로부터 탄소와 산소의 동위원소를 분석하여 과거 기후변화와 빙하의 크기를 추정해냅니다. 과학자들이 빙하시대의 모습을 찾아내는 과정입니다.

동위원소라 함은 같은 원소지만 질량이 다른 원자를 얘기합니다. 예를 들어 수소원자는 전자와 양성자를 하나씩 가지고 있지만, 간혹 여기에 중성자를 하나 혹은 두개 더 가진 무거운 수소가 있습니다. 이를 중수소와 삼중수소라고 부르는데 자연에서 양은 아주 적습니다. 비슷하게 탄소와 산소도 질량이 다른 동위원소를 가지고 있습니다.

고기후 복원:
동위원소 이용법

탄소동위원소

식물은 광합성을 하는 과정에서 무거운 탄소보다 가볍고 빨리 움직이는 탄소를 더 많이 이용하게 됩니다. 식물이 가벼운 탄소를 골라 가져갈수록 공기 중에는 무거운 탄소 비율이 늘어나게 되고, 이는 바닷물에 녹아 들이기는 탄소 동위원소의 비율에도 영향을 미칩니다. 육상에 식물이 많을 때는 바다에 무거운 탄소의 비율이 높아지며, 반대로 식물이 적어지면 무거운 탄소 비율이 낮아집니다.

위의 내용을 빙하시대에 서로 교차해 나타났던 빙하기와 간빙기에 적용해 볼까요? 따뜻한 간빙기에 육상식물이 많아지며 선별적으로 가벼운 탄소를 대량 체내에 고정하면서 대기와 바다의 무거운 탄소 비율이 높아집니다. 빙하기가 되면서 식물이 대거 죽어 분해되고 잘 못 자라면서 간빙기에 고정했던 가벼운 탄소를 대량 배출하여 대기와 바다의 무거운 탄소 비율이 낮아집니다. 이런 원리를 바탕으로 과학자들은 빙하의 얼음과 바다 아래의 땅에서 깊이별로 무거운 탄소의 비율을 분석하여 언제 추웠고 언제 따뜻했는지를 파악해 냅니다.

산소동위원소

비슷한 이야기가 산소에도 적용되는데 다만 탄소는 식물의 양이 많고 적음에 대한 정보를 주었다면 산소는 빙하의 양을 추측하는 데 사용됩니다. 빙하기에 기온이 낮아지면서 대기의 수증기가 응결해 빙하가 커지게 됩니다. 냉동실에 성에가 끼는 경우를 연상하면 좋겠습니다. 대기의 수증기는 지표의 물이 증발한 것이고 지구 수증기의 상당량은 바다에서 발생합니다. 바다의 수증기가 육지로 이동하는 중에 가벼운 산소를 가진 수증기수증기는 두 개의 수소와 하나의 산소로 구성됨, H_2O가 무거운 것보다 더 빨리 이동해 빙하가 만들어지는 내륙 먼 곳까지 더 많이 전달됩니다. 따라서 빙하는 바닷물에 비해 가벼운 산소를 더 많이 가지고 있습니다.

빙하의 양이 늘어나 가벼운 산소를 선별적으로 더 많이 빙하에 담아두면 상대적으로 바다에서는 무거운 산소의 비율이 높아집니다. 반대로 빙하가 녹으면 가벼운 산소가 대량 방출되어 바다에 무거운 산소의 비율이 낮아집니다. 이런 이유에서 바닷물의 무거운 산소의 비율을 빙하 크기 변화 추정에 사용할 수 있습니다. 정리하면 빙하가 커지면 즉 추운 빙하기에는 바다의 무거운 산소 비율이 높아지고 무거운 탄소의 비율은 반대로 작아집니다. 빙하 얼음과 해저 토양에 대한 탄소와 산소 동위원소 분석은 우리에게 지난 수십만 년 동안의 기후변화를 복원하는 긴요한 수단을 제공해 주고 있습니다.

사라진 온실가스의 행방

한편 빙하에 담긴 미세한 공기 방울로부터 지난 80만 년 동안에 대기 이산화탄소의 농도가 약 200~300 ppm 사이를 오르내리며 변화했음을 알게 되었습니다. 이는 오늘날의 410 ppm에 비하면 아주 낮은 수준입니다. 과학자들은 바다 토양에서 추정해낸 무거운 산소의 비율과 빙하에 포집된 공기방울에 담긴 이산화탄소 농도를 상호 비교함으로써 빙하기에 이산화탄소 농도가 낮았고 간빙기에 높았다는 것을 찾아냈습니다. 그럼 간빙기의 대기 이산화탄소의 일부가 빙하기에 어디론가 사라졌다는 것인데, 어디로 갔을까요?

지구의 이산화탄소 저장소는 크게 보아 대기, 땅, 바다 세 곳이니, 대기의 이산화탄소는 땅 아니면 바다로 갔을 것입니다. 하지만 빙하기는 추워서 식물이 잘 자라지 못했고, 숲이 있던 고위도의 땅을 빙하가 덮었기 때문에 땅이 가져갔다고 보긴 어려워 보입니다. 남은 건 바다입니다. 그럼 빙하기의 바다는 어떻게 대기의 탄소를 간빙기 때보다 더 많이 가지게 되었을까요?

이 문제는 아직 완전히 해결되지 않았고 과학자들은 몇 가지 가능성을 제시하고 있습니다. 첫째 이산화탄소는 차가운 물에 더 쉽게 녹기 때문에 빙하기에 대기의 이산화탄소가 추워진 바다로 많이 녹아들었다는 주장입니다. 보통 바닷물 수온이 1℃ 떨어지면 대기의 이산화탄소 농도가 10 ppm 정도 감소하는데 2만 년 전의 마지막 빙하기에 바다의 수온은 지금보다 2~4℃ 정도 낮았다고 합니다.

둘째 바다에 사는 식물플랑크톤이 많이 자라고 죽어서 해저에 가라앉으면서 대기의 이산화탄소를 바다로 빨아들였다는 주장입니다. 육지는 강을 통해 땅에 풍부한 영양염을 끊임없이 바다로 흘려주어 육지 인근의 바다 생물을 풍성하게 만듭니다. 하지만 육지에서 멀리 떨어진 바다는 늘 영양염 부족에 허덕이고 있습니다. 다만 일부 지역에서 바다 아래의 심층 해양수가 표층으로 올라오며 해저 바닥에 풍부한 영양염을 가져와 식물과 어류가 풍부한 어장을 형성합니다. 세계의 어장이라 불리는 칠레 앞바다가 대표적인 경우입니다.

한편 빙하기에 빙하가 확장하면서 고위도의 차가운 공기가 오늘날 편서풍 지대인 중위도 지역까지 남하하여 편서풍 지역을 압박하게 되었고, 이는 깔때기 효과처럼 작용해 지금보다 훨씬 강한 편서풍이 불었습니다. 빙하기의 춥고 건조한 기후로 인해 내륙 안쪽에 사막 등 건조지가 널리 늘어난 상황에서 건조하고 푸석한 땅 위로 강한 바람이 불어와 많은 흙먼지를 바다 멀리까지 날려 보냈습니다. 이 미세한 흙먼지가 해수 표층에 철분 등 여러 영양염을 가져다주어 바다의 식물플랑크톤이 잘 자라면서 대기의 이산화탄소를 활발히 흡수하게 됩니다. 기후학자들은 이런 현상을 탄소펌프carbon pump라 부릅니다.

또 다른 가능성으로 빙하기에 관측된 해양 심층수 순환의 변화에 주목하는 학자들도 있습니다. 빙하기에 심층수 흐름이 변하면서 표층으로 영양염을 더 많이 방출해 탄소펌프를 잘 작동시켰습니다. 또한 해저에서 올라온 칼슘이 바닷물에 녹아 있던 이산화탄소와 결합해 석회 결정을 만들면서 해수 표층의 이산화탄소를 다량 제거했다는 주장입니다.

위에 언급한 여러 주장처럼 빙하기-간빙기의 기후변화 와중에 대기의 이산화탄소는 때론 감소하고 때론 증가하면서 기후변화에 힘을 보탰습니다. 기후변화를 추동한 원동력의 시작은 세르비아의 천문학자이자 기후학자였던 밀란코비치Milanković가 설명한 수만 년, 수십만 년 규모에서 증가와 감소를 반복해온 지구에 들어오는 일사량의 변화였습니다. 하지만 일사량 변화에 이어 대기 이산화탄소의 농도가 변화하며 기후변화에 뒷심을 보태주는 양상이 반복되었습니다. 일사량이 줄면서 이산화탄소가 같이 줄어 지구의 냉각을 부추겼고 일사량이 늘 때는 이산화탄소도 늘어나 온난화를 부추겼습니다. 이렇듯 지구는 지난 500만 년 동안 추웠다 더웠다를 반복해 왔습니다. 그리고 약 2만 년 전에 이르러 지난 10만 년 이래로 가장 추웠던 빙하기를 맞이한 후 급격한 온난기를 거쳐 오늘에 이르게 됩니다.

인류와 온실가스

이제 시간을 한껏 끌어와 과거 만 년 동안의 인류와 온실가스 간의 관계를 살펴보겠습니다. 제가 학생으로 공부하던 시절 인류의 조상은 아프리카의 오스트랄로피테쿠스*Australophitecus*이며 약 400만 년 전이라고 배웠습니다. 그런데 2000년대에 새로운 고인류 화석들이 발견되면서 적어도 세 후보가 '최초의 인류' 타이틀을 놓고 500~600만 년까지 거슬러 오르는 등 상황이 더 복잡해졌다고 합니다[10]. 하지만 '최초의 인류' 타이틀 논쟁이 어떻게 흘러가든 간에 대부분의 고인류학 연구자들은 더 추워진 쪽으로의 기후와 생태환경의 변화가 인류의 탄생에 연관되었다는 점에 공감하고 있습니다. 추워지면서 아프리카 적도 지방의 열대림은 서부 지역에 국한되었고 에디오피아, 케냐, 탄자니아 등 동부 고원지대는 오늘날처럼 나무가 듬성듬성하고 초원이 발달한 사바나 지대로 변했습니다. 인류와 침팬지의 공동조상은 서부 열대림에서는 유인원으로 동부 고원지역에서는 인류로 각각 진화해간 것으로 보고 있습니다.

그리고 진화에 진화를 거듭하여 지금으로부터 약 20만 년 전에 현인류 호모 사피엔스가 지구역사에 등장하게 됩니다. 다만 인류의 등장에 대해서는 아프리카 기원론과 다지역혹은 다연계 기원론이 여전히 경쟁

하고 있습니다. 사피엔스와 비슷한 시기에 살았다 사라져간 네안데르탈인과 제3의 인류라 불린 데니소바인이 어떻게 교류하며 유전자를 교환했는지에 대해서도 아는 바가 부족해 전체적인 그림을 그리기가 어렵습니다. 어쨌든 한 곳이었든 여러 곳이었든 여러 차례의 빙하기를 지나며 매우 강력했던 최근 빙하기를 코앞에 둔 3~4만 년 전에 이르러 현 인류는 '최후의 인류' 타이틀을 거머쥐게 되었고, 아메리카와 남극을 제외한 모든 대륙으로 퍼져 나갔습니다. 그리고 약 2만 년 전에 강력했던 추운 빙하기를 지나고 극적인 온난기를 맞이하게 됩니다.

선사시대 수렵채집인의 정착마을 흔적은 멀게는 14,000년 전까지 거슬러 오르지만, 약 1만 년 전 즈음에 고대 문명 탄생지를 중심으로 농경정착생활을 시작한 것으로 보입니다[4]. 정착생활은 당시 이들 지역의 주요 식량원이 수렵채집에서 곡물재배로 변화해간 것과 연관이 있습니다. 지금으로부터 약 만년에서 5천 년 전까지 기후가 무척 온화해 기온이 지금보다 3℃가량 높았고 비가 많이 내렸습니다. 홀로세 최적기라 부르는 곡물 재배에 유리한 기후환경에 힘입어 서남아시아와 동북아시아에서 시작된 곡물 재배가 북아프리카, 인도, 유럽, 동남아시아 각 지역으로 퍼져 나가며 인류는 본격적인 정착농경사회로 변화해 갔습니다. 하지만 유라시아 내륙의 건조한 초원지역은 여전히 곡물 재배에 적합한 생태환경이 아니기에 정착농업은 제한적이었고 대신 광활한 초원을 이동하며 가축을 키우는 유목이 널리 시행되었습니다.

서서히 인구가 증가하면서 더 많은 경작지가 필요했고 사람들은 숲과 관목지를 논과 밭으로 바꾸어 갔습니다. 그리고 초기농업은 대기의 온실가스양을 증가시킴으로써 인류가 야기한 기후변화의 첫 번째 사례가 되었습니다.

이는 첫째로 농경지를 얻기 위해 숲을 없애는 과정에서, 둘째로 쌀 재배를 위해 물을 채워 논을 만드는 과정을 통해 진행되었습니다. 숲을 없앰으로써 나무에 저장된 탄소가 다량 대기로 방출되었고, 나무가 있었다면 매해 성장하여 줄기와 뿌리와 흙에 저장했을 숲의 탄소 흡수 능력이 사라져 버렸습니다. 물론 작물도 자라며 탄소를 흡수합니다. 다만, 수확한 곡물은 먹어서 분해되고, 남은 잎과 줄기는 썩거나 태워버려 결국 작물이 흡수한 탄소는 대부분이 다시 대기로 돌아갑니다. 한편 논은 물이 차 있어 습지처럼 메탄가스를 방출합니다. 유기물이 분해될 때 산소가 부족하면 이산화탄소가 아니라 메탄이 만들어지는데 자연습지, 물을 채운 논, 초식동물의 반추위 등이 대표적으로 메탄이 발생하는 곳입니다.

지구역사에서 대기의 이산화탄소와 메탄 농도는 함께 증가하고 감소해왔습니다. 이산화탄소가 많았을 때 지구는 따뜻했고 빙하가 녹아 해수면이 높아졌고 비가 많이 내려 육지의 많은 지역이 물에 잠겼습니다. 늘어난 습지는 메탄을 더 많이 만들어냈습니다. 여기에 더해 인간이 만든 습지인 논과 인간이 가축화하여 수를 불린 소 떼들이 지구의 새로운 메탄가스 발생원으로 등장하게 됩니다.

과학자들은 모형과 고기후 관측자료를 이용해 농경사회 초기의 산림 제거와 벼 재배지 확장이 대기의 이산화탄소와 메탄 농도에 미친 영향을 평가하였습니다. 결과적으로 농업 영향이 없을 때보다 이산화탄소는 약 15%약 30 ppm, 메탄은 약 20%약 100 ppb 증가한 것으로 추정했습니다. 인류가 1800년대 중반 산업화 이후 화석연료 에너지 사회로 변하면서 대기의 이산화탄소 농도를 놀라운 속도로 증가시켰음은 주지의 사실입니다. 하지만 화석연료사회 이전에도 인류는 경작지 확장을 통해 작으나마 기후변화의 일원으로 참여해 왔습니다. 그리고 마침내 19세기 이후 우리 인류는, 급격한 인구증가와 화석연료 사용량 증가를 통해 그간 경험하지 못했던, 지구기후마저 요동치게 만드는 신인류의 힘을 발견하게 됩니다.

04

인류 작물을 재배하다

강신규

수십만 년을 수렵과 채집으로 연명해온 인류는 지금으로부터 1만 년 전 즈음부터 곡물을 재배하고 가축을 기르는 큰 변화의 길에 들어서게 됩니다[12]. 야생에서 자라던 곡물의 선조 식물들은 이미 선사시대 채집인의 수확 리스트에 있던 것으로 곡물 재배를 시작하기 전부터 인류와 밀접한 관계를 맺고 있었습니다. 채집인은 야생동물이 그러하듯 먹이 식물의 확산과 번식에 직간접으로 관여하여 야생 곡물이 더 널리 흔하게 자라는 데에 도움을 주었습니다.

선사시대 주거지 발굴을 통해 우리는 이들 야생 곡물을 재배하기 시작한 때와 장소를 대략적으로나마 그려볼 수 있습니다. 밀과 보리는 중동의 메소포타미아 지역에서, 쌀은 중국의 양자강, 기장은 황하와 요하 지역에서 재배되었고 8천 년 전에 이르러 이들 지역의 주요 식량자원으로 정착한 후 점차 주변부로 확산해 갔습니다[4].

대략 1만 년 전부터 곡물 재배 흔적이 발견되었지만, 언제 어디서 처음으로 시작되었는지를 추정하기란 쉬운 일이 아닙니다. 채집 중 우연히 발견해 따 먹다가, 쓸모가 커지면서 일부러 그 야생종이 잘 자라도록 다른 풀을 없애든지, 숲에 불을 지르는 등 여러 가지로 참견했을 겁니다. 그 와중에 야생 곡물의 생장과 번식 과정을 이해하게 되어 옮겨 심어보고 일부러 씨를 뿌려 길러보는 초기 재배단계에 들어서게 됩니다. 이런 모든 과정은 채집인의 정착 생활을 촉진하는 쪽으로 작용하고, 거꾸로 정착 생활은 정착지 주변에서 보다 안정적으로 식량을 구해야 했으므로 몇몇 야생 곡물을 선택하고 키워보는 시도를 촉진하게 됩니다.

한편 낚싯바늘, 덫 등 새로운 사냥도구가 등장해 가젤 등 큰 야생동물보다는 여우, 토끼, 새, 물고기처럼 작은 동물을 사냥하게 되면서 보다 많은 시간을 베이스캠프에서 지내게 됩니다. 이런 일련의 변화를 겪으면서 수렵채집인은 정착지를 만들어갔는데 그 흔적이 지중해 동쪽 해안지역고대에 레반트Levant라 불림, 지금의 이스라엘, 요르단 땅에서 유적지가 발견되어 나투피안Natufian 문화라 불리고 있습니다. 1만2천년 전후의 나투피안 유적은 수렵채집인이 농경사회 전부터 이미 정착해 살았음을 보여줍니다. 비록 이들 일부 유적지에서 곡물을 재배한 흔적이 발견되었지만, 곡물은 아직 주요 식량이 아니었습니다. 1만 년 전 즈음 곡물이 주요 식량원이 되면서 진짜 농경사회가 역사에 등장하게 됩니다.

이 넓은 지구의 오랜 역사 속에 왜 서남아시아와 동북아시아에서 곡물이 재배되기 시작했을까요? 그리고 왜 1만 년 전에 곡물이 주류 식량으로 등장하게 되었을까요? 확실한 답은 알 수 없습니다. 다만 기후, 지리, 생태, 인류 역사를 연관 지어보며 대략적이나마 그 이유를 추측해볼 뿐입니다. 이번 장에서는 상당히 강력했던 마지막 빙하기의 추위가 물러나며 지구가 따뜻해지고 비가 많이 내리게 된 과정을 설명하고, 이러한 기후변화가 생태환경과 수렵채집인 사회공동체에 미친 영향을 살펴보겠습니다.

마지막 빙하기 이후의 기후변화

빙하 면적이 정점을 찍었던 2만 년 전 이래로 지구기후는 극적인 변화를 맞이합니다. 무엇보다 지구에 들어오는 태양에너지가 늘어난 것이 변화를 견인했고 빙하가 녹으며 이산화탄소, 메탄 등 대기의 온실가스 농도가 증가한 것이 뒷심을 보탰습니다. 지구는 따뜻해지고 빙하가 줄어들며 기후는 요동쳤습니다. 마지막 빙하기는 지난 10만 년간의 몇 차례 빙하기 중에서 가장 추웠고 빙하가 가장 넓게 발달해 북미대륙에서는 미국 시카고와 뉴욕 이남의 중북부지역까지, 유럽에선 영국의 런던 이북지역과 독일 북부지역까지 빙하로 덮였습니다. 반면에 아시아대륙의 빙하는 북쪽의 시베리아 일부와 고산지 정도에만 분포했습니다.

일사량은 점차 증가하다 1만 년 전 고점에 도달한 후 다시 줄어듭니다. 이렇듯 일사량이 수만 년 규모에서 늘었다 줄었다를 반복하며 기후에 영향을 미쳐 왔는데 이는 지구의 공전과 자전운동 양상이 변하기 때문입니다. 20세기 초 세르비아의 천문학자이자 기후학자였던 밀류틴 밀란코비치Milutin Milankovitsh는 일사량의 수만 년 규모 변화를 수학적으로 증명했고, 이를 이용해 빙하기-간빙기 기후의 주기성을 설명했습니다.

하지만 후에 알려진 바와 같이 지구기후는 일사량의 증감만으로 설명되지 않는 구석이 있습니다. 요사이 가장 뜨거운 이슈인 온실가스가 기후조절에 큰 역할을 담당하는데, 빙하가 발달하고 쇠퇴하는 과정에서 지구의 온실가스특히 이산화탄소 농도가 변화하여, 일사량과 함께 기후를 조절하게 됩니다. 앞 장의 설명을 되새겨보세요. 보통 일사량이 감소해 빙하가 늘어나면 대기의 이산화탄소가 줄어들어 온실효과가 감소하고 대기를 더 냉각시켜 빙하 발달을 촉진합니다. 반대로 일사량이 증가할 경우 이산화탄소가 증가해 온실효과가 강해지면서 지구가 더 따뜻해지고 빙하를 빨리 녹게 합니다.

일사량과 이산화탄소 농도가 증가하면서 지구는 점차 더워졌고 북미와 유럽대륙의 중북부까지 진출했던 빙하는 북쪽으로 물러갔습니다. 하지만 지구온난화 과정이 항상 매끄럽고 순조롭게 진행되진 않았습니다. 마지막 빙하기 후 수천 년간 큰 변화가 없다가, 빠르게 기온이 10℃ 이상 오르락BC13,000~11,000년 내리락BC11,000~10,000년 다시 오르락BC10,000~9,000년 하는 변화를 보였습니다. 그리고 1만 년 전에 이르러서야 안정화 단계에 접어들어 지금까지 3℃ 내외의 변동을 이어왔습니다.

지난 만년만 놓고 보면 처음의 반은 따뜻했고, 그 후에는 지역에 따라 차이가 있지만 추웠다 더웠다를 반복하며 전반적으로 서서히 추워졌습니다. 그 와중에 빙하는 녹을 만큼 녹아서 5천 년 전에 이르러 지금과 비슷한 수준까지 줄어들게 됩니다.

지난 빙하기 이후 2만 년간의 여러 기후변화 현상 중에서 특히 농업과 관련해 주목해야 할 두 가지 사건이 있습니다. 영거 드라이아스 Younger Dryas라 불리는 BC10,000년 전후의 천 년 동안의 한랭기와 BC8,000~3,000년의 온난다습했던 홀로세 최적기Holocene Optimum입니다.

한편 일사량은 지난 만년 이래로 계속 감소해 현재는 지난 빙하기와 비슷한 정도로 약해졌습니다. 그런데 왜 지구는 마지막 빙하기처럼 춥지 않을까요? 까닭은 대기의 이산화탄소 농도 때문입니다. 지금은 많이 늘어 410 ppm까지 증가했지만, 인간 영향이 상대적으로 적었던 1800년대 산업화 이전에도 이산화탄소 농도는 약 280 ppm 정도로 빙하시대치고는 꽤 높은 수준이었습니다. 참고로 지난 5백만 년의 빙하시대 동안에 이산화탄소 농도는 약 200에서 300 ppm 사이의 변화를 보였습니다.

한편 마지막 빙하기 이후의 기후변화 과정에서 강수량은 어떻게 변화했을까요? 관개기술이 발전하기까지 곡물 생장기의 강수량은 그해의 곡물 생산량을 좌우했습니다. 강수량의 예측은 매우 어렵습니다. 물이 증발해 수증기가 되고, 공기의 흐름을 따라 수증기가 이동하고, 수증기가 응결해 빗방울이 만들어지는 복잡한 과정이 관여하기 때문입니다. 즉 일사량이 많을수록 기온이 높을수록 증발량이 많아지고 적도의 강력한 강우대몬순이라 함가 더 북쪽으로 이동해 더 멀리 내륙 깊숙한 곳까지 비를 가져다 줍니다[13]. 한편 지구에 들어오는 일사량이 변화하면 대기의 기압배치가 바뀌어 바람의 흐름도 변화합니다. 이에 따라 여러 지역에 내리는 비의 양도 변화합니다.

마지막 빙하기 이후 따뜻해지고 일사량이 강해지면서 대기에 수증기가 늘어났고 강력한 몬순이 발생하여 내륙 깊숙한 곳에도 제법 많은 비가 내렸습니다. 빙하기에 건조했던 초지에 풀이 무성해지고, 과거 사막의 언저리였던 곳이 초원으로 바뀌고, 숲의 경계는 점차 초지 안쪽까지 들어오게 되었습니다. 이러한 변화는 기온이 최고에 달했던 홀로세 최적기 동안에 최고조에 달하였고, 그 후로 서서히 서늘하고 건조해지면서 다시 사막은 확장하였고 초지와 숲의 경계도 이동하였습니다. 다만 이 과정에서 바람의 방향이 어떻게 바뀌었는지에 따라 지역별로 기후변화 양상이 상당히 달랐을 텐데 이에 대한 이해는 아직 부족한 편입니다[14]. 이것이 마지막 빙하기로부터 초기 작물 재배 시기를 거쳐 고대 문명이 탄생하기 직전까지의 기후변화 양상입니다.

초기 작물 재배지의 기후와 생태환경

서남아시아-비옥한 초승달 fertile crescent

이제 눈을 돌려 인류역사상 처음으로 밀과 보리를 재배한 곳으로 알려진 메소포타미아 지역의 기후와 생태환경에 어떤 변화가 있었는지를 살펴보겠습니다.

세계지도에서 레바논, 시리아, 이라크를 찾아보세요. 지중해에서 아라비아해까지 동서로 이어진 이들 나라의 북쪽은 산지와 접하고 남쪽은 사막과 접해 멀리 아라비아, 사하라까지 광활한 건조지가 펼쳐진 것을 알 수 있습니다. 북쪽의 산지는 서북쪽으로 타우루스산맥을 넘어 터키의 아나톨리아고원으로 이어집니다. 동북쪽으로는 자그로스산맥을 넘어 이란고원으로 이어집니다. 북쪽의 산지와 남쪽의 사막 사이에 두 개의 큰 강, 유프라테스와 티그리스강이 서에서 동으로 흘러 아라비아해로 들어갑니다.

고대 시절 이 두 강이 만들어 낸 비옥한 땅을 메소포타미아Mesopotamia라고 불렀습니다. 산지로 둘러싸인 땅의 모양이 초승달을 닮았다 하여 비옥한 초승달fertile crescent로 부르기도 합니다. 이 비옥한 초승달 지역의 북쪽 산지 자락에 살았던 사람들이 1만 년 전 밀과 보리를 재배하기 시작했습니다.

오늘날의 비옥한 초승달 지역은 대게가 건조하고 척박한 곳들입니다. 편서풍을 타고 남쪽의 아라비아사막과 더 멀리 서남쪽 사하라사막의 건조한 공기가 불어오기 때문입니다. 다만 서쪽의 지중해로부터 불어온 습기가 북쪽 산악지역에 걸려 비를 뿌리고, 동쪽에 자리한 인도양의 몬순 비구름이 일부 산지에 비를 가져다주기 때문에 두 강은 늘 마르지 않고 때론 범람하여 강 언저리에 비옥한 땅을 만들었습니다. 오늘날보다 햇빛이 강하고 더 따뜻했던 홀로세 최적기 동안에 이들 산지에는 더 많은 비가 내렸고 강물은 더 자주 크게 범람하곤 하였습니다.

비옥한 초승달 지역은 지중해에 비구름이 자주 발달하는 겨울철에 주로 비가 내립니다. 겨울철에 들어서며 땅은 차가워지지만 바닷물은 아직 따듯하기 때문입니다. 반면에 바닷물이 더 차가운 여름철엔 고기압이 발달하여 구름이 잘 생기지 않습니다. 지중해 연안은 건조하고 하늘은 청명해집니다. 이처럼 온화하고 습한 겨울과 덥고 건조한 여름 날씨를 지중해성 기후라 부르는데, 비옥한 초승달은 바로 지중해성 기후를 보이는 곳입니다. 덥고 건조한 여름은 나무의 생장에 매우 불리하기 때문에 숲은 주로 산지 깊숙한 곳과 계곡 부근에나 볼 수 있습니다. 그리고 건조한 남사면 산록지에는 주로 풀과 관목처럼 가뭄에 강한 식물이 자라고 있습니다. 산지 남쪽의 강 주변에 숲과 초지가 나타나지만, 더 남쪽으론 점차 식물이 사라져 사막으로 변해갑니다.

비옥한 초승달은 남쪽의 사막, 강과 비옥한 평원, 초지와 관목이 혼재한 산록지대, 산지 사이사이의 계곡과 산림, 그 너머의 고원지역이 혼재하여 경관의 다양성이 매우 큰 지역입니다. 높은 경관다양성은 수렵과 채집을 하던 선사시대 사람들에게 다양한 먹잇감과 피난처를 제공합니다. 물론 경관다양성이 높은 곳은 세계 곳곳에 있습니다만 빙하기의 혹독한 환경에 생존하며 어느 정도 인구수를 유지하는 데에는 추위 영향이 덜 한 온대 혹은 열대지역이 유리했을 겁니다.

오늘날 이라크, 시리아 지역은 그저 메마르고 척박해 보여 어떻게 이런 곳에서 농업이 시작됐고 고대문명이 가능했을까 의아할 뿐입니다. 이제 우리는 약간의 상상력을 발휘해야 합니다. 만년의 시간 너머로 기후와 식생, 생태환경, 사람들이 살아가는 모습을 그려 보겠습니다.

마지막 빙하기가 끝나며 일사량이 강해지고 지구는 더워졌습니다.

강렬한 햇빛은 적도 인근의 땅과 바다를 강하게 가열했고 뜨거워진 공기가 상승하면서, 빙하기 때보다 더 강한 열대저기압 벨트이를 열대수렴구라 부름, ITCZ, Inter-tropical Conversion Zone을 만들어, 더 북쪽까지 비구름대를 밀어 올립니다. 바다의 ITCZ는 수증기가 가득해 많은 비구름을 만들고 많은 비를 내리는데 계절에 따라 ITCZ가 남북으로 오르내리며 비를 뿌리는 현상을 몬순monsoon이라고 부릅니다. 빙하기 때보다 더 강력해진 여름 몬순은 북아프리카와 서남아시아에 이전보다 더 많은 비를 가져와 비옥한 초승달 지역의 여름 가뭄을 약화시켰습니다.

늘어난 일사량과 함께 기온도 상승하여 몬순은 점차 더 강해졌고, 지중해의 공기도 더 습해져 비옥한 초승달 북쪽 산지에 비가 늘어났습니다. 여름 가뭄이 약해지면서 BC13,000년 이전까지 지중해 연안지역에만 자라던 풀과 나무가 점차 서쪽과 북쪽으로 특히 산록지역을 따라 확장해 갑니다. 이렇게 확장해 가던 풀 중에 밀과 보리의 조상 식물이 있었습니다. 식물이 잘 자라고 서식처가 넓어지면서 야생동물도 더 풍부해졌습니다. 수렵채집인의 식량이 풍족해지면서 건강상태가 좋아지고 인구가 늘어 점차 사회시스템이 복잡해져 갑니다.

비옥한 초승달과 북쪽에 인접한 터키 아나톨리아 등지에서 발굴된 수렵채집인들의 선사시대 유적지를 보면 음식을 저장했던 창고가 있고, 야생 밀, 보리 낱알 등 현 곡물의 선조가 발견됩니다. BC13,000~11,000년 사이로 추정하는 요르단의 나투피안 유적지에서 곡물 재배 흔적을 발견하였습니다[4, 9]. 수렵채집인이 야생 곡물 종을 재배하게 된 과정은 확실히 알 수 없습니다. 다만 정착마을이 형성된 점을 미루어 보아 주거지와 멀지 않은 거리에서 안정적으로 식량을 확보할 필요성이 높아진 것은 분명해 보입니다. 이렇게 인구가 증가하고 정착생활로 변화하던 중에 영거 드라이아스라 불리는 약 천년에 걸친 기후재앙을 맞이하게 되었습니다.

영거 드라이아스 시기의 지구는 마지막 빙하기보다는 따뜻했지만 15~19세기의 소빙하기little ice age와는 비교가 안 될 정도로 추웠습니다. 직전의 온난했던 시기와 비교해 최대 10도 이상 기온이 떨어졌습니다. 현재와 비교해도 7도 정도 더 추웠습니다. 영거 드라이아스는 지구 온난화에 대한 지난 빙하기의 반동으로 발생한 것입니다.

일사량과 기온이 늘어나며 북아메리카, 유럽, 북대서양을 덮었던 빙하가 빠르게 녹아 언저리로부터 잘게 부서졌고, 다량의 녹아 나온 차가운 물과 빙하조각유빙이 바다로 흘러들었습니다. 빙하가 녹은 물은 해수에 비해 염분이 적어 바닷물보다 가볍습니다. 그리고 가벼운 물과 무거운 물이 만나면 가벼운 물이 위에 뜨게 됩니다. 보통은 강물이 바다와 만나면 바다의 파도와 조석간만 운동 때문에 강물과 바닷물은 서로 섞입니다. 하지만 강물이 대량 쏟아져 나올 때는 담수가 해수와 섞이지 못하고 멀리까지 바다의 표층을 타고 퍼져가게 됩니다.

이런 현상은 최근에도 간혹 발생합니다. 혹시 2017년 겨울의 매서웠던 추위를 기억하시나요? 당시 영하 30℃ 언저리까지 기온이 떨어지며 한국은 꽁꽁 얼어붙었습니다(23장 참고). 그해 겨울을 앞둔 2017년 여름, 한반도의 북쪽에 자리한 동시베리아East Siberia 레나Lena강 유역에 평소보다 많은 비가 내렸습니다. 다량의 강물이 북극해로 흘러들면서 표층수의 염도가 낮아졌습니다. 가을에 접어들어 염도가 낮아진 바닷물이 평소보다 빨리 얼어붙었습니다. 일찍 발달한 겨울 해빙이 동북아시아 극권의 대기를 심하게 냉각시켜 강력한 한랭고기압을 형성함에 따라 아래쪽에 위치한 동북아시아 여러 지역에 수십 년 만의 큰 추위를 가져온 것으로 해석하고 있습니다[15].

다시 1만2천 년 전의 상황으로 돌아가 보면, 빙하에서 녹아 나온 다량의 담수와 남쪽으로 흘러간 유빙떠다니는 빙하 조각들은 북대서양 표층 바닷물의 염도를 낮추었고, 이 여파로 겨울철 해양 빙하의 면적이 늘어나고 결빙 기간이 길어졌습니다. 이런 일련의 과정이 북대서양과 인근 대륙의 대기를 심하게 냉각시켰습니다. BC10,800~9,600년 사이 약 1천 년 동안에 지구는 온난화 경향을 멈추고 다시 추운 시기로 접어들었습니다[3]. 북대서양 동쪽에 자리한 유럽대륙은 편서풍을 타고 유입한 바다의 냉기 영향으로 북유럽과 알프스 산지에 다시 빙하가 증가하고, 수목이 남쪽으로 쇠퇴하고, 초지가 확장하는 등 한랭건조한 기후로 바뀌었습니다. 이 영향은 편서풍 바람을 타고 아시아 및 북반구 전 지역으로 확장되었습니다.

영거 드라이아스의 기후-생태환경 변화에 따라 북쪽의 인류 주거지는 쇠퇴하고 많은 수렵채집인들이 이동하는 사냥감을 따라 남쪽으로 이주하게 됩니다. 비옥한 초승달 지역은 북쪽의 추위와 남쪽의 사막 사이에 끼게 되었습니다. 설상가상으로 기후가 한랭건조해지면서 사막이 북쪽으로 확장하여 저지대 강 유역의 수렵채집인들이 물과 식물과 사냥감을 따라 북쪽 인근의 산록지역으로 피난을 가게 됩니다. 줄어든 서식처에서 생존을 위해 식량문제를 해결해야 했던 선사인들은 미완의 곡물재배 기술을 발전시켜 부족해진 식량을 충당하는 방식으로 기후변화에 대응해 갔을 것입니다. 그리고 영거 드라이아스의 충격이 힘을 다하고 온난다습한 기후의 홀로세 최적기로 진입할 때에는 이미 비옥한 초승달과 인근 지역에서 곡물 재배가 주요한 식량원으로 자리를 잡게 되었습니다.

이후 정착농업시스템은 서아시아 지중해 연안을 따라 남쪽의 나일강 유역으로, 아나톨리아고원을 너머 유럽으로, 이란고원을 너머 인도의 인더스강 유역으로 확장해 갑니다[4]. 비록 수천 년의 오랜 시간이 걸렸지만 비옥한 초승달로부터 산맥을 넘고 사막을 지나 인더스강까지, 지중해 연안과 중부 유럽의 산림지를 지나 대서양 연안까지 수천 킬로의 거리를 가로질러 농업기술이 전파된 데에는 인구증가와, 이로 인한 자원부족과 환경악화의 압력, 그리고 이에 더하여 늘 먹이를 찾아 이동하던 인류의 본능과 호기심이 관여하였을 것입니다.

동북아시아-양자강, 황하, 요하

한편 유라시아대륙의 동쪽 끝에 자리한 동북아시아의 양자강과 황하강, 요하강 유역에서도 비옥한 초승달 지역과 비슷한 시기에 수렵채집사회에서 정착농경사회로의 변화를 관찰할 수 있습니다. 다만 각 지역의 기후-생태환경에 따라 밀과 보리를 재배한 서남아시아와 달리 동북아시아에서는 쌀, 좁쌀, 기장, 수수 등을 재배하게 됩니다.

야생쌀은 습지식물로 보통 연강수량 1,000 mm 이상, 연평균기온 16℃ 이상 지역에서 자랍니다. 빙하기에 이 조건을 만족한 곳은 남쪽의 동남아시아 지역이었지만 빙하기가 끝나고 지구가 더워지면서 BC13,000년에 이르러 양자강 지역까지 야생쌀의 자생지가 북상하게 됩니다. 반면에 좁쌀, 기장, 수수의 야생종은 한랭건조한 중앙아시아, 몽골, 중국 북부의 건조지역에 널리 자생하고 있었습니다.

동북아시아의 곡물 재배 발원지는 비옥한 초승달 지역과는 사뭇 다른 지리적, 생태적 환경을 가지고 있습니다. 양자강은 동아시아 몬순의 직접 영향권에 속하며 멀리는 인도양 몬순의 영향까지 받아 여름철에 많은 비가 내립니다. 연중 다모작 재배가 가능할 정도로 기후가 온화합니다. BC13,000~11,000년의 온난기에 몬순은 지금보다 더 강력했고 양자강과 더 북쪽의 황하, 만주의 요하 지역에도 지금보다 더 많은 비를 가져다 주었습니다.

티베트-칭하이고원칭장고원의 해발 4천 미터 내외의 고지대에서 발원해 급한 경사지를 따라 빠르게 흘러온 양자강은 중류 지역의 너른 평원을 만나 유속이 급격히 줄어듭니다. 마침 하류 쪽에 자리한 좁은 출구가 물의 흐름을 방해하는 까닭에 강물이 범람하여 여기저기에 크고 작은 많은 호수와 습지들을 만들었습니다. 몬순이 강해지면서 양자강은 자주 범람했고 호수와 습지 면적이 넓어졌습니다. 강, 호수, 습지, 산림이 혼재한 양자강 중류 지역은 경관다양성이 매우 높아 다양한 사냥과 채집 기회를 제공합니다. 선사시대 수렵채집인들에게 매력적인 서식처였고, 온화한 기후를 지나며 인구가 증가했습니다. 그러나 이곳 동아시아에도 영거 드라이아스 한랭건조기가 찾아오며 습지가 줄어들고 여러 동식물의 분포에 변화가 생겨납니다. 기후생태환경의 변화에 대해 선사 원주민들은 적응하던지, 이주하던지, 혹은 흩어지게 됩니다.

고고학자들은 양자강 중류 호수지대의 선사시대 동굴거주지에서 영거 드라이아스 한랭기 직전으로 추정되는 가장 오랜 야생쌀 채집 증거를 발견했습니다. 빙하기 이후 따뜻해지면서 양자강 중류지역에도 채집에 충분한 양의 야생쌀이 자란 것으로 보입니다. 하지만 그 후 도래한 영거 드라이아스 한랭기 동안에 야생쌀의 수확 흔적이 사라진 것으로 보아 주변에 더 이상 야생쌀이 자라지 않았거나 혹은 매우 드물어졌던 것으로 보입니다. 앞선 온난기 시기에 양자강은 야생쌀 생존의 북쪽 한계였던 것 같습니다.

한랭기 이후 기온이 오르면서 양자강 중류의 선사 유적지에서 야생쌀과 함께 재배된 쌀이 발견되었습니다. 주변에 다시 야생쌀이 자랐고 채집원주민들은 이미 쌀재배기술을 알고 있었다는 증거입니다. 영거 드라이아스 한랭기를 살아간 원주민들이 야생쌀 중에서도 추위에 더 잘 견디는 개체를 선택하는 방식으로 품종을 개량해 나갔던 것으로 보입니다. 그리고 BC6,000년에 이르러 야생쌀의 흔적은 사라지고 양자강 중류 지역은 전적으로 쌀을 재배하는 정착농경사회로 변화하여 인류역사에 처음으로 쌀을 재배한 곳으로 자리 잡게 됩니다.

다만 왜 야생쌀이 널리 생장하던 동남아시아가 아니라 이 종의 북쪽 생장 한계였던 양자강 중류지역에서 쌀이 처음으로 재배되었을까 하는 의문을 가져봅니다. 아마도 영거 드라이아스 한랭기의 열악한 생존환경이 인류의 창의성을 극적으로 자극한 까닭이 아닐까 추측해봅니다. 다윈이 얘기한 자연선택압과 종의 진화 간의 명제를 영거 드라이아스 한랭기와 곡물재배기술의 발전에 적용해 보면 어떨까요? 다른 한편으로, 유전자 분석을 이용한 최근 연구에서 쌀 재배가 처음 시작된 곳은 양자강이 아니라 더 남쪽의 중국 광동지방을 가로지르는 주강 유역이라는 주장이 제기되었습니다. 하지만 아직까지 주강Pearl River 유역에서 이를 뒷받침하는 고고학적 증거를 발견하지 못했습니다.

양자강 북쪽에 자리한 황하강과 만주의 요하강은 여름 몬순 영향권의 북쪽 언저리에 있기 때문에 몬순의 세기에 따라 여름 강수량의 변화가 심한 곳입니다. 겨울철에는 시베리아 고기압의 영향권에 들어가므로 겨울 추위가 매섭고, 봄-여름-가을-겨울의 계절 변화가 뚜렷합니다. 황하강과 요하강 유역의 좁쌀/기장/수수 재배 발원지는 북중국 평원과 만주평원의 서쪽 언저리로 몽골고원의 초입이라 볼 수 있는 태항산맥과 흥안령산맥의 언저리에 각각 자리하고 있습니다. 양자강에 비해 춥고 건조한 환경으로 보면 되겠습니다.

마지막 빙하기 때 이 지역은 매우 추워서 침엽수조차 드문드문 자라는 열린 초원지대였고 야생말, 사슴, 가젤 등 초식동물과 이들을 사냥하며 살아가는 수렵인들의 서식처였습니다. 기온이 오르면서 침엽수 대신 낙엽수와 초지가 혼재한 경관으로 바뀌었고 여름 몬순의 영향력에 들어가 비의 양이 늘어났습니다. 이런 환경에서 좁쌀, 기장, 수수의 조상 격인 야생식물들이 널리 자라고 있었습니다. 이 지역의 BC13,000~11,000년의 온난기와 영거 드라이아스 한랭기에 대한 고고학적 증거는 다소 제한적입니다. 다만 이미 1만 년 전에 정착지를 만들고 돌낫으로 야생 수수를 수확해 갈아 가루를 만들어 섭취하고 있었을 정도로 이곳의 선사 정착민들은 야생 곡물을 널리 이용했던 것으로 보입니다.

고고학적 증거들로 보아 황하강과 요하강 유역의 곡물 재배는 양자강이나 비옥한 초승달보다 다소 늦게 시작된 것으로 보입니다. 아마도 이들 산림초지의 수렵채집인에게는 수렵과 육식이 영양학적으로나 문화적으로나 삶의 중요한 전통이었기에 양자강의 초식 위주 원주민에 비해 곡물 섭취의 중요성이 상대적으로 낮았을 수 있습니다. 하지만 홀로세 최적기의 온난기를 지나며 초원은 쇠퇴하고 숲이 발달하면서 초원의 야생동물은 내륙 깊숙한 고원지역으로 이주해 갔습니다. 수렵인의 일부는 사냥감을 따라 이동했고 다른 일부는 살던 곳에 남아 자연환경의 변화에 적응하였습니다. 원주민 인구가 꾸준히 증가하며 수렵은 식량 조달의 보조 수단으로 밀려나고 재배 곡물이 주요한 식량원으로 자리잡게 됩니다.

8천 년 전에 이르러 황하와 요하강 중하류 전역에서 곡물을 재배했고, 농경사회공동체의 지리적 영역이 분명해졌으며, 인구가 증가하고 사회는 점점 더 복잡해졌습니다. 그 대표적인 흔적을 만주와 내몽골에 걸쳐 흥성했고 향후 홍산문화로 이어지는 싱룽와 문화의 신석기 마을 유적지에서 볼 수 있습니다. 배수로로 둘러싸인 마을에 무려 120채의 반지하 주택과 마을 중앙의 큰 건물이 있던 것으로 추정됩니다. 그리고 북중국 지역은 BC3,000년경에 이르러 고대제국시대로 진입하게 됩니다.

작물 재배지 북쪽에 살던 사람들: 유목의 탄생

인류는 영거 드라이아스를 지나며 농경의 싹을 키웠고, 홀로세 최적기를 지나며 농경사회의 기틀을 마련한 후, 역사시대에 들어와 국가와 제국을 건설하여 흥망성쇠라는 역사의 수레바퀴를 돌려가며 오늘날에 이르렀습니다.

그렇다면 선사시대의 작물 재배지 북쪽 한계 너머에는 어떤 원주민들이 살았고, 그들은 영거 드라이아스와 홀로세 최적기와 역사시대의 기후생태환경 변화에 어떻게 대처하며 생계를 이어왔을까요? 선사인의 작물 재배지는 대략 북위 40도 이남에 위치합니다. 더 북쪽의 땅에는 광활한 산림과 초지가 그보다 더 북쪽에는 툰드라가 펼쳐져 있습니다.

인류가 탄생한 이래로 여러 번의 빙하기와 간빙기가 지나갔습니다. 이 과정에서 빙하기의 움추림 뒤에 간빙기를 맞이하면 숲과 초치가 북쪽으로 확장하고 식물을 따라 동물도 함께 북상하였습니다. 그리고 북상하는 동물들을 좇아 고대의 수렵인들도 같이 이주하였습니다. 그러다 다시 빙하기가 찾아오면 따뜻한 남쪽으로 피신하거나 동토 속의 피신처에서 소규모 집단을 이루어 생존하기도 했을 겁니다. 이렇듯 북방을 향한 선사인류의 이동과 피난은 여러 차례 반복되었고, 남쪽에서 작물재배가 시작될 무렵엔 이미 북유럽과 시베리아, 유라시아 스텝에도 적으나마 수렵과 채집으로 영위하는, 특히 수렵에 능한 원주민들이 살아가고 있었습니다. 오늘날에도 일부 지역에선 조상의 전통을 이어받은 후손들이 수렵에 종사하며 살아갑니다. 선사시대의 수렵민 집단 중 일부가 목축기술을 개발하거나 받아들여 초원의 유목민이 되었습니다

(10장 참고).

유목의 발원지는 처음으로 말을 가축화domestication 한 곳으로 알려진 흑해Black Sea 북쪽의 우크라이나 헝가리 일대의 평원으로 보고 있습니다. 그 후 소치올림픽으로 널리 알려진 코카서스산맥 너머의 볼가강 유역으로, 여기서 더 동쪽에 자리한 러시아-몽골 접경의 알타이지역으로 전파된 후 유라시아 스텝 전역으로 확산해 갑니다. 유목민이 개발한 승마기술과 전차는 고대제국시대에 이르러 중국, 페르시아, 이집트, 로마로까지 전파되었습니다.

돼지, 양, 염소 등의 가축화는 비옥한 초승달과 터키 아나톨리아고원에서 진행되었습니다. 이 중 양과 염소는 농경민을 따라 흑해 북쪽 연안으로 전파된 후 추운 기후에 적응하여 털이 길고 풍성한 오늘날의 양과 염소로 변화하였다고 보고 있습니다. 만주에서 헝가리 초원까지 펼쳐진 유라시아 스텝은 비록 만 킬로미터의 먼 거리에도 불구하고 생태환경의 유사성으로 인해 고대 유목민에게는 큰 어려움 없이 대륙의 동과 서를 이동할 수 있는 고대의 고속도로와 같은 역할을 하였습니다. 이 자연의 고속도로를 따라 고대에는 유목과 승마기술이 서에서 동으로 전파되었고 역사시대에 들어서는 반대로 서쪽을 향한 유목민의 장대한 이동이 발생하여 세계사에 커다란 족적을 남기게 됩니다.

유목기술이 드넓은 유라시아 스텝을 가로질러 확산해 갔듯이, 밀과 쌀의 재배기술 역시 수천 년의 시간을 가로지르며 주변 지역으로 전파되었습니다. 메소포타미아로부터 북아프리카로, 유럽으로, 이란고원을 넘어 인도-파키스탄의 인더스강 유역까지 밀재배지가 확장하였습니다. 중국 남부로부터 우리나라와 일본으로, 베트남을 지나 인도 갠지즈강 유역으로 쌀재배지가 확장하였습니다. 농경민의 도움을 받으며 각 작물마다 자신의 생육에 적합한 땅을 찾아갔습니다. 시간이 지남에 따라 농경사회는 생산, 저장, 관리, 기록, 유통, 농기구 제작 등 다양한 일거리를 가진 분업과 협력체계로 변모해갑니다. 기록! 문자의 탄생입니다. 기원전 3000년경 역사시대의 문이 열렸고 인류는 문명의 여명기를 맞이하게 됩니다.

05
문명과 환경

안태석

인류 문명의 발달은 자원과 에너지의 소모를 의미합니다. 이 과정에서 반드시 자연환경의 파괴와 환경오염물질의 배출이 이루어집니다. 환경의 변화가 수용이 가능한 범위 안에서 이루어지면 그 문명은 유지가 되나 범위를 벗어날 정도로 과도하게 진행이 되면 문명이 사라집니다. 초기 농경문화에서부터 현대의 대량생산, 대량소비 시대 이전까지는 환경파괴가 부분적이고 지역적이어서 지구 전체에 미치는 영향이 적었습니다. 하지만 오늘날엔 범지구적인 문제로 지구온난화, 오존층 파괴 등의 심각한 환경파괴 문제가 발생하고 있습니다.

인류 문명의 발달과 쇠퇴

메소포타미아 문명

메소포타미아 지역은 유프라테스강과 티그리스강이 흐르는 비옥한 지대로 농경지가 잘 발달한 지역입니다. 이 두 강은 비옥함을 가져다주었으나 불규칙한 범람으로 농사를 위해 관개가 절대적으로 필요하였고, 과도한 관개로 인하여 문명 자체가 소멸된 예입니다.

농업에 절대적으로 필요한 것은 바로 물입니다. 물은 주위의 강에서 손쉽게 얻을 수 있습니다. 하늘에서 떨어지는 물은 거의 증류수에 가까운 물이지만, 땅에 떨어진 빗물은 토양과 숲을 흐르면서 주위에서 여러 종류의 양이온과 음이온을 끌고 들어옵니다. 이제 물은 여러 종류의 이온들이 섞여 있는 상태가 됩니다. 농경지에서는 태양열에 의하여 증발이 일어나고 이보다 더 많은 물이 식물의 증산작용으로 하늘로 날라갑니다. 증발과 증산작용은 순수한 물만 하늘로 보내므로 땅에는 이온들이 남게 됩니다. 바닷물이 짠 것도 같은 원리입니다.

토양에 염분이 쌓이게 되면 농업 생산성이 떨어지고 이를 만회하려면 더 많은 물을 사용하여 소금기를 희석하는 수밖에 없습니다. 그 결과 토양에 남는 소금기는 점점 더 높아지고 이에 비례하여 농업 생산성은 더 낮아집니다. 이 과정에서 메소포타미아 문명이 쇠락하고 이란고원의 페르시아가 새로운 맹주로 등장하게 됩니다. 오늘날 아랄해가 말라 버린 것도 이 과정에 의한 것입니다.

이집트 문명

피라미드로 대변되는 이집트 문명은 나일Nile강 유역에 형성된 청동기 문명입니다. 사하라사막은 지금은 풀 한 포기 나기 어려운 황량한 사막이지만 이 지역에서 발견되는 고대 암벽화에는 말과 기린 등이 그려져 있습니다. 즉 고대 시절에는 사하라 지역이 초원이었다는 의미입니다. 이후 BC 5,000년 경부터는 낙타가 그려져 있는 것을 보면 이 시기에 사막화가 시작되었음을 알 수 있습니다. 사하라 지역이 사막이 된 이유는 ❶ 지구 공전 궤도의 변화 ❷ 지구 자전축의 변화 등 천문학적인 변화가 주된 이유입니다.

이 지역에 살던 사람들은 물을 얻기 위하여 나일강 유역으로 몰려들었고, 이 많은 인구를 기반으로 강력한 중앙집권형 국가가 탄생하였습니다. 바로 이집트 문명이고 이들의 삶의 기본은 바로 나일강이었습니다.

나일강은 매년 6월부터 상류 지역이 우기에 접어들면서 수위가 높아지고 10월경에 최고 수위에 도달하고 12월경에 본래의 수위로 낮아집니다. 이 범람 과정에서 상류에서 떠내려온 비옥한 토양이 삼각주delta에 쌓여 농업 생산성이 높았습니다. 범람 후에 자기 땅을 확실하게 찾기 위한 방편으로 기하학geometry이 발달했습니다. 한편 영양염류를 함유한 나일강물은 지중해로 흘러 들어가 어류 생산성을 높여 주는 역할도 했습니다.

이 강력한 국가에서는 여러 기념비적 건축물을 만들었고 피라미드는 그중의 하나입니다. 당시 기술로 이 거대한 건축물을 만들기 위하여 엄청난 인원이 동원되었습니다. 이들을 위한 음식을 제공하려면 땔감이 필요했고 토목공사에도 많은 나무가 사용되었습니다. 나무는 인근 숲에서 파괴하면서 가져왔고 이 숲은 다시 회복되지 못하였습니다.

드넓은 사막은 경제에 별 도움이 되지 못했고 나일강 유역에서 생산한 농작물이 경제의 중심이었습니다. 청동기 문화인 이집트는 점차 경제적, 군사적으로 쇠락하여 페르시아에 정복당했고, 이후 BC 330년경에 알렉산더대왕의 정복을 거쳐 로마의 속국으로 전락합니다. 알렉산더대왕은 나일강 삼각주에 자신의 이름을 딴 알렉산드리아라는 도시를 건설하고 당시에 세계 최대의 도서관을 건설했습니다.

1970년에 나일강 상류에 아스완 하이댐Aswan High Dam이 만들어졌습니다. 이 댐은 나일강의 범람을 막고 전기를 생산하고 하류 지역의 농사에 필요한 물을 확보하기 위해서였습니다. 이 댐으로 인하여 2모작이 가능해졌고, 전기도 연간 2기가와트 이상 생산하게 됩니다. 댐 위에 생겨난 나세르호에서는 새로운 어업이 가능해졌습니다. 그러나 관개 수로를 따라 기생충의 일종인 디스토마가 퍼져 나갔고, 하류에 쌓이던 비옥한 토사가 댐에 막혀 내려오지 않고 댐 내에 쌓여갔습니다. 하류에서는 토사 대신에 엄청난 비료를 사용하게 되었습니다.

지중해로 흘러들던 영양분이 풍부한 나일강 수량이 줄면서 연안 어업 생산량도 줄었습니다. 또한 관개하여 2모작을 하면서 토양의 염분 농도가 점차로 높아졌습니다. 많은 고대 문화재들이 수몰되었고 일부 수몰 예정인 문화재들은 UNESCO의 도움으로 높은 지대로 옮겨야 했습니다. 이 지역에 살던 동물과 식물이 변화된 환경에 적응하지 못하고 삶의 터전을 잃어버렸습니다. 가장 큰 문제는 넓은 수표면, 강렬한 햇빛 그리고 끊임없이 불어오는 편서풍으로 나세르호의 증발량이 엄청나고 만수위에 디디르지 못한다는 것입니다.

갠지스강 문명

인도양에서 발생한 비구름은 북쪽으로 이동하면서 8,000 m 높이의 히말라야산맥과 만나 엄청난 양의 비를 쏟아 냅니다. 지역에 따라 연간 내리는 비의 양이 6,000 mm에 달하기도 합니다참고로 우리나라의 강수량은 연간 1,300 mm 내외임. 이 강수량은 숲을 가꾸는 데는 매우 좋고, 정글을 이룬 나무들은 세차게 쏟아지는 비의 낙하 에너지를 줄여주어 토양을 보호해 줍니다. 그러나 농경지를 만든 이후에는 표토층을 보호할 식물체가 없어져 비는 토양을 사정없이 할퀴고 지나가게 됩니다. 그 결과 토양은 하천으로 쓸려가고 자갈과 바위만 남게 되고, 하천은 토사가 쌓이면서 바닥이 높아져 갑니다.

표토층과 영양분을 잃어버린 토양에는 철분과 알루미늄이 남게 되고 이들이 공기중의 산소와 결합해 산화하여 토양을 산성으로 만들어 버립니다. 그 결과 토양은 딱딱해지고, 생산성이 떨어져 국가의 경제가 무너지게 됩니다. 이 토양 산성화를 막는 방법은 알칼리 물질의 살포와 적절한 비료의 사용이었으나 당시에는 이를 몰랐습니다. 또 표토층의 식물을 보호하여야 했으나 이를 모르고 마구 벌채하여 농경지를 확대했습니다. 화전을 일구면 몇 년 만에 생산성이 떨어지고 화전민들은 다른 곳으로 이주합니다. 농부들은 땅을 버리고 떠나고 국가가 붕괴됩니다.

인도의 무굴제국이 영국에게 종속하게 된 기본적인 원인은 여기에 있습니다. 많은 인구를 부양하기 위하여 농경지를 개발하였지만 점차 농업 생산성이 낮아지면서 영국의 경제 침략에 맞서지 못하고 식민지로 전락하고 만 것입니다. 캄보디아의 앙코르와트와 과테말라의 티칼 지역도 바로 이 과정을 거쳐 '잃어버린 문명'이 되었습니다.

황하 문명

중국의 황하강은 티베트에서 발원하여 중국의 북부지역을 휘돌아 지나가면서 우리나라 서해지역으로 흘러 들어가는 강입니다. 이 강은 상류지역에서 토사를 끌고 내려오면서 유역에 비옥한 토양을 제공합니다. 그러나 유속이 떨어지는 하류에서는 토사가 강바닥에 쌓이면서 하천의 흐름을 바꾸어 버리게 되는데, 과거 황하강의 물줄기가 바뀌면서 도시 자체가 사라진 경우도 있습니다. 그래서 중국에서는 '물을 다스리는 자가 천하를 다스린다' 하였습니다. '정치政治'라는 말은 '물을 다스린다'라는 뜻입니다.

이 황하 문명은 청동기 문명이고 갑골문자의 사용 등으로 현대 문명에 큰 영향을 끼쳤고 대표적인 문화유산이 바로 만리장성입니다. 만리장성은 북방 이민족의 침입을 막기 위하여 중국의 여러 왕조에 의하여 만들어졌습니다. 고대 진나라부터 쌓기 시작하여 동쪽으로는 우리나라 서해에 면한 후베이성하북성 산해관, 서쪽으로는 간쑤성감숙성의 가욕관까지 2,700 km에 달합니다. 중첩된 부분을 합하면 총 길이는 5,000 km 이상이라고 합니다.

이 엄청난 건축물을 건설하기 위하여 많은 인원과 자원이 동원되었습니다. 자원 중에는 벽돌을 굽고 조리와 난방에 필요한 에너지를 얻기 위한 나무도 있습니다. 만리장성의 건설과정에서 엄청난 면적의 숲이 사라지고 말았습니다. 숲이 사라지면서 가뭄과 범람 등 자연재해가 늘어나 국력이 쇠퇴하였고 이 기회를 이용해 북방의 유목민이 세력을 확장하면서 중국 문화는 남쪽의 양쯔강 유역으로 옮겨갔습니다.

자연은 다시 복원되는 충분한 시간적 여유를 주지 않으면 다시 원상으로 회복되지 않는다는 원리가 작동한 예입니다.

인류의 이동

비단길Silk Road

동양과 유럽을 이어주던 교역로로, 이 길을 통하여 차, 도자기, 칠기, 비단과 인삼 등이 동양에서 유럽으로, 유리 등이 유럽에서 동양으로 전해졌습니다. 신라시대에 유리가 수입된 것을 보면 신라까지 이 길이 연결된 것으로 보입니다. 이 무역로는 황하강, 타클라마칸 사막, 톈산천산산맥을 넘고 지금의 중동을 거쳐 로마까지 이어지는 길이며 가장 중요한 교역물은 비단이었습니다.

비단은 누에가 만들어내는 단백질입니다. 누에가 고치를 만들면서 분비하는 단백질로서 얇지만 장력이 강하여 고대로부터 귀한 옷감으로 이용되었습니다. 로마에서는 비단과 금이 같은 무게로 거래되었다고 합니다. 당시 중국은 외부로 생물 자원이 유출되는 것을 엄격하게 막았습니다. 비단은 제품으로써 무역의 상품이었지만, 누에의 유출은 철저히 막았습니다.

그렇게 수백 년의 시간이 흐른 후, 결국 비단 제조기술은 멀리 서방으로까지 전파되게 됩니다. 누에와 비단제조기술의 유출에 대해선 여러 가지 설화가 있습니다. 하지만 핵심산업기술유출 혹은 산업스파이와 관련한 은밀한 일이었기에 분명한 역사기록이 남아 있을 리가 없습니다. 가장 유명한 설화는 중국 간쑤성의 둔황석굴 벽화에 그려진 내용으로 당나라의 공주가 혼인으로 오늘날 중국 신장자치구에 자리했던 호탄국의 국왕에게 시집가면서 누에를 숨겨 갔다는 '혼인설'입니다. 이후 서쪽으로 천천히 전파되었고, 마침내 유럽 프랑스 리옹Lyon에서도 누에를 치면서 비단을 생산하기 시작하였고 실크로드의 중요성도 막을 내리게 됩니다.

대항해 시대-생물다양성을 찾아서

신대륙아메리카의 토마토가 없었다면 지금 우리는 토마토 소스가 들어간 이탈리아 음식을 먹을 수 없었을 겁니다. 우리가 즐겨 먹는 김치도 고춧가루가 없는 백김치일 수도 있습니다. 토마토와 고추는 신대륙에서 건너온 작물로 우리의 식탁을 풍성하게 해 주었습니다. 담배, 옥수수, 감자와 고구마도 신대륙이 원산지입니다. 역사적으로 인류는 생물 다양성을 확보하기 위하여 무수한 노력을 기울였고 그 과정에서 자연과 환경을 여러 가지 방식으로 파괴해 왔습니다.

콜럼버스가 1492년 스페인 이사벨 여왕의 지원으로 서쪽으로 항해하여 지금의 카리브해에 도착하여 신대륙을 발견했습니다. 다가마의 아프리카 희망봉을 돌아가는 인도 항로의 개척, 마젤란의 남미를 돌아 태평양 항로를 개척한 세계 일주 항해는 대항해시대의 서막이었습니다. 해상 운송로가 형성되면서 중국과 유럽을 이어주던 비단길이 쇠퇴하였고 유럽 열강들이 앞다퉈 식민지를 만드는 제국시대가 시작됩니다. 이 대항해시대를 촉발한 것은 몇 개의 생물체, 즉, 후추, 차, 설탕을 얻기 위한 것이었습니다.

후추*Piper nigrum*, Pepper는 동남아시아가 원산이며, 인도 등에서 향신료로 많이 사용되었습니다. 로마 시대에 인도에서 수입한 후추는 금과 같은 무게로 거래될 정도로 귀한 재료였습니다. 당시엔 냉장고가 없었고 육류를 신선하게 저장하는 시설이 없어 후추는 잡냄새를 잡는 귀중한 향료였습니다. 근세 오스만제국이 터키, 중동을 장악하여 유럽과 인도를 잇는 교역로가 막히자 유럽에서 직접 인도로 가기 위한 항로가 필요했습니다. 후추 이외에도 동양에서 향신료를 찾는 과정이 바로 바스코 다가마, 콜럼버스, 마젤란에 의한 항해였고, 이 과정에서 신대륙과 호주, 뉴질랜드, 남태평양의 많은 섬이 발견되었습니다. 후추 외에도 계피, 정향clove, 너트매그nutmag, 육구두 등은 향신료만이 아니라 의약품과 제의용으로도 사용이 되었습니다.

대항해 시대에 좋은 일만 있던 것은 아닙니다. 인도양 모리셔스섬에는 도도새*Raphus cucullatus*라는 독특한 새가 살고 있었습니다. 몸무게가 20 kg이 넘는 큰 새인데 천적이 없어 날지 않고 걷고 뛰며 땅에서 살아갔습니다. 이 새는 항해를 하는 뱃사람들에게 좋은 식량 거리가 되었습니다. 또 유럽인에 의하여 유입된 쥐, 돼지와 원숭이 등이 도도새의 알과 성체를 잡아 먹어버려 이 새는 1680년대에 멸종해 버리고 맙니다. 한편 이 섬에는 도도새가 열매를 먹고 씨앗을 배설하여야 발아해 자라는 나무가 있는데, 도도새가 사라지면서 이 나무들도 더 이상 자손을 퍼뜨리지 못하게 되었습니다. 대항해시대는 생물다양성을 얻기 위한 목적이었으나 그 과정에서 다른 많은 생물들을 멸종의 길로 몰아 넣었습니다[16].

제국시대

제국Empire은 다른 민족을 통치하는 정치체계입니다. 종교, 문화, 인종이 다른 이민족을 통치하기 위해선 강력한 군대의 힘이 필요했습니다. 대항해시대 이후에 제국들은 새롭게 발견한 지역을 자기들의 영역으로 합병하는 식민제국으로 진화합니다. 신대륙인 북미, 남미는 이들 제국들의 각축장이었고 태평양에 널린 호주와 뉴질랜드를 비롯한 수 많은 섬들도 좋은 먹잇감이었습니다. 아시아 지역에서는 프랑스가 지금의 베트남, 캄보디아, 라오스를, 영국이 미얀마와 인도, 파키스탄을 식민지로 하였고, 석유가 나오는 중동은 열강들에 의하여 이리저리 찢겨 나갔습니다. 아프리카는 유럽제국들의 또 다른 먹잇감이었습니다. 미국은 필리핀을, 일본은 당시 조선을 식민지로 한다는 밀약도 1900년도 초에 이루어졌습니다.

식민지의 넓은 땅에서 경제 작물을 생산하여 소비지로 이동했는데, 중요한 경제 작물 중 하나가 설탕이었습니다. 설탕은 단맛을 내는 식재료로 음식조리에 필수 불가결한 첨가물인데, 화학적으로는 포도당 - 과당glucose-fructose의 이당류입니다. 설탕은 사탕수수*Saccharum*, sugar cane와 사탕 무*Beta vulgaris*. sugar beet에서 얻을 수 있습니다. 특히 제국시대에 설탕의 소비량이 획기적으로 늘어난 것은 차 문화의 확산 때문입니다.

신대륙은 사탕수수*Saccharum* 경작에 최적의 조건이었습니다. 카리브해의 여러 섬에서 재배를 시작한 사탕수수는 중남미로 경작이 확대됩니다. 그러나 늘어난 경작지에 비해 경작과 가공에 필요한 인력이 턱없이 부족하였고 이 부족한 인력을 원주민과 아프리카에서 강제로 끌려온 노예로 충당하였습니다. 이에 유럽-아프리카-신대륙으로 이어지는 삼각무역이 흥성하여 엄청난 수의 노예가 신대륙으로 끌려갔고 그 후손들이 신대륙에 남아 있습니다.

차의 확산은 설탕 소비를 늘리는 역할을 했고 설탕은 20세기 초에 개발된 탄산음료에 첨가되면서 새로운 수요처를 확보하게 됩니다. 그러나 설탕은 탄수화물로 에너지가 높아 비만의 원인으로 알려져 있으며, 대체물질로 아스파탐이라는 화학물질을 사용하고 있습니다.

또 다른 설탕의 대체물질은 옥수수에서 추출한 녹말을 발효시켜 얻은 고과당 옥수수 시럽high fructose corn syrup입니다. 우리가 혀로 느끼는 단맛은 바로 과당이므로 과당이 풍부한 발효산물을 정제하면 단맛을 쉽게 얻을 수 있습니다. 고과당 옥수수 시럽은 설탕보다 가격이 현저히 싸서 오늘날 탄산음료, 빵, 시리얼, 가공식품 등에 널리 사용되고 있습니다. 그러나 이 고과당 옥수수 시럽은 과도하게 섭취할 경우 과잉행동장애ADHD를 유발하는 원인물질로 알려져 있습니다.

신대륙으로의 인구 이동

유럽에서 종교적, 경제적, 정치적인 이유로 많은 유럽인이 신대륙으로 옮겨 갔습니다. 신대륙에서 유럽인들은 정치, 농장주 등 상류 사회를 형성하였고, 사탕수수, 목화, 담배 등의 농경과 목축을 돌보는 인력은 아프리카에서 그리고 중국에서 유입되었습니다. 광활한 대륙은 점차 농경사회로 편입되면서 여러 환경문제가 발생했습니다.

과거 미국의 중부지역은 광활한 평지와 초원이었습니다. 이 초원은 당시 들소bison; 또는 American buffalo의 주된 서식지였고, 수렵과 채취로 생활하던 원주민은 들소 떼를 따라 이동했습니다. 들소는 풀을 먹기 때문에 계절에 따라 풀이 많이 자라는 지역으로 들소 떼가 이동하고 이 들소 떼를 따라 원주민들도 이동했습니다. 오늘날 몽골 주민과 사하라 베두윈 주민의 이동 상황과 비슷합니다.

유럽에서 건너온 이주민들은 유럽에서 하던 식으로 목축업과 농경을 하면서 정착생활을 했습니다. 그 결과 넓은 중부의 초원은 목초지와 옥수수, 담배, 목화를 키우는 농경지로 바뀌었고, 표토층이 날아가면서 대규모 먼지 폭풍이 불어 닥쳐 농경과 목축이 불가능한 상태가 되었습니다. 표토층을 보호하는 식물들이 사라지면서 모래폭풍이 발생한 것입니다. 가장 큰 사건은 1930년대에 일어난 먼지폭풍dust bowl으로, 이 당시의 사회상은 노벨문학상 작가인 존 스타인벡의 '분노의 포도The grapes of wrath'에 잘 묘사되어 있습니다.

이러한 자연 파괴는 '공유지의 비극'과 '건조 농법'이 겹쳐지면서 발생한 결과입니다. 북미대륙 중서부의 광활한 초지는 유럽 이주민들에게 분양되어 사유지가 되었는데, 이 사유지 사이에는 주인이 없는 공유지가 군데군데 있었습니다. 목축업자는 소 등 가축을 키우면서 방목할 때, 먼저 공유지에 풀어 놓은 후 사유지로 옮기는 방법을 택했습니다. 이웃한 목장주인도 같은 방법으로 소를 키우니 공유지에는 감당하기 어려울 정도로 가축이 몰려들었고, 그 결과 가축의 입으로 뜯겨 먹히고 발굽에 밟히고 뿌리째 뽑힌 풀들은 다시 자라지 못했습니다. 즉 자연이 다시 재생할 만한 시간을 주지 않고 착취한 결과 토양은 헐벗게 되고 바람으로 표토층이 날라가 모래와 자갈만 남게 됩니다. 이를 '공유지의 비극'이라고 합니다.

미국의 중서부는 거대한 초원지대Great Plain입니다. 이 지역은 강수량이 적고 여기에서 자라는 풀들은 이미 적은 강수량에 적응한 식물들입니다. 이 넓은 초지를 유럽인들은 개간하여 밀, 콩, 옥수수, 담배, 목화, 콩 등 작물을 키우고자 했지만, 강수량이 적고 관개를 할 수 없어 농부들은 새로운 농법을 동원하게 됩니다. 바로 건조 농법dryland farming입니다.

농부들은 이른 봄에 땅을 깊게 갈아엎습니다. 기온이 상승하여 흙의 수분을 증발시키면 물의 장력과 모세관 현상이 작동하여 땅속 깊이 있는 수분을 지표면으로 끌어 올리게 되는데, 이 수분을 이용하여 작물을 키우는 농사법입니다. 그러나 이 방법은 늘 성공하는 것이 아니고 실패할 확률이 높습니다. 그러면 농부는 더 땅을 깊게 파게 되고, 이런 상황이 되풀이되면서 기름진 표토층은 바람에 날아가고 날아간 모래는 다른 농토를 덮어버려 더 이상 농업 생산성을 기대하기 어렵게 됩니다. 이집트, 인도와 중국 등 전세계적으로 건조한 지역에서 사용되는 방법이며 공통적으로 이들 지역은 모래바람으로 고통을 받고 있습니다. 우리나라로 날라오는 황사의 일부도 이런 현상의 결과입니다(10장 참고).

또 초기 이주 유럽인들은 가죽을 얻기 위해 유럽에서 들여온 소를 키웠고, 소와 생태학적으로 경쟁 관계에 있는 들소를 무자비하게 제거했습니다. 유럽인이 들어오기 전에는 약 2억 마리였던 들소는 한때 멸종위기까지 몰렸습니다.

러시아의 동진정책과 모피

모피는 짐승의 표피로 만든 옷감입니다. 이 옷감으로 옷, 모자, 신발 등 다양한 보온용품을 만들게 됩니다. 옛날에는 동물의 가죽을 그대로 사용하여 방한용품을 만들었습니다. 16~17세기의 지구는 소빙하기 little ice age 이었고 북반구의 겨울은 매우 추웠습니다. 모피는 이 추위를 막아줄 재료였지만 야생의 물건이라 생산이 제한되었고 가격도 엄청나게 비쌌습니다. 담비 가죽 하나가 서민의 집 한 채 가격에 달하기도 했습니다.

여기에 패션이라는 예술 감각이 가미되고 염색술과 가죽, 털의 가공기술이 발달하면서 모피의 수요는 폭발적으로 늘었고 모피는 부유층의 사치 품목이었습니다. 당시에 유럽대륙의 야생동물들은 남획으로 이미 멸종 단계에 들어섰고, 모피는 새로운 세계, 즉 야생동물이 가득한 지역에서 공급되어야 했습니다.

그중 하나가 아메리카 신대륙입니다. 신대륙에는 유럽에선 이미 멸종한 비버 *Castor canadensis*, beaver 를 비롯한 다양한 종류의 동물들이 엄청나게 많았습니다. 특히 비버는 유럽인들에게 인기가 많아 엄청난 수의 비버가 남획되었습니다. 비버 외에도 여러 동물들이 모피 때문에 희생되었습니다.

당시 유럽의 동쪽에 위치한 러시아는 뒤늦게 제국의 면모를 갖추느라 이미 서구 열강들이 조각조각 차지해버린 신대륙으로의 진출은 꿈도 꿀 수 없는 상황이었습니다. 하지만 러시아는 동쪽으로 펼쳐진 시베리아라는 새로운 땅에서 기회를 찾게 됩니다. 시베리아의 툰드라와 타이거 지대에 펼쳐진 광활한 숲은 다양한 동물을 품고 있었습니다. 그 중에는 유럽인들이 좋아하는 검은 담비*Martes zibellina*, sable, 밍크*Mustela lutreola*, Mink, 여우*Vulpes*, fox, 족제비*Mustela*, weasel, 수달*Lutra lutra*, otto과 해달*Enhydra lutris*, sea otto 등이 수두룩했습니다. 당시 시베리아는 한때 세상을 호령하던 몽골족이 쇠퇴하면서 적은 인구의 여러 원주민 집단들로 나뉘어진 광활한 공간이었습니다.

1579년 러시아의 상인들과 정부 탐험대는 카자크Kazak 부대를앞세워 동쪽으로 진출합니다. 모피에 대한 탐욕이 이들을 이끌었습니다. 여러 원주민의 저항을 분쇄하며 야금야금 침략한 끝에 러시아인들은 70년 후에 베링해협에 도착하였고 1741년에는 지금의 알래스카를 개척하여 러시아 영토로 선언합니다. 러시아는 시베리아 곳곳에 새로운 도시를 건설하였고 유럽-아시아-북아메리카를 연결하는 방내한 세국을 건설하였습니다. 한편 1867년 러시아는 알래스카를 수익은 적고 방어에 많은 돈이 들어가는 쓸모없는 땅이라 여겨 미국에 팔았습니다. 그 후 미국은 알래스카 북단의 북극해 연안에서 막대한 양의 석유를 찾아냅니다.

모피는 '부드러운 금soft gold'라고 불릴 정도로 경제적 가치가 높았습니다. 러시아가 동진 정책을 펼친 16세기부터 20세기 초까지 수억 마리의 동물들이 희생되었습니다.

모피 제품 중에 최고는 검은 담비 털로 만든 것입니다. 이 검은 담비는 아시아 북쪽, 시베리아에서 서식하였습니다. 바이칼호 변의 이르쿠츠스크주에서는 이 검은 담비가 주 깃발state flag에 들어가 있습니다. 러시아는 모피 수출로 막대한 부를 축적하고 강대국의 대열에 올라서게 됩니다. 당시에 모피를 통한 수입이 러시아의 재정 수입의 11%가 될 정도로 모피는 중요한 자원이었습니다. 모피 때문에 많은 동물들이 사라졌고, 러시아인들은 더 동쪽으로 진출하였습니다. 당시에 동쪽으로 가던 러시아 군대는 청나라, 조선과도 전쟁을 벌였습니다. 효종 때의 나선정벌1654, 1658년은 러시아의 동진 정책과 청나라, 조선이 마주친 국제적인 분쟁이었습니다.

모피에 집착하는 유럽인들의 광기는 모피보다 더 가벼운 비단을 유럽에서 직접 대량 생산하고 양털을 가공하는 기술이 대중화되면서 가라앉았습니다. 이때에 모피를 수집하는 상인들, 사냥꾼들이 무작정 동물을 포획하기 때문에 모피를 수집하는 것은 바람직하지 않다는 것을 깨달았습니다. 이 깨달음이 오늘날에는 '동물보호운동', '자연보호' 그리고 '지속 가능한 성장'이라는 개념으로 발전하였다고 봅니다.

현대에는 인조 가죽 등이 등장하였고 모피를 입는 것을 좋지 않게 여기며 수렵 대신에 상업적으로 동물을 사육함으로써 자연에 주는 피해를 최소화하고 있습니다[17].

열강들의 중국 분할 점령

열강이라는 의미는 제국주의 시절에 강한 군사력을 가진 국가들을 통칭하는 말입니다. 근대화가 진행되던 1800년대 중반에 중국은 매우 강력한 봉건주의 국가이었고 발달한 해운을 통하여 유럽 국가들과 무역이 활발했습니다. 당시에 영국은 중국에서 주로 차tea를 수입했고, 모직물과 인도의 면화를 중국에 수출했습니다.

차*Canella sieneis*, tea는 중국 남부, 인도 등 아시아 지역에서 널리 재배됩니다. 이 식물의 잎에 포함된 방향족 물질은 은은한 향과 맛을 내어 전세계인들이 즐겨 마시는 음료가 되었습니다. 특히 수질이 나쁜 지역에서는 차 끓인 물을 마시는 것이 위생학적 측면에서 매우 효율적인 질병 예방법이었습니다. 높은 온도에서는 살균 효과가, 차 성분의 화학적 반응으로 중금속 등 오염물질의 침전 등이 일어나 수질 정화 효과가 있습니다.

중국 남부에서 재배된 차는 16세기에 유럽으로 건너갔고, 17세기에는 영국 등 유럽에서 유행하였습니다. 특히 이 시기에 과거 아시아에서 수입하던 도자기를 유럽 현지에서 만들 수 있게 되면서 차 마시는 풍습이 널리 퍼지게 되었습니다. 유럽, 특히 영국은 차 수입이 늘면서 무역역조가 발생해 자국의 은이 중국으로 엄청나게 유출되었는데, 이때 영국이 생각해낸 것이 바로 아편opium입니다.

양귀비*Lachryma papaveris*라는 식물에서 추출한 알칼로이드 물질은 모르핀을 함유하고 있습니다. 이 모르핀은 마취효과가 있어 현대의학에서 사용하고 있습니다. 모르핀을 흡입하면 환각 상태가 되고 중독성이 있어 순식간에 중국 내에 퍼져 나갔고 당시 청나라 정부는 이를 금지하게 됩니다. 영국은 자유무역규정에 위배된다 하여 중국과 전쟁을 벌였고 이것이 바로 아편전쟁1856년입니다. 1, 2차 아편전쟁의 결과로 지금의 홍콩은 영국이 99년간 점령하게 되었고 1997년에 중국에 반환됩니다. 2000년의 '홍콩사태'의 이면에는 이런 문제들이 얽혀있는 것입니다[18].

이후 열강들은 중국을 쪼개어 조차지로 나누어 관할하면서 중국의 자원을 착취하게 됩니다. 차 때문에 나라가 무너진 예이며, 차는 미국의 독립과도 관계가 있습니다. 바로 미국독립의 불씨를 당겼던 보스턴 차 사건Boston tea party이 바로 차 때문에 시작되었습니다.

영국의 인도 식민지화

인도의 영국 식민지 시절은 1858~1947년간입니다. 그 이전에 인도는 경제 대국이었고 영국을 포함한 유럽과 무역을 했습니다. 당시 인도의 무굴제국이 수출한 것은 비단, 면화, 인디고 염료, 초석, 후추 등 향신료였고 유럽은 모직물 정도를 수출했지만 인도인들의 외면을 받아 심각한 무역 역조 현상이 발생했습니다.

특히 면화, 즉 솜은 유럽에서 엄청난 인기가 있었는데, 솜으로 실을 뽑아 얇게 옷을 만들 수 있기 때문입니다. 솜은 목화*Gossypium*, cotton 속의 여러 종에서 얻어집니다. 인도에서는 소규모로 생산된 목화와 이를 이용하여 옷감을 만드는 방직산업이 잘 발달해 있었습니다. 목화솜에서

실을 뽑아내고, 이 실로 옷감을 만드는 과정은 단순한 과정이지만 숙련된 노동자가 담당하는 일이었습니다. 이때 영국은 이런 기술이 없어 인도에서 완제품을 사들이는 수밖에 없었습니다. 당시 인도는 이 기술로 전세계 경제 규모의 25%를 차지하는 경제 대국이 되었습니다. 영국에서 산업혁명이 일어나자 방직도 기계화와 자동화가 가능해졌습니다. 이때부터 영국은 교묘하게 인도의 경제를 훼손하면서 값싼 원료목화를 확보하고, 영국 본토에서 기계로 값싸게 옷감을 생산한 후 인도라는 엄청난 소비지에 비싸게 팔았습니다. 그 결과 경제가 피폐해진 인도는 영국의 식민지로 전락하게 됩니다.

우리나라에서는 고려시대에 문익점이 중국에서 가져온 목화씨를 성공적으로 재배함으로써 의류를 자급자족할 수 있게 되었습니다. 우리나라에 생물 자원을 가져온 대표적인 예입니다.

중앙아시아의 아랄해가 말라버린 것도 상류 지역의 목화밭 때문입니다(11장 참고). 아랄해로 흘러드는 큰 강의 상류 지역에 엄청난 규모의 목화밭을 조성하고 강물을 관개수로 사용하니 아랄해는 마를 수 밖에 없었습니다. 더구나 토양에 소금기가 쌓이니 이 소금기를 희석하기 위하여 더 많은 관개수를 사용하고 또 더 많은 소금이 토양에 남게 되는 악순환으로 물 사용량은 더 많아지고 드디어 아랄해 자체가 사라질 위험에 처한 상태에 이르렀습니다.

목화로 만든 옷감은 흰색이므로 이를 염색하여 다양한 색깔로 만듭니다. 이 염색과정은 엄청난 염료를 배출하는 악성 공해산업입니다. 그런데, 목화의 색에는 흰색뿐만 아니라 분홍, 갈색, 녹색 등이 있고 이 색깔은 따로 염색 과정을 거치지 않아도 고운 색상을 유지할 수 있습니다. 따라서 색깔을 내는 품종을 잘 보전하는 것은 환경오염을 막는 길이기도 합니다.

고대로부터 이어온 수많은 문명의 흥망성쇠의 뒤안길엔 자연의 훼손과 남용 그리고 멸종이라는 어두운 그림자가 드리워져 있습니다. 몽골의 세계제국 붕괴 후 한동안 소강상태에 있던 동서문명 간의 교류는 근대제국시대를 맞이하여 수탈과 부의 집중이란 모습으로 다시 되살아났습니다. 인류는 그 변화의 힘을 주체하지 못하고 결국 두 차례의 세계대전을 겪게 됩니다. 치열하고 잔인했던 전쟁 이후 사회, 경제, 정치의 세계화는 거스를 수 없는 흐름이 되었습니다.

오늘날 인류는 적극적으로 자연이 가진 것을 빼어와 늘어난 인구와 삶의 풍요로움을 지탱해 가고 있습니다. 자연에게서 더 많은 에너지, 더 많은 광물과 생물자원을 가져와 사용하고 쓸모없게 된 것, 즉 쓰레기를 자연에 돌려줍니다. 어쩔 수 없이 자연은 허약해지고 병들어갈 수밖에 없습니다. 자연은 인간 환경의 커다란 축입니다. 인간 환경은 한쪽엔 풍요로움을 다른 한쪽엔 허약함을 함께 가진 기형적인 모습으로 변화해 가고 있습니다. 이것이 인류 생존의 지속가능성을 위협하는 상황에까지 이르렀습니다. 기후변화, 기후위기를 생각해보세요. 앞으로 이어질 여러 이야기 꼭지는 오늘날 우리가 살아가는 환경에 관한 이야기들입니다. 그 속에서 찾아보겠습니다. '인간 환경은 어떻게 변화했고 그 변화의 이유는 무엇일까?' 라는 궁금증을.

1장 지구의 다양한 생태계: 좌 육상생태계-미국 워싱턴주 올림픽국립공원의 가문비나무숲, 우 수생태계-호주 대산호초Great Barrier Reef 지역의 다양한 생물상. 출처: Wikipedia[1,2]

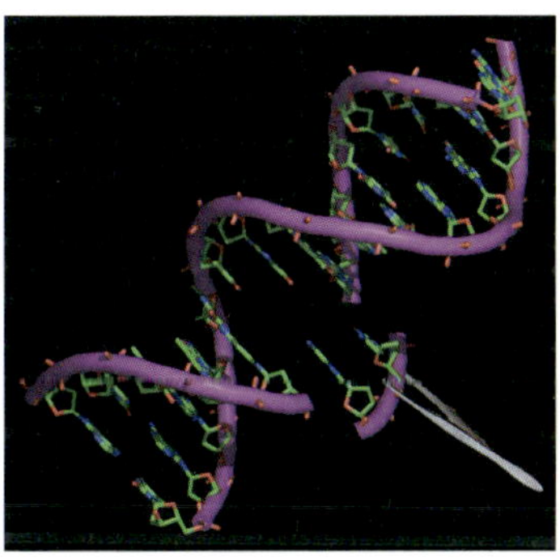

1장 좌 DNA의 일부를 잘라내고 치환함으로써 GMO를 만드는 과정에 대한 모식도. 우 일반 흰쌀과 비타민 성분을 보유한 골든라이스golden rice. 골든라이스는 GMO로서 유적공학기술을 이용해 자연에 없던 품종을 새롭게 만들어낸 사례입니다. 출처: Wikipedia[3,4]

1장 좌 존 스타인벡의 소설 '분노의 포도' 1939년 초판의 표지. 메마른 농지 사이로 이어선 캘리포니아를 향한 이주차량의 행렬을 바라보는 농부 가족. 이 소설은 1930년대 미국 중서부를 강타한 가뭄과 모래폭풍으로 고향 오클랜드를 떠나 캘리포니아의 떠돌이 농장 노동자가 된 사람들의 참혹한 실상을 그려내 큰 사회적 반향을 불러일으켰습니다. 우상단 모래먼지에 묻힌 자동차 사우스 다코타, 1936년. 우하단 모래폭풍 속의 농부와 아이들 오클라호마, 1936년.

출처: Wikipedia[5,6,7]

2장 세계 인구밀도 최상위를 차지한 유럽 남부의 모나코와 반대로 매우 희박한 인구밀도를 가진 몽골 초원의 풍경

출처: Wikipedia[8,9]

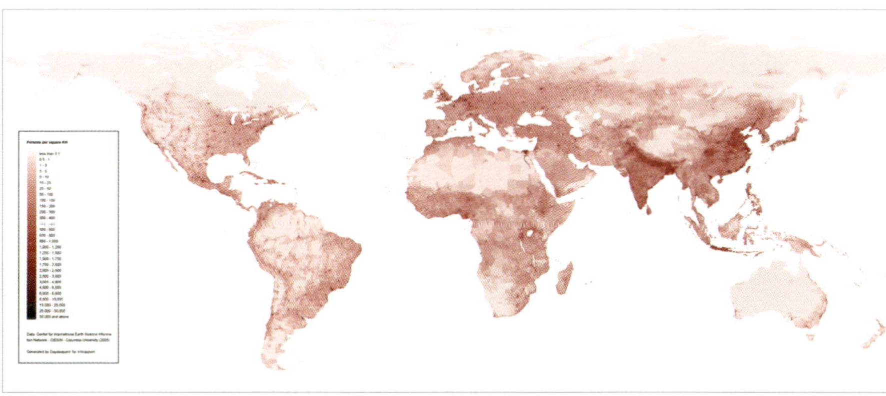

2장 2005년 세계인구밀도지도

출처: Wikipedia[10]

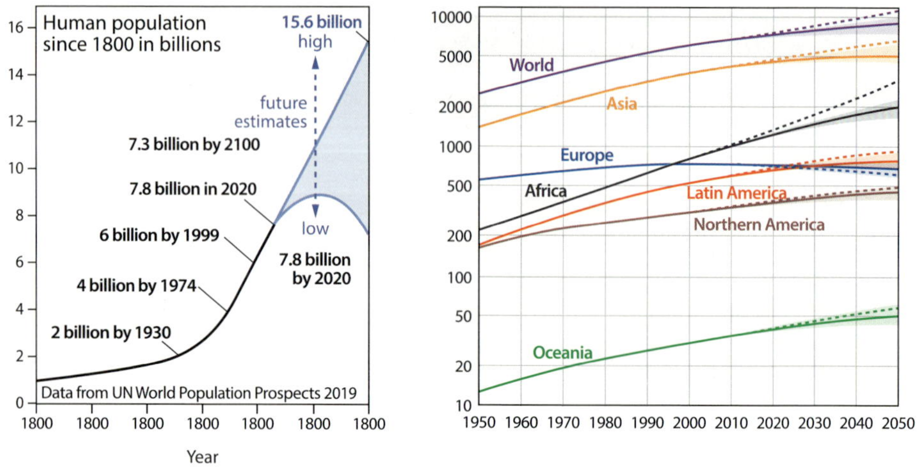

2장 UN의 인구변화 전망: 좌 2019년 기준의 미래 인구변화 전망치. 2100년의 추정인구가 73억에서 156억까지로 두 배 이상의 불확실성을 보입니다. 평균 추정치는 약 109억명으로 현재의 78억에 비해 40% 늘어난 규모입니다. 우 각 대륙별 1950년부터 2050년까지의 인구변화. 세로축은 로그log 스케일이며 단위는 백만 명임. 실선은 평균 추정치이고, 점선은 현인구증가율을 반영한 결과임. 유럽인구의 감소와 아프리카의 빠른 인구증가를 볼 수 있습니다. 출처: Wikipedia[11,12]

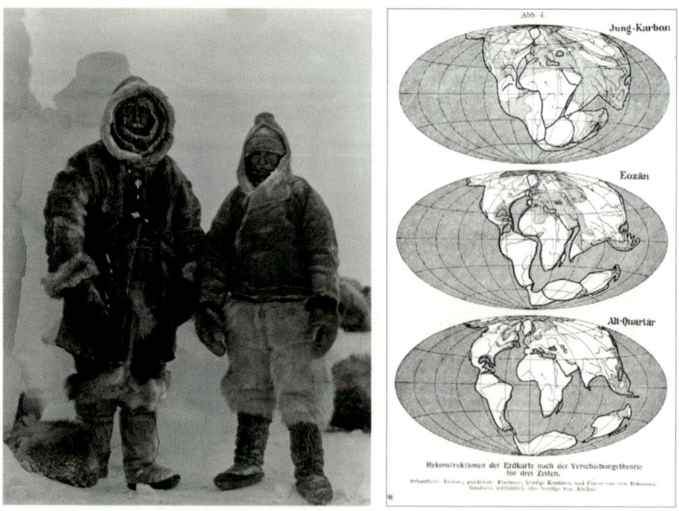

3장 좌 그린란드 탐사 당시 1930년 11월 1일 베게너와 빌룸센의 마지막 사진: 해안가 기지로 귀환 중이던 11월 16일경 사망한 것으로 추정됨. 우 베게너의 판게아와 대륙이동 지도. 출처: Wikipedia[13,14]

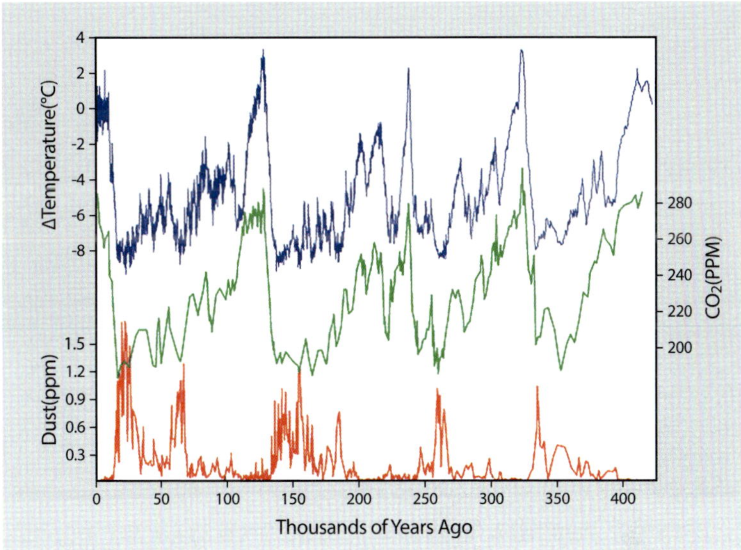

3장 남극대륙 보스토크호수Lake Vostok의 얼음 코어ice core 샘플에서 측정한 지난 40만년 동안의 기온청색과 대기중 CO_2 농도녹색, 먼지농도적색의 변화. 약 10만 년 주기로 기온이 10도 이상 오르내렸음을 볼 수 있습니다. CO_2는 기온과 같이 변화하며 100 ppm 정도를 오르내렸습니다. 반면에 먼지는 추울 때 더 많아지는 식으로 기온 및 CO_2와 반대로 변화하였습니다.

출처: Wikipedia[15]

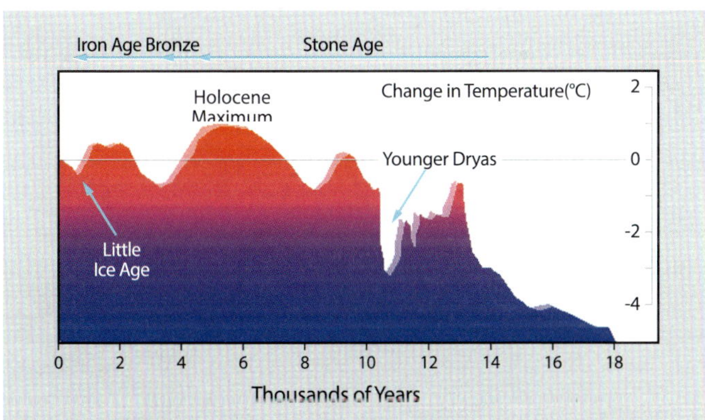

4장 마지막 빙하기 이후의 기후변화: 영거 드라이아스Younger Dryas, 홀로세 최적기Holocene Maximum, 소빙하기Little Ice Age. 그림 상단에 석기시대, 청동기시대, 철기시대의 대략적인 시간 경계를 표시하였습니다. 영거 드라이아스 이후에 몇 차례의 온난기와 한랭기가 교차해 나타났습니다. 15세기에서 18세기까지의 소빙하기를 지난 후 온실가스가 증가하면서 지구는 빠른 속도록 따뜻해지고 있습니다.

출처: Wikipedia[16]

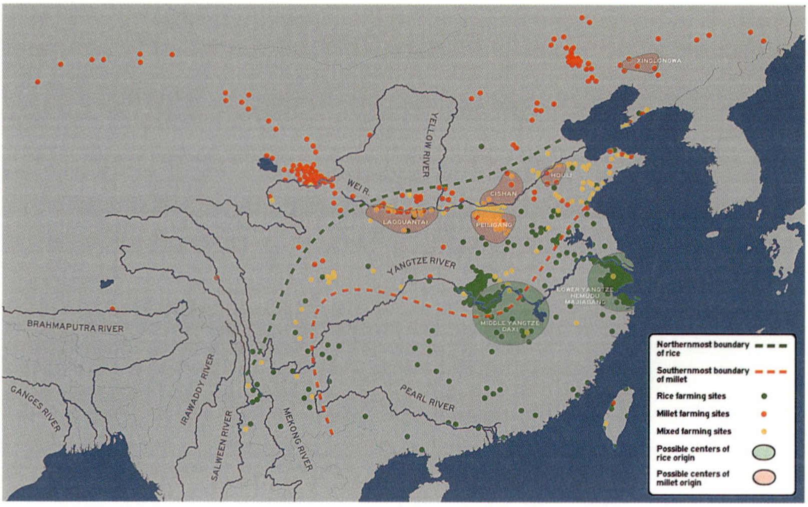

4장 고대의 쌀과 수수/기장/조 재배지 분포. 녹색원과 적색원 지역을 쌀과 수수/기장/조가 재배되기 시작된 곳으로 추정하고 있습니다. 출처: Wikipedia[17]

3장 4장 유전자 분석 결과는 쌀의 기원지로 중국-베트남 접경지인 주Zhu강 유역을 제안합니다. 그러나 화석 등 고고학적 증거는 아직 발견되지 않았습니다. 출처: Wikipedia[18]

5장 만리장성Great wall입니다. 북쪽의 침입자를 막기 위하여 쌓아 올린 구조물입니다. 건축과정에서 인부들의 취사, 난방과 벽돌을 굽는 과정에서 인근의 목재를 다 소비하였습니다. 이후에 많은 지역들이 사막으로 변하였습니다. 자연이 다시 충전할 시간을 주지 않은 결과입니다. 출처: Wikipedia[19]

5장 도도새의 표본입니다. 인간의 탐욕으로 멸종한 종입니다. 출처: Pixabay[20]

5장 위 러시아 동진 정책 과정에서 건설된 바이칼 호변의 이르쿠츠스크 주의 깃발입니다. 깃발 속의 동물, 검은 담비가 이 주의 상징으로 이 도시와 러시아의 경제에 큰 기여를 하였습니다. 아래 상품으로 진열된 검은담비 가죽. 출처: Wikipedia[21,22]

제2부

현재-환경의 재구성

06

불의 제왕
- 화석연료와 신재생에너지

곽경환

"코크타운은 붉은 벽돌로 만들어진 도시였다. 어쩌면 붉은색이 아니었을 그 벽돌들은 연기와 재로 붉게 변했는지도 모른다. 도시엔 기계와 높은 굴뚝만이 있었고 거기에서 나오는 연기는 뱀처럼 끝이 보이지 않을 정도로 길게 뻗어 있었다. 그 도시엔 검은 운하가 흘렀다. 그리고 역겨운 냄새가 나는 자줏빛으로 염색된 강물이 흐르고 있었다."[19]

19세기 영국의 소설가 찰스 디킨스가 1854년에 발표한 소설 '어려운 시절Hard times'에서 가상의 도시인 코크타운을 묘사한 글입니다. 산업혁명 이후 런던은 1952년 런던 스모그 사건으로 대표되는 심각한 대기오염의 대명사로 일컬어져 왔습니다. 19세기 말에서 20세기 초에 발표된 코난 도일의 추리소설인 일명 셜록 홈즈 시리즈에서는 런던의 안개를 '마치 우유를 쏟아부은 것 같다'고 비유하였고, 동시대 인상파 화가인 클로드 모네의 작품에서도 런던의 웨스트민스터 탑, 국회의사당, 워털루다리가 짙은 안개에 둘러싸인 모습으로 그려지곤 했습니다.

그리고 시간이 한참 흐른 후에야, 과거 런던의 명물이던 초겨울의 안개는 대기오염에 의한 스모그 현상 때문이었음을 알게 되었습니다. 영국에서는 산업혁명 이전부터 석탄을 주 연료로 사용하였기에 17세기 런던의 기록에서도 굴뚝의 연기가 하늘을 검게 물들여 런던주민들을 덮고 있다는 표현을 종종 발견할 수 있습니다.

불과 인류

대기오염의 역사는 인간이 불을 사용하기 시작하면서부터 인류와 함께 해왔습니다. 인간은 추위를 피하고 강한 포식자로부터 자신을 보호하고 음식을 익혀 먹기 위해 불을 사용하기 시작했습니다. 400만 년 전 출현한 오스트랄로피테쿠스*Australopithecus*는 현시대 열대우림지역의 침팬지와 비슷한 생김새를 하고 있었으며 과일을 주식으로 삼았습니다. 그러다 기후변화로 기온이 낮아지면서 식량을 얻기 위해 딱딱한 열매와 고기를 먹기 시작했습니다. 200만 년 전 번성한 호모 에렉투스*Homo erectus*는 수렵채집인의 특성을 지녔으며, 복잡한 도구를 만들어 사냥에 사용하였습니다.

인류가 불을 처음 사용한 증거는 최대 빙하기가 나타났던 80만 년 전 혹은 100만 년 전으로 거슬러 올라갑니다. 이후 유럽의 추운 지역에서 생존했던 호모 하이델베르겐시스*Homo heidelbergensis*가 정기적으로 불을 사용했다고 합니다. 현생인류인 호모 사피엔스*Homo sapiens*는 20만 년 전에 나타났는데 당시 먼저 자리잡고 살던 네안데르탈인*Homo neanderthalensis*보다 정교한 도구를 사용하고 불을 잘 다루어 추운 빙하기 동안에 성공적으로 살아남았다고 추정하고 있습니다[20]. 이미 오래전부터 불을 통한 에너지의 사용은 인류 생존의 필수 요소로 자리잡은 셈입니다.

약 1만여 년 전 신석기시대에 농경사회가 시작되면서 인류는 더욱 직접적이면서도 광범위하게 불을 사용하였습니다. 농사지을 땅을 확보하기 위해 숲을 불태우는 방식으로 땅을 개간하였으며, 가축화된 동물들을 기르면서 모은 분뇨는 취사와 난방을 위한 좋은 연료가 되었습니다. 현시대에도 일부 열대 우림 지역과 유라시아 초원의 유목민 거주 지역에서는 이러한 풍경이 낯설지 않습니다. 초기 인류가 추위를 피하고 식량을 얻기 위해 소극적으로 불을 사용하였다면, 농경과 유목이 주된 삶의 방식이 된 이후부터는 부를 축적하고 에너지원을 확보하는 수단으로 적극적으로 불을 사용하였다는 점에서 큰 변화라고 할 수 있습니다.

세계 여러 문명을 중심으로 국가가 세워지고 흥망성쇠를 반복하면서 인류가 사용하는 수 에너지원도 여러 변화를 겪게 됩니다. 농경사회의 주된 연료는 거주지 주변에서 쉽게 구할 수 있는 목재였습니다. 그러다가 불을 사용하여 금속을 제련하는 기술을 개발하면서 다양한 종류의 금속을 사용하게 됩니다. 특히, 연료를 연소해 아주 뜨거운 불을 만들게 되면서 철과 같이 단단한 금속을 얻을 수 있게 되었고 철을 이용해 농기구와 전쟁 무기를 생산하였습니다. 인류의 역사는 전쟁의 역사라고 해도 과언이 아닐 만큼 좋은 금속 재료로 강한 무기를 만드는 국가가 전쟁에 승리하여 부와 영광을 누리게 됩니다.

화석연료와 대기오염

일상생활에서 가장 많이 사용한 연료는 흙 연탄이라고도 불리는 토탄 peat입니다. 산업혁명 이전 사회에서는 토탄처럼 지표 부근에서 얻을 수 있는 석탄을 주로 사용하다가 채광 기술이 발달하면서 역청탄, 무연탄과 같은 환경오염이 적고 발열량이 높은 석탄을 점점 더 많이 사용하게 되었습니다. 한편 이미 1천 년 전에도 이처럼 석탄을 사용하면서 도시 지역을 중심으로 대기오염이 심해졌다는 기록이 있습니다. 13세기 영국의 왕 에드워드 1세는 대기오염을 방지하기 위해 석탄 사용량을 줄이라는 명령을 내렸고, 이 명령은 세계 최초의 대기오염 방지 법안이 되었습니다.

인구가 늘어나면서 지표 부근에서 얻을 수 있는 석탄은 곧 고갈되었고 사람들은 석탄을 얻기 위해 점점 더 깊이 파내려 갑니다. 18세기 영국에서는 토머스 뉴커먼이 깊이 판 광산의 물을 퍼내기 위해 증기엔진을 발명했습니다. 이렇게 제한적 목적으로 사용되었던 초기의 증기엔진을 제임스 와트가 개량하여 성능이 우수한 새로운 증기엔진을 발명하면서 산업혁명의 도화선에 불을 붙였습니다.

증기엔진의 발명이 이뤄낸 산업혁명으로 인해 제조업에서는 대량생산이 가능해졌고, 많은 물자를 운송하기 위해 말이 끄는 마차에 의지하는 대신 증기기관차의 힘을 이용하게 되었습니다. 결과적으로 공업도시가 발달하면서 많은 인구가 도시로 몰려들어 도시민 중심의 새로운 생활양식이 만들어졌습니다. 하지만 역설적이게도 인류문명을 획기적으로 변화시킨 산업혁명은 당시 세계에서 가장 큰 도시였던 인구 600만명1901년 기준의 런던을 세계에서 대기오염이 가장 심한 도시로 만들어버렸습니다.

최조의 백열등을 발명한 토머스 에디슨이 미국에서 촉발시킨 새로운 변화는 인류의 주 에너지원을 오늘날과 같은 전기에너지로 탈바꿈시켰습니다. 전기에너지는 개발 당시만 해도 불을 밝히는 조명기구 등에 한정적으로 사용되었으나, 그 편리성과 안전성이 확보되면서 점차 산업시설로까지 널리 확대되었습니다. 이런 변화와 아울러 석탄을 연료로 하는 제조업 중심의 전통적인 산업구조가 20세기 초 미국을 중심으로 석유를 연료로 하는 화학, 자동차 중심의 산업구조로 다변화합니다. 여기에는 증기엔진을 대체하는 디젤엔진의 발명이 큰 역할을 했습니다. 석탄보다 운송과 보관이 편리한 석유를 연료로 하는 디젤엔진은 특히 자동차의 보급은 물론 고성능 선박과 기차, 심지어 항공기를 개발하는 데 결정적인 계기를 마련하게 됩니다. 이로 인해 물류와 인적 이동이 이전보다 훨씬 수월해지면서 국가 간 경계를 넘나드는 급속한 세계화가 일어납니다. 제2차 세계대전 이후 석유는 인류의 주 에너지원으로 자리잡습니다. 1970년대 아랍권에서 촉발된 전세계적인 두 차례 오일쇼

크는 석유가 얼마나 중요한 에너지원인가를 상징적으로 보여준 사례입니다.

하지만 화석연료의 사용은 지구 곳곳에서 심각한 환경문제를 발생시키고 있습니다. 우선 화석연료를 채굴하는 단계에서부터 매장 지역의 토양과 물을 심각하게 오염시킵니다. 석탄을 채굴하기 위해 만든 광산은 불가피하게 석탄 외에도 여러 지층의 금속 성분을 지상에 노출시키는 통로의 역할을 하게 됩니다. 그 중에서도 황은 물에 포함되었을 때 산성을 띠며, 주변 토양을 황폐화시킵니다. 또한 광산에서 유출된 광산 폐수는 주변 토양뿐만 아니라 하천으로도 흘러들어 생태계를 교란하고 파괴합니다. 이로써 광산 주변의 땅과 하천은 채굴이 끝나 더 이상 이용하지 않는 폐광 이후에도 오랫동안 다른 용도로 이용하기 어려운 상태로 남게 되며 이를 회복하는 데 막대한 시간과 비용이 소요됩니다.

석유는 상대적으로 원전에서 시추하는 단계에서 발생하는 환경오염이 석탄보다 적은 것으로 알려져 있습니다. 하지만 시추 이후에 송유관이나 유조선을 이용해 기름을 수송하는 단계에서 송유관의 누유 혹은 유조선의 해양사고 등으로 기름유출이 발생할 수 있습니다. 특히 기름유출 사고는 일단 한번 발생하면 자연적 치유가 매우 어렵습니다. 여러분이 기억하는 2007년 12월 7일의 태안 기름유출 사고처럼 유출된 기름을 수거하고 제거하는 데에 막대한 인간의 노력이 필요하며 그렇다 해도 원상태로 회복되는 데에는 상당한 시간이 필요하거나 지역 특성에 따라 아예 불가능한 경우도 있습니다.

20세기 후반부터 인류의 주 에너지원 역할을 해오고 있는 석유와 천연가스는 석탄보다 연소 효율이 높은 에너지원입니다. 그럼에도 불구하고 여전히 화석연료라는 점에서 연소 과정에서 대기오염물질과 온실가스를 발생시킨다는 분명한 한계가 있습니다. 수억 년에 걸쳐 땅과 바다의 지각에 화석연료의 형태로 저장되어온 탄소가 불과 지난 1백여 년 남짓한 짧은 시간 만에 대기 중으로 다량 배출되었다는 것을 의미합니다.

대기 온실가스의 증가

스웨덴의 노벨상 수상자인 스반테 아레니우스Svante Arrhenius는 1895년에 발표한 논문에서 이산화탄소와 수증기가 지구의 기온에 영향을 미친다고 주장하였습니다. 하지만 그 당시에는 주류 과학자들조차도 지구의 기온을 상승시키기에는 인간의 영향력이 너무 작다고 여겼습니다. 한참 뒤인 1950년대에 들어서면서부터 인간활동에 의해 지구 대기 중 이산화탄소 농도가 증가하고 있고 이는 지구 온난화의 원인일 수 있다는 논의가 시작되었습니다.

미국 스크립스Scripps 해양연구소의 과학자인 로저 레벨Roger Revelle과 찰스 킬링Charles Keelling은 1958년부터 하와이 마우나로아Mauna Loa에서 이산화탄소 농도를 직접 측정하기 시작했습니다. 마우나로아 관측소의 측정값은 현재까지도 지구 배경의 이산화탄소의 농도를 대표하고 있습니다. 마우나로아에서 측정한 이산화탄소 농도는 1958년 첫 측정 당시 315 ppm을 기록한 이후 꾸준히 증가하여 2015년에 처음으로 연평균 400 ppm을 넘었고, 연평균 이산화탄소 농도는 현재에도 1년에

2.3 ppm씩 증가하고 있습니다.

1차, 2차, 3차 산업혁명을 거치면서 현대 사회는 도시라는 작은 공간에서 많은 양의 에너지가 소비되는 도시화의 시대로 변모했습니다. 이는 인구 증가와는 별개로 1인당 에너지 소비량이 증가하는 것을 의미하며, 전지구적인 에너지 수요가 폭발적으로 증가하게 된 또 다른 원인입니다. 전세계 인구의 55%2018년 기준는 이미 도시에 거주하고 있으며, 2050년에는 전세계 인구의 68%가 도시에 거주할 전망이라고 합니다[21]. 많은 에너지 수요가 도시 지역에 집중되면서 많은 인구가 모인 도시 지역의 대기오염, 물오염, 토양오염 등 환경오염 문제를 해결하려는 노력이 시급해졌습니다. 각지에서 생산된 연료와 물자를 도시 지역으로 수송하기 위해 자동차, 기차, 선박, 항공 등 다양한 교통수단이 필요했고, 이에 따라 화석연료의 수요도 크게 증가했습니다.

20세기 동안 이산화탄소 배출량이 가장 많았던 국가는 단연 미국입니다. 서구 산업국가 중에서 인구가 많을 뿐만 아니라 전통적인 동부 지역 외에 서부 지역에도 대도시가 크게 발달했기 때문입니다. 미국의 급격한 산업화와 도시화의 결과로, 1950년대 자동차 배기가스에 의한 LA 스모그 사건이 발생했습니다.

21세기에 들어서는 중국이 이산화탄소 최대 배출 국가의 자리를 차지하고 있습니다. 중국은 지구의 공장으로 불릴 만큼 제조업 위주의 수출 주도 성장을 이뤄왔으며, 인구로 따졌을 때 세계 100대 도시 중 55개 도시가 중국 도시일 만큼 급속한 도시화를 거쳐 왔습니다. 2013년에 중국 베이징Beijing에 위치한 미국 대사관에서 대기질을 측정하여 이 도시의 심각한 대기오염 실태를 공개했습니다. 이를 계기로 대도시가 몰려있는 중국 수도권과 동부해안 지역의 대기오염 문제가 전세계의 관심을 받았고, 이후 중국은 대기질 개선을 국가적인 아젠다로 삼고 대기질을 개선하기 위한 강력한 정책들을 펼쳐가고 있습니다.

화석에너지의 본질적 한계

산업혁명 이후 화석연료 위주의 경제성장으로 인한 지구 온난화와 환경오염 등의 문제와는 별개로, 화석연료가 가지고 있는 본질적인 한계에 대해서도 생각해볼 필요가 있습니다. 화석연료는 수억 년에 걸쳐 땅과 바다에 퇴적된 유기물이 만들어낸 자원입니다. 한 번 채굴하여 사용하고 나면 다시 되돌릴 수 없는 에너지원입니다. 2017년 기준 석유, 석탄, 천연가스의 세계 매장량은 각각 1조 6966억 배럴, 8900억 톤, 190조 m^3이며, 현재와 같은 생산량이 지속될 때 향후 경제적 이윤을 고려한 채굴 가능 기간가채년수은 각각 51년, 134년, 52년으로 예상하고 있습니다[22].

물론 경제의 논리에 의해 생산원가가 낮아지거나 시장가격이 상승하거나 아니면 미확인된 매장량이 추가 개발된다면 채굴이 가능한 기간이 조금 늘어날 수 있습니다. 전세계 석유 매장량은 지속적으로 증가하고 있으며, 이는 석유탐사를 통해 새롭게 발견한 양도 있지만 수익성이 높아지면서 기존에는 개발 대상이 아니었던 매장량이 새롭게 편입된 영향도 큽니다. 21세기에 들어와서 미국이 셰일가스를 개발하며 전

세계 1위 산유국으로 올라선 것이 대표적인 예입니다. 그렇다고 해도 화석연료가 유한한 자원이라는 점에는 변함없습니다.

양도 양이지만 더 큰 문제는 화석연료의 매장량이 특정 지역에 편중되어 있다는 점입니다. 산유국의 모임인 석유수출국기구OPEC 가입국가가 전세계 석유 매장량의 71.8%를 차지하고 있으며, 이 국가들은 주로 중동지역에 집중되어 있습니다. 천연가스도 마찬가지로 중동 국가가 약 40%, 러시아가 약 30%를 보유하고 있습니다. 석탄은 상대적으로 전세계에 골고루 분포하고 있으나, 매장량이 풍부한 유럽, 북미, 아시아와는 달리 아프리카와 남미에는 매장량이 현저히 적은 편입니다[23]. 유한한 자원이 특정 지역에 편중되어 있기 때문에 이를 확보하기 위한 국가 간 경쟁이 점점 치열해지고 극단적으로는 전쟁과 경제위기의 가능성이 항상 도사리고 있습니다. 21세기에 미국에서 셰일가스를 개발하면서부터 이러한 긴장감이 다소 완화되었다고 하지만, 에너지 자립을 위한 각국의 경쟁은 현재 진행형입니다.

지속가능한 에너지

유한한 자원인 화석연료를 지속가능한 청정 에너지원으로 전환하는 일은 더 이상 미룰 수 없는 인류 모두의 과제입니다. 지속가능한 개발sustainable development이라는 말은 UN의 '환경과 개발에 관한 세계위원회'에서 1987년에 발표한 '우리 공동의 미래' 보고서에 처음 제시되었습니다[24]. 즉, 미래 세대들을 위한 환경과 자원을 해치지 않으면서 현재 세대들이 더 나은 삶을 살게 만드는 개발을 뜻합니다. 미래 세대들을 위한 환경과 자원을 해치지 않는다는 조건에서 화석연료는 이미 지속가능한 에너지원으로 볼 수 없는 것이죠.

지속가능성이라는 의미에 가장 잘 부합하는 에너지원은 지구에 존재하는 여러 에너지의 원천인 태양에너지입니다. 약 50억 년의 나이를 가진 태양은 앞으로도 약 50억 년을 더 살면서 엄청난 양의 에너지를 자외선과 가시광선 등 복사에너지의 형태로 지구에 공급해 줄 것입니다. 지구의 생명체는 태양에너지를 공급받아 생태계를 유지하고 있습니다. 태양에너지는 또한 열에너지로 전환되어 대기 중의 바람과 바다의 해류를 이루고 구름과 비를 통해 물을 순환하게 합니다. 이러한 에너지는 형태를 달리하며 다시 사용하는 에너지라고 하여 화석연료와 달리 영구적 재생에너지로 구분합니다. 결론적으로 인류는 지속가능한 개발을 위해 화석연료 사용을 줄이고 재생에너지 사용을 늘려야 합니다.

재생에너지 중에서도 가장 크게 주목받는 것이 태양광 에너지입니다. 낮에 태양에서 지표에 도달하는 빛에너지를 모아서 전기로 변환하는 방식입니다. 다른 에너지와 달리 세계 어디서나 태양이 뜨는 곳이라면 발전이 가능하며 발전 과정에서 공해가 발생하지 않고 좁은 지역에서도 쉽게 발전설비를 갖출 수 있다는 장점이 있습니다. 태양에너지로부터 만들어진 바람을 이용해 에너지를 얻는 풍력에너지도 주요 재생에너지원 중의 하나입니다. 다만 바람이 연중 일정한 방향으로 불어야 하고 넓은 공간이 필요하다는 단점이 있지만, 한 번 설치하면 대규모의 발전이 가능하다는 점에서 지속적인 투자가 이루어지고 있습니다.

이 밖에도 물의 위치에너지 차이를 이용하는 수력에너지, 해수 표층이나 하천의 열을 이용하는 수열에너지, 바닷물의 파도나 조석 간만의 차를 이용한 해양에너지 등도 유망한 재생에너지로 거론되고 있습니다. 아직까지는 경제적인 우위를 확보하지 못한 탓에 전세계 에너지 수요에서 재생에너지가 차지하는 비중은 크지 않은 편입니다. 다만, 태양광에너지, 풍력에너지, 수력에너지, 수열에너지, 해양에너지 모두 태양에너지로부터 왔다는 점에서 지속가능한 청정 에너지원으로써의 잠재성은 충분합니다. 국제에너지기구에서 2017년에 발표한 세계에너지 전망에 따르면 석탄, 석유, 천연가스가 차지하는 비중은 2010년 81%에서 2040년 75%로 감소하는 반면, 신재생에너지가 차지하는 비중은 2010년 1%에서 2040년 5%까지 증가할 전망이라고 합니다[25].

지속가능한 에너지원을 개발하기 위한 노력을 가장 적극적으로 기울이고 있는 나라는 주로 200여 년 전 산업혁명이 처음 일어났던 유럽 국가들입니다. 결자해지의 차원에서 화석연료 사용에 따른 문제점을 가장 먼저 깨달았을 수도 있지만, 경제적으로도 화석연료를 대체하는 신재생에너지의 가능성을 미리 확인하고 관련 산업을 선점하고자 노력한 결과입니다.

유럽연합EU은 2015년에 체결된 파리기후변화협약에 발맞추어 온실가스 배출량을 감축하는 데 초점을 두고 있습니다. 구체적으로는 1990년 대비 온실가스 배출량 20% 감축, EU 에너지 사용량의 20%를 재생에너지원으로 대체, 에너지 효율 20% 향상 등의 목표를 설정하고 있습니다. 이러한 목표를 달성하기 위하여 청정에너지 산업과 기술에 대한 투자를 확대하고 에너지 효율이 높은 제품에 인센티브를 지급해 온 결과, 2019년 EU 총 전력 생산에서 재생에너지가 차지하는 비중이 35%까지 확대되었습니다[26].

특히, 풍력에너지와 태양광에너지의 발전 비중이 석탄화력발전의 비중보다 커졌다는 점에서 전세계적으로도 재생에너지가 화석에너지를 대체할 것으로 기대하기에 충분합니다. 하지만 과연 풍력과 태양광이 미래의 안정적인 에너지원일 수 있을까 하고 불안하게 지켜보는 사람들도 있습니다. 혹시나 기후변화로 인하여 일사량이 감소하거나 바람이 약해진다면 발전량도 함께 감소할 겁니다. 따라서 한두 가지 소수의 에너지원에 의존하기보다 다양한 에너지원을 적극 개발하여 에너지원을 다원화하는 것이 더 현명한 방법일 수 있습니다.

한편, 지난 수십 년간 화석연료와 함께 쌍벽을 이루어 온 에너지원이 하나 더 있었습니다. 원자력에너지입니다. 깨끗하고 안전한 줄 알았던 이 에너지의 실체가 하나둘 드러나고 있습니다. 확대-유지-축소를 두고 사회, 경제, 정치적 논란에 휩싸인 원자력에너지의 미래는 어떤 모습일까요?

07
$E = mc^2$

강신규

아인슈타인은 빛의 성질, 예를 들면 광속의 불변성, 왜 물체는 광속을 뛰어넘지 못하는가 등에 대한 고찰을 통해 그 유명한 '질량-에너지 등가 공식'을 유도하였습니다. 운동에너지, 위치에너지, 전기에너지처럼 질량도 에너지의 일종인 질량에너지임을 밝혀낸 것입니다. 하지만 우리 주변 일상에서 자연적으로 질량이 에너지화하여 방출되는 일은 거의 없다고 봐도 무방합니다. 하지만 태양 안쪽의 상황은 다릅니다.

온도와 압력이 매우 높은 태양 내부에서 수소 원자핵 H^+ 이 서로 합쳐져 헬륨 원자핵 He^{2+} 이 되는 핵융합 반응이 발생합니다. 이때 발생하는 약간의 질량결손이 에너지로 전환되어 태양을 빛나게 합니다. 햇빛은 기후를 조절하고 물의 순환과 유기물 생산에 관여해 지구의 생명을 부양하는 에너지의 원천입니다. 오래전 땅에 묻힌 유기물은 석탄과 석유,

천연가스를 만들어 오늘날 인류의 영화를 가능케 하였습니다.

반면에 원자핵이 쪼개지면서 발생한 질량결손이 에너지로 전환되는 경우도 있습니다. 핵분열 반응입니다. 제2차 세계대전 당시 오펜하이머Oppenheimer가 이끄는 미국의 로스앨러모스Los Alamos 국립연구소에서 핵분열을 이용한 핵폭탄이 처음으로 개발되었고, 2차 세계대전 당시인 1945년 8월에 일본 나가사키와 히로시마에 투하되었습니다. 핵폭탄의 가공할 위력을 확인한 미국과 소련은 냉전 시대에 본격적인 핵무기 경쟁에 돌입했습니다. 그 결과, 오늘날 핵무기 보유국은 미국과 러시아에 영국, 프랑스, 중국까지 포함해 공식적으로 5개국, 비공식적으론 인도, 파키스탄, 북한, 이스라엘까지 언급되기에 이르렀습니다.

핵분열을 이용한 원자력 에너지는 대규모 전력생산을 목적으로 하는 원자력 발전에 응용되었습니다. 기본 원리는 우라늄이 붕괴하면서 나온 중성자를 감속재를 이용해 핵분열 속도를 느리게 조절하여 핵폭탄처럼 급격하게 에너지가 방출되는 것을 막는 것입니다. 물을 끓여 만든 수증기로 발전기의 터빈을 돌려 전기를 만들어내는 점에서 화력발전소의 발전 원리와 같습니다. 다만 물을 끓이는 데에 화석연료가 아니라 핵분열 과정에서 나오는 에너지를 이용한다는 점에서 차이가 있습니다.

최초의 원자력 발전은 1954년 소련에서 시작되었고, 1973년 중동발 석유 파동을 겪으면서 빠르게 확산해 갔습니다. 세계적으로 원자력 발전 비중이 가장 높은 나라는 프랑스로 2019년 기준으로 전기생산의 71%를 차지합니다[27]. 1980년대에는 17일마다 새 원자로가 하나씩 세워질 정도로 세계 원자력 산업이 급속히 팽창하였습니다.

1그램g의 우라늄은 석탄 3톤에 해당하는 열량을 낼 수 있다고 합니다. 1톤은 1000 kg이고 1 kg은 1000 g이니까 석탄 3톤은 3,000,000그램에 해당합니다. 즉 같은 질량으로 우라늄은 석탄보다 3백만 배나 더 많은 열량을 낸다는 장점을 가지고 있습니다. 또한 이산화탄소, 미세먼지 등을 다량 배출하는 화력발전과 달리 원자력 발전은 냉각수로 사용된 물이 온수로 배출되는 문제를 제외하곤 직접적인 환경적 피해가 적은 편입니다. 이런 이유로 한때 청정에너지라 널리 홍보되었습니다. 하지만 원자력 발전은 태생적으로 치명적인 문제를 가지고 있었습니다.

핵발전 과정에서 나오는 핵물질과 방사선 폐기물은 수백년에서 수천 년 동안 방사선을 방출하기 때문에 안전하게 처리하도록 엄격히 관리해야 합니다. 하지만 사고는 피할 수 없었습니다. 부주의함과 실수, 지진과 해일 등 여러 이유로 미국 스리마일섬, 소련 체르노빌, 일본 후쿠시마 등에서 원자력 발전소 사고가 발생하였습니다.

원자력 발전소 사고

미국 스리마일섬 사고

1979년 3월 28일 미국 동부의 펜실베니아주 시스쿼해나강Susquehanna River 인근의 스리마일섬 원자력 발전소의 증기발생기에 물을 공급하는 주급수 펌프계통에 고장이 발생했습니다. 상황을 오판한 운전원이 냉각장치의 작동을 멈추어 냉각수 공급이 중단되는 바람에, 노심의 절반 이상이 녹아내리는 노심용융 사고가 발생했습니다. 불행 중 다행으로 원자로가 두꺼운 차폐막과 격납용기로 둘러싸여 있었고 자동으로 비상노심냉각장치가 작동하여 큰 피해를 막을 수 있었습니다. 향후 발생한 체르노빌 원전사고보다 피해 규모는 작았지만 미국은 원자력 종주국으로서의 이미지에 먹칠을 한 셈입니다. 사고 직후 스리마일섬 반경 8 km 이내에 사는 임산부와 미취학 아이들에게 피난 권고를 내리는 등 일대 혼란이 벌어지기도 했습니다. 다행히 스리마일섬 원전사고로 인한 인명 피해는 보고되지 않았지만, 사고처리 과정에서 10억 달러, 한화로 10조 원이 넘는 비용이 발생했고 사고 원자로는 영구 폐쇄되었습니다.

소련 체르노빌 사고

1986년 4월 26일 소비에트 연방의 체르노빌지금의 우크라이나 키이우 북쪽, 벨라루스 접경 지역에 위치함 원자력 발전소에서 가동 실험 중인 원자로를 제어하지 못하였고 이로 인해 노심용융이 발생했습니다. 체르노빌 원자력 발전소의 원자로에는 스리마일섬 발전소와 달리 두꺼운 차폐막과 격납용기가 없었습니다. 그리고 하필이면 당시에 운전원들이 실험을 위해 비상노심냉각장치를 일부러 꺼놓은 상태였기 때문에, 스리마일섬보다 피해가 더 컸습니다. 원자로 화재를 진압하기 위해 헬기를 이용하여 원자로 주위에 콘크리트를 쏟아붓고, 액체질소를 사용하는 등 갖은 수단과 방법을 모두 동원하였지만, 화재를 진압하는 데에만 무려 14일이 소요되었습니다[28].

WHO의 2016년 보고서에 따르면 사고 당시 어린이나 청소년이었던 사람 중에서 갑상선암 진단을 받은 이가 인근 국가인 우크라이나, 러시아, 벨라루스에서만 20,000여명에 달합니다[29]. 당시 사태수습에 나섰던 공익근무요원들과 화재진압에 나섰던 소방대원들까지 모두 핵물질에 피폭되어 많은 인명피해를 낳았습니다. 화재진압에 사용되었던 헬기 등 군장비 등은 모두 핵물질에 오염되어 우크라이나 벌판에 방치되었습니다. 당시 방출된 세슘 등 방사능 물질이 동풍을 타고 서유럽으로 날아가 땅과 식물을 오염시켰고 먹이사슬을 따라 돼지 등 가축들도 방사선에 피폭되었습니다. 약 30년의 반감기를 가진 세슘은 아직도 오염된 땅에 남아 방사선을 내보내고 있습니다.

아이러니하게도 원전사고로 사람들이 떠나간 후에 체르노빌 발전소 주변의 출입 제한 구역은 유럽에서 야생 동식물이 가장 번성하는 지역으로 변화하였습니다. 현재 소수의 주민이 돌아와 거주하고 있으며 우크라이나 정부는 2011년에 체르노빌 발전소 주변을 관광객들에게 개방하였습니다.

일본 후쿠시마 사고

2011년 3월 11일 강도 9.0의 대지진과 그로 인한 14~15 m의 쓰나미가 일본 동북부 해안을 강타하였습니다. 그리고 후쿠시마 제1 원자력 발전소에서 사고가 발생하였습니다. 발전소가 침수되어 전원이 끊긴 뒤에 비상용 발전기까지 정지되는 등 모든 전원이 멈추어 버렸습니다. 냉각장치가 작동하지 않았고 원자로의 노심을 식혀 주는 냉각수 유입이 중단되었습니다. 냉각수가 모두 증발해 버린 후 핵연료의 온도가 상승하면서 다량의 수소가 발생했습니다. 3월 12일 1호기에서 수소폭발이 일어났고, 3월 14일에는 3호기, 3월 15일에는 2호기와 4호기에서 잇달아 수소폭발이 발생하여 원자로 격벽이 붕괴되어 다량의 방사성 물질이 공기 중으로 누출되었습니다.

냉각장치가 작동하지 않음에 따라 3월 13일부터 냉각수 대신 바닷물을 뿌렸고, 이에 냉각수로 쓰인 바닷물이 방사성 물질을 머금은 채 오염수로 누출되었습니다. 쌓여만 가는 오염수 처리 문제가 시급해지자 일본 정부는 4월 4일에서 10일까지 방사능이 포함된 저농도 오염수를 바다로 방출하였습니다. 4월 12일 후쿠시마 제1원전의 사고 수준이 7등급으로 격상되었는데 이는 원자력 사고의 최고 위험단계로써 1986년의 체르노빌 원자력발전 사고와 같은 등급입니다. 이 사고로 인한 방사성 물질 누출량은 체르노빌 원자력발전 사고의 약 10~20% 수준인 것으로 알려졌습니다[30, 31]. 발전소 반경 20 km 이내 피난 구역에 살던 10만 명 이상의 주민들이 이주하였습니다.

방사성 폐기물

원자력 발전소에서는 어쩔 수 없이 방사성 물질을 포함하고 있는 폐기물이 발생하고 이를 안전하게 처리해야 합니다. 방사성 폐기물은 사용 후 핵연료와 감속재, 폐필터, 방호복 등 방사능에 오염된 온갖 물질을 포함합니다. 폐기물은 방사능 세기에 따라 고준위, 중준위, 저준위로 구분합니다. 고준위 폐기물은 사용 후 핵연료처럼 대부분 원자로에서 발생합니다. 사용 후 핵연료는 다양한 방사성 물질들을 분리해내는 재처리 과정을 거치게 되는데, 이 과정에서 핵무기의 원료인 플루토늄을 만들 수 있습니다. 폐필터, 방호복처럼 방사능 세기가 낮은 저준위 폐기물은 보통 얕은 땅속에 매립합니다. 이보다 강한 방사능을 포함한 합성수지, 슬러지 등은 콘크리트나 아스팔트로 굳혀서 지하시설에 보관합니다.

저준위 방사선 폐기물의 반감기 즉, 방사성 원소가 붕괴하여 처음 질량의 반으로 줄어드는 데까지 걸리는 시간은 약 300년 정도로 보고 있습니다. 하지만 핵연료 재처리 시 만들어지는 플루토늄은 반감기가 2만 4천 년에 달합니다. 미국 환경청은 핵연료의 영구처분시 최소 1만 년 이상 생물권으로부터 안전하게 격리시킬 것을 요구하고 있습니다. 문제는 이런 장소를 찾기도 어렵지만 이곳으로 위험한 방사성 폐기물을 옮기기도 힘들다는 것입니다. 기존 저장소가 꽉 찰 경우에 이를 안전하게 봉인하고 새로운 저장소를 개발하기도 쉽지 않습니다. 우리나라도 경주시에 중준위와 저준위 폐기물 처분시설한국원자력환경공단, www.korad.or.kr을 가지고 있습니다.

고준위에 속한 사용 후 핵연료의 처리가 가장 골치 아픈 문제입니다. 이를 위해 남극빙하매장, 지하매장, 장기간 보관, 재처리, 해저매장, 우주방출, 동위원소전환 등 여러 방법이 제안되었지만, 이 중 남극빙하매장과 우주방출은 실패할 우려가 커서 더 이상 고려하지 않습니다.

방사성, 방사능, 방사선?

원자력 관련 기사에서 서로 혼용되어 독자들을 헷갈리게 만드는 용어들입니다. 방사성 물질이 방사선을 방출하고 방사선을 내는 성질을 방사능이라 부르고 방사능을 가진 물질을 방사성 물질이라 합니다. 방사선에는 입자와 전자파 등 두 종류가 있습니다. 입자 방사선엔 알파입자와 베타입자가 있는데, 알파입자는 헬륨He의 원자핵이고 베타입자는 전자election입니다. 그리고 방사성 물질은 감마선이라 불리는 아주 짧은 파장의 강한 에너지를 가진 전자파 방사선을 방출합니다. 감마선은 투과력이 매우 강력하여 2미터 두께의 콘크리트벽도 투과할 수 있습니다.

원자력 시설에 사고가 나 다량의 방사성 물질이 시설 내부의 공기를 오염시킬 경우 오염된 공기는 폭발과 화재에 의해 직접 외부로 방출되거나 혹은 배기구를 통해 방출되어 바람을 타고 인근 지역으로 확산합니다. 이동하는 중에 방사성 물질이 지면이나 숲과 농경지에 내려앉아 땅과 농작물을 오염시킵니다. 한편 배수를 통해 방출된 방사능은 강물과 바닷물을 오염시킵니다. 방사성 물질은 서서히 주변에 방사선을 방출하며 아주 느린 속도로 보다 안정한 물질로 변화해 갑니다. 따라서 일단 방사성 물질에 오염되면 인위적으로 방사성 물질을 제거하거나 봉인하여 주변과 격리시킬 수 밖에 없습니다.

한편 환경에 노출된 방사성 물질은 먹이 사슬을 타고 생물체 내에 농축됩니다. 물고기가 방사능에 오염된 식물이나 미생물을 먹으면 체내에 방사성 물질이 축적됩니다. 다시마와 같은 해초류는 방사성 물질인 요오드를 잘 흡수합니다. 오염된 풀을 먹고 자란 가축의 체내에도 요오드나 세슘과 같은 방사성 물질이 축적됩니다. 체르노빌 원자로 사고 당시 세슘 등 방사성 물질이 동풍을 타고 서유럽 전역으로 퍼져 갔고, 사고 후 30년이 지난 오늘날에도 서유럽 토양의 세슘 농도는 사고 이전으로 회복하지 못하고 있습니다.

토양과 달리 바다에서는 해류와 파도가 물을 섞어주므로 방사성 물질이 넓게 퍼져 희석될 수 있습니다. 하지만 대량의 방사성 물질이 유출되는 경우 방사능 오염의 영향을 예측하기는 쉽지 않습니다. 농경지에 살포했던 DDT는 바다로 흘러 들어간 후 생물농축현상을 통해 북극 먼 곳에 사는 바다사자의 체내에 축적되어 이들의 불임률을 높이는 결과를 가져왔습니다. 마찬가지로 바다로 유출된 방사성 물질은 희석되어 농도가 낮아질 수는 있겠지만 DDT처럼 아주 오랫동안 자연계에 남아 있기 때문에 플랑크톤에서 어류 그리고 사람으로 이어지는 먹이사슬을 통해 예상치 못한 피해를 야기할 수 있습니다.

이런 이유에서 후쿠시마 원전사고 처리과정에서 생겨난 방사선에 오염된 처리수를 바다로 방출하는 것은 위험한 결정입니다. 북태평양의 바닷물은 해류를 따라 시계방향으로 크게 돌기 때문에 후쿠시마에서 방사성 오염수를 방출하면 이는 북쪽으로 흘러가 캄차카, 베링해, 알래스카 등을 거쳐 시계방향으로 돌아서 필리핀 해역으로 이동하고 다시 우리나라 서해와 동해로까지 흘러들게 됩니다. 물론 먼 길을 이동하면서 희석되겠지만 그 경로에 살거나 무리를 지어 이동하는 물고기들의 체내에 조금씩 계속 축적될 것입니다. 우려스러운 점은 우리는 인근 바다뿐만 아니라 베링해 등 태평양 곳곳에서 잡은 물고기를 먹고 있다는 것입니다. 우리 식탁에 자주 오르는 러시아산 대구와 명태, 오징어처럼 말입니다.

원자력의 미래에 대한 논란들

2019년 세계 원자력 산업 실태 보고서[32]는 전체 에너지원 중 원자력이 차지하는 비중이 세계에서 가장 높은 나라로 프랑스를 꼽았습니다. 무려 71.7%에 달합니다. 세계적으로 원자로가 가장 많은 나라는 미국이며 자국 총발전량의 19.3%를 원자력에 의존하고 있습니다. 우리나라는 2019년 말 전력거래량 기준으로 원자력 발전의 비중은 26.2%입니다. 원자력발전은 화력발전에 비해 저렴하고, 대기오염물질 배출이 없으며, 많은 양의 에너지를 생산할 수 있는 매력적인 에너지원임에 틀림 없습니다. 하지만 앞서 언급한 폐기물 처리비용과 예기치 못한 사고를 고려하면 과연 싸고 깨끗하고 안전한 것일까에 대해 의문을 가질 수밖에 없습니다.

오늘날 원전을 옹호하는 쪽과 탈원전을 지지하는 쪽 모두 더 나은 합리적 대안임을 주장하고 있습니다. 청정한 미래 에너지라 여겼던 원전에 반대하며 탈원전의 목소리가 커지게 된 데에는 스리마일섬, 체르노빌, 후쿠시마 등 원전사고의 경험이 크게 작용하였습니다. 유럽의 여러 국가 중 탈원전을 결정한 나라들은 체르노빌로부터 비교적 가까운

나라들입니다.

이탈리아는 체르노빌 사고 직후인 1987년 국민투표를 시행해 당시 가동 중이던 원전 4기를 폐쇄했습니다. 스위스에서는 체르노빌 사고 이후 강한 반원전 시위가 있었고 이 영향으로 1990년 새로운 원전 건설을 금지하는 법안을 제정했습니다. 유럽 국가 중 체르노빌에 가까이 위치한 독일은 유럽에서 가장 강하게 탈원전 정책을 시행하는 국가입니다. 프랑스도 한때 원자력 의존도를 50%로 낮추는 정책을 추진했지만 마크롱 정부는 감축시점을 2030년 이후로 연기해 놓은 상황입니다. 반면에 영국은 체르노빌 이후에도 원전을 꾸준히 이용하며 이를 기후변화 대응의 한 축으로까지 고려하여 새로운 원전을 추가 건설할 계획을 가지고 있습니다.

미국의 민주당은 전통적으로 원전에 부정적인 입장이었으나 기후변화협약의 탄소중립 달성문제, 결국 전력부분의 탈탄소화가 시급한 것을 이유로 탄소제로carbon zero 기술로써 원자력의 이용을 지지하는 쪽으로 입장을 바꾸었습니다. 특히 그동안 원자력추진 항공모함과 잠수함 등 군사무기 기술에서 쌓아왔던 소형원자로를 이용해 엄청난 수의 노후화한 석탄발전소를 대체하는 방안을 고려하고 있습니다. 하지만 스리마일섬 원전사고 이후 새로운 원전건설을 거의 하지 않았기 때문에 미국의 원전시공 기술과 관련된 산업기반이 취약한 편입니다. 2021년 봄 문재인-바이든 한미정상회담에서 발표한 해외원전시장 협력방안은 한국과 미국이 각각 보유한 원전시공과 원전설계 기술을 융합하려는 시도로 보여집니다.

이처럼 원전에 대한 각 나라의 입장은 언제든 변할 수 있습니다. 다만 원전을 마냥 청정에너지라 여기던 과거와 달리 찬성과 반대 모두 각자가 가진 아픈 구석을 알게 되었습니다. 원자력발전은 앞으로도 당분간 전기에너지 확보문제와 방사능 폐기물 처리문제와 탈탄소 기후변화 대응문제의 당사자로서 치열한 논란의 대상이 될 것입니다.

KSTAR
새로운 원자력의 미래?

"한국핵융합에너지연구원은 우리나라의 인공태양 KSTAR 개발실험에서 이온의 온도를 1억도까지 끌어 올린 초고온 플라즈마를 30초간 유지하는 데 성공하여 세계적으로 초고온 플라즈마 장시간 운전 기록을 경신했다."

2021년 11월 22일자 방송을 타고 날아온 낭보입니다. 네 그렇습니다. 우리나라는 인공태양 개발 분야에서 세계 선도그룹에 속해 있습니다. 이로부터 한 달여 후 중국의 신화통신은 자국의 인공태양인 EAST가 무려 1,056초17분 36초 동안 안정한 상태의 초고온 플라즈마를 구현했다고 보도합니다. 언뜻 보기에 KSTAR의 30초를 훨씬 능가한 기술로 보입니다만 실상은 그렇지 않습니다. KSTAR는 핵융합의 대상체인 이온 즉 원자핵을 초고온 상태로 유지했던 반면에, EAST는 원자핵과는 비교가 안될 정도로 가벼운 전자를 초고온 상태로 유지했던 것입니다. 전자를 초고온으로 가열한 연구기술은 이미 프랑스 등 일부 국가에서

구현된 바가 있습니다.

태양은 수소와 수소가 합쳐져 헬륨이 되는 핵융합반응을 통해 막대한 양의 에너지를 만들어내고 있습니다. 이를 흉내낸 것이 인공태양입니다. 따라서 인공태양개발의 관건은 핵융합이 일어나기 위해 필요한 조건, 즉 다량의 수소 원자핵양성자과 전자가 고밀도로 섞여 있는 초고온의 플라즈마 상태를 만들어내는것에 있습니다.

헬륨핵은 두 개의 양성자와 두 개의 중성자로 구성되어 있습니다. 따라서 헬륨 하나를 만들기 위해선 수소 네 개가 필요합니다. 하지만 수소의 동위원소인 중수소 혹은 삼중수소를 이용하면 두 개만 있어도 헬륨을 만들 수 있습니다. 보통 수소는 양성자 한 개만 가지는데, 중수소는 여기에 중성자를 1개 더, 삼중수소는 중성자를 2개 더 가지고 있습니다. 바닷물은 다량의 중수소를 가지고 있어 인공태양의 연료로 사용될 수 있습니다. 우리처럼 우라늄 자원이 없는 나라에게 매우 매력적인 측면입니다. 한편 연쇄 핵분열 반응을 일으키는 우라늄 핵분열과 달리 수소 핵융합은 연쇄반응이 없으며 외부의 연료주입을 차단하면 융합과정이 중단됩니다. 또한 핵분열에 비해 매우 적은 양의 방사능을 방출하는 것으로 알려져 있습니다.

인공태양 개발의 가장 큰 난제는 1억도 이상의 온도를 가진 물질을 안전하게 가두어두는 것입니다. 태양의 표면에서 홍염이 솟구치며 엄청난 불기둥이 생기곤 합니다. 이런 일이 지구에서 생겨나선 안 되겠지요. 문제는 지구상엔 1억도의 온도를 견딜 수 있는 물질이 존재하지 않는다는 것입니다. 이 문제를 해결하고자 고안해낸 방법이 도넛 모양으로 생긴 강력한 인공자기장을 발생시켜 원자핵과 전자들로 구성된 초고온 플라즈마를 자기장의 힘으로 가두는 것입니다. 이런 장치를 토카막 Tokamak이라 부릅니다. 토카막은 영화 아이언맨의 슈트에 부착했던 아크원자로arc reactor의 현실판이라 할 수 있습니다.

만약 인공태양이 성공적으로 개발된다면 우린 이곳저곳에 비교적 작은 규모의 핵융합발전소를 여러 개 가지게 되겠죠. 만약 그렇다면 인공태양은 미래의 인류 환경에 어떤 변화를 가져올까요?

화석연료가 만들어낸 새로운 대기환경

오늘날 에너지는 인류사회를 지탱하는 생명줄입니다. 지난 백 년간 화석/핵연료를 사용하여 극적인 인구증가와 다소비사회로의 변화를 만들고 지탱해 왔습니다. 생태계에서 에너지는 여러 구성요소의 상태에 영향을 주고 이들을 작동시키고 물질의 흐름을 만들어냅니다. 예를 들면, 태양에너지는 식물 세포의 엽록소를 활성화하여 광합성이라는 설탕공장을 작동시킵니다. 이렇게 만들어진 설탕은 줄기와 뿌리로, 곤충에게로, 소와 염소에게로, 사람에게로 이동해 다른 생명을 부양합니다.

우리가 사용한 화석연료도 이와 마찬가지입니다. 인류가 촉발한 폭발적인 화석에너지 사용은 공장, 자동차, 트랙터, 부엌의 스토브를 작동시켜 우리에게 필요한 물건과 먹거리를 생산하고 유통시켜 왔습니다. 그리고 이 과정에서 원치 않지만 어쩔 수 없는 부산물이 생겨나 주변의 공기 중으로 흩어져갔습니다. 미세먼지, 질소화합물, 오존, 이산화탄소 등이 그것입니다. 처음엔 대수롭지 않게 여겼지만 이제는 우리 모두가 걱정하고 염려하는 대상이 되었습니다. 앞으로 이어질 몇 가지 이야기 꼭지에서 이처럼 의도하지 않았던 부작용에 대해 좀 더 자세히 알아보겠습니다.

08

미세먼지
- 환경문제에서 사회문제로

한영지

지구라는 행성의 대기는 어떤 모습일까요? 우선 대기란 질소, 산소 등 여러 종류의 기체분자들이 가득 들어찬 공간입니다. 지구 대기 바깥에는 광활한 우주 공간이 펼쳐지는데 이곳은 대략 욕조 크기 공간에 달랑 수소 하나 있을 정도로 물질이 희박합니다. 그야말로 진공이라 부를 수 있지요.

지구의 대기는 높이에 따라 몇 개의 성질이 다른 층으로 구성되어 있습니다. 맨 아래층, 즉 지표를 감싼 공기들로 이루어진 대기층을 대류권 troposphere 이라 부릅니다. 이곳에서는 햇빛에 달궈진 지표가 공기를 가열하기 때문에 하늘로 올라갈수록 기온이 낮아집니다. 즉 뜨거운 공기가 아래에, 찬 공기가 위에 있습니다. 공기는 뜨거우면 팽창해 밀도가 작아지고 가벼워지고 차가우면 수축해 밀도가 높아집니다(무거워집니다).

따라서 위쪽의 공기가 아래 공기보다 더 무겁기 때문에 가라앉고 아래 공기는 떠오르면서 위아래로 섞이게 됩니다. 이런 섞임을 대류현상이라 부릅니다. 그리고 공기의 대류는 구름과 비를 만들고 바람을 일게 하는 등 여러 기상현상을 유발합니다. 대류권은 대류현상이 발생하는 대기층입니다.

대류권 위로 성층권stratosphere이라 불리는 또 다른 대기층이 있는데, 이곳에 오존 농도가 높은 일부 구간이 있고 이를 오존층이라 합니다. 고맙게도 성층권의 오존은 태양에서 지구로 들어오는 자외선을 대부분 흡수하여 지표에 도달하는 자외선의 양을 대부분 줄이는 역할을 해주고 있습니다. 강한 자외선은 지구에서 탄생하고 살아온 생물에게 생명을 위협하는 치명적인 요인입니다.

태양에 가까울수록 더 많은 자외선을 흡수하기 때문에, 대류권과 달리 성층권에서는 높이 올라갈수록 기온이 더 높아집니다. 찬 공기가 아래에 뜨거운 공기가 위에 있는 상황이라서 위아래의 섞임이 잘 발생하지 않습니다. 즉 성층권의 대기는 정체되어 움직임이 적은 안정한 모습입니다. 대류권과 성층권의 높이는 계절과 위도에 따라 다르지만 대략 지표로부터 각각 12 km와 50 km 정도까지입니다. 비행기에서 창밖을 보면 저 아래에 구름이 융단을 깔아놓은 것처럼 평평하게 펼쳐져 있는 것을 보게 됩니다. 대개 이 구름 중 가장 높은 구름 높이를 대류권과 성층권의 경계부라 보면 됩니다. 그리고 성층권 위쪽으로 중간권mesosphere과 열권thermosphere이라 불리는 또 다른 대기층이 있습니다.

언뜻 보면 대기권이 무척 크기 때문에 인류가 내뿜는 온갖 오염물질을 충분히 희석시켜줄 것 같고 따라서 별 다른 해가 되지 않을 것처럼 생각됩니다. 하지만 애석하게도 지표에서 배출되는 오염물질이 잘 섞이는 대기층은 혼합고mixing layer 정도까지로 이는 겨우 지표로부터 수백 미터겨울 혹은 수천 미터여름 정도에 불과합니다. 다시 말해 지구 대기 전체로 봤을 때 혼합고는 아주 얇은 층에 불과하며, 우리가 별다른 생각 없이 내보내는 오염물질은 쉽게 지표 근처의 공기를 병들게 할 수 있습니다. 이제 우리가 만들어낸 여러 가지 오염물질 중에서, 최근 우리나라의 가장 큰 환경문제로 대두된 미세먼지가 어떻게 대기를 병들게 하는지 알아보겠습니다.

먼지는 작을수록 위험하다?

대기 중에 존재하는 입자 또는 먼지를 논할 때, 과학자들은 가장 먼저 입자의 크기를 고려합니다. 왜냐하면, 입자의 크기야말로 인체 건강에 미치는 영향을 결정하는 가장 중요한 기준이기 때문입니다. 우리가 호흡을 할 때 공기는 우리 몸의 기관지를 거쳐 폐로 유입되는데, 큰 입자는 코털에서 대부분 제거되고 조금 작은 입자는 기관지까지 침입하고 이보다 더 작은 입자는 허파꽈리까지 침투하여 심지어 혈관을 따라 이동합니다. 코에서 제거되는 입자의 크기는 10 μm1 μm는 백만분의 일 미터임 이상이고 폐 깊숙한 곳까지 침투하는 입자는 2.5 μm 이하입니다. 이러한 이유로 우리나라를 비롯한 대부분의 국가에서는 직경이 10 μm 이하인 입자, 즉 PM_{10}과 직경이 2.5 μm 이하인 입자인 $PM_{2.5}$를 대기오염물질로 규제하는 것입니다.

우리나라에서는 미세먼지를 PM_{10}이라고 하고 초미세먼지는 $PM_{2.5}$라고 하는데, 참고로 미국을 비롯한 대부분의 국가에서는 $PM_{2.5}$를 미세먼지라고 부르고 $PM_{1.0}$직경이 1 μm 이하인 입자을 초미세먼지라고 부릅니다. 우리나라도 몇 년 전 용어를 개정하려고 했지만 오랫동안 사용해온 용어를 바꾸면 혼란을 초래할 것 같아 개정하지 않았습니다. PM_{10}이나 $PM_{2.5}$가 인체에 유입되면 주로 천식이나 기관지염, 만성폐쇄성폐질환, 폐암 등의 호흡기계 질환을 유발할 뿐만 아니라, 좀 더 시스템적인 영향, 즉 빈혈이나 부정맥 등의 심혈관 질환도 발병할 수 있습니다.

세계보건기구WHO에서는 이런 이유로, 초미세먼지를 1군 발암물질Group 1 carcinogen로 분류하고 있습니다. 1군 발암물질이란 인간에게 암을 유발할 수 있는 물질carcinogenic to humans을 일컫는데, 과학적 증거와 인과관계가 충분한 경우에만 인정됩니다. WHO에 따르면 초미세먼지에 의해 전세계적으로 매년 700만 명 이상이 조기사망한다고 합니다. 특히 $PM_{2.5}$의 경우에는 직접적인 호흡기계 질환과 심혈관계 질환으로 인한 사망뿐만 아니라 간접적으로 다른 원인의 사망 또한 유의미하게 증가시키는 것으로 알려져 있습니다.

초미세먼지의 해악은 이뿐만이 아닙니다. 우리는 먼 산이나 건물이 또렷이 보이는 정도이를 수치로 가시거리로 표현함를 가지고 오늘의 초미세먼지 농도가 높은지 낮은지를 대충 짐작하곤 합니다. 가시거리가 짧아지는 이유는 대기 중의 기체나 입자에 의해 빛이 흡수되거나 산란되는 양이 늘어났기 때문입니다. 초미세먼지는 빛을 산란시키는 능력이 아주 뛰어납니다. 특히 가시광선의 파장0.4~0.8 ㎛과 유사한 크기의 입자는 빛을 매우 잘 산란시키기 때문에, $PM_{2.5}$가 가시거리에 중요한 역할을 한다고 볼 수 있습니다.

한편 $PM_{2.5}$는 대기 중에서 제거하기도 쉽지 않습니다. 비가 오면 잘 씻길 것 같지만 크기가 0.1~1.0㎛인 입자의 제거율은 다른 크기의 입자에 비해 확연히 떨어집니다(참고로 0.1㎛ 보다 더 작은 미세먼지는 확산으로 인해 잘 제거됩니다). 따라서 대기에 머무르는 체류시간이 길기 때문에 장거리 이동이 가능합니다. 우리나라가 아닌 옆 나라와 옆의 옆 나라, 그리고 그 옆의 나라 등등 먼 곳에서 배출된 미세먼지가 서쪽에서 불어오는 편서풍 바람을 타고 우리나라까지 이동해 오게 됩니다.

우리나라의 초미세먼지

그럼 우리나라는 초미세먼지 농도가 높은 편일까요? 어떤 국가와 비교하느냐에 따라 다르겠지만, OECD 국가들과 비교한다면 우리나라는 칠레 다음으로 초미세먼지 농도가 높은 나라입니다. 미국은 뉴욕과 같은 내도시도 우리나라 $PM_{2.5}$ 농도의 약 절반 정도밖에 되지 않습니다. 시골은 말할 것도 없습니다. 옆 나라 일본도 우리보다 훨씬 낮습니다. 그렇다고 초미세먼지의 농도가 최근에 높아진 것은 아닙니다. 오히려 1980년대, 1990년대의 미세먼지 농도가 지금보다 훨씬 높았습니다. 그 당시 우리 아버지들이 흰 와이셔츠를 입고 출근하셨다 집에 돌아오시면 와이셔츠의 목 부분이 까맣게 물들어 있을 정도였습니다.

서울의 PM_{10}과 $PM_{2.5}$ 추이를 살펴보면 2000년부터 2012년까지 꾸준하게 감소하다가(아쉽게도 2000년 이전에는 미세먼지 농도를 측정하지 않았습니다) 2013년에 약간 상승한 후 지금까지 거의 대동소이한 수준을 유지하고 있습니다. 2013년부터 미세먼지 관련 뉴스가 급증하고 국민들의 관심사가 부쩍 높아진 배경에는 이러한 이유가 있습니다. 그 후로 미세먼지에 대한 국민들의 관심은 지속적으로 증가하여, 이제는 더 이상 환경문제에 국한된 것이 아닌 사회문제로까지 확대되었습니다.

2013년에 환경-건강 이슈 top 20 조사에서 미세먼지는 13위를 차지했습니다. 그런데 이 순위는 계속 올라가 2014년에는 8위, 2015년에는 6위, 2016년과 2017년에는 2위를 차지하게 되는데, 심지어 1위를 차지한 키워드는 미세먼지의 사촌격인 먼지였습니다. 사회관심 키워드에서도 미세먼지는 2013년에 19위에 불과했는데 2017년에는 6위로 껑충 뛰어올랐습니다(참고로 당시 1위는 교육, 2위는 결혼이었습니다). 이제 고농도 미세먼지가 심하게 발생하는 날은 안전안내문자가 오고, 유치원과 학교가 휴교하고, 프로야구가 중단됩니다. 부모들은 아이들이 고농도 미세먼지에 노출될까 전전긍긍하며 KF94 마스크를 씌웁니다.

그렇다면 우리나라의 미세먼지 농도는 어느 정도일까요? 현재 우리나라 $PM_{2.5}$의 연평균 대기환경기준은 15 $\mu g/m^3$인데, 제주도 정도를 제외하고는 대부분의 도시가 이 기준을 넘어서고 있습니다. 서울은 보통 연평균 $PM_{2.5}$ 농도가 23~25㎍/m^3 정도이고 경기도 안산이나 인천은 이보다 높은 26~28㎍/m^3의 수치를 보입니다. 화력발전소가 많이 있는 충남 지역도 높습니다. 그런데 우리나라는 이런 산업도시나 대도시의 농도만 높은 게 아니고, 교외지역이나 중소도시에서도 고농도 미세먼지가 빈번하게 나타납니다.

몇 년 전 강원도 원주에서 학회가 개최되었을 때 연사 한 분께서 "요즘 미세먼지가 큰 이슈인데, 이렇게 공기가 좋은 원주에서 여러분을 만나게 되어 참 좋습니다~" 라고 인사말하시는 것을 보았습니다. 하지만 실상은 그렇지 않습니다. 원주는 전국에서 미세먼지 농도가 가장 높은 지역 중 하나이며 서울보다도 더 심한 곳이라는 걸 알고 계셨다면 그렇게 어처구니없는 인사말을 하지 않으셨겠지요. 우리나라는 전국 어디에서나 초미세먼지 농도가 꽤 높습니다. 그 이유 중의 하나는 바로 중국으로부터의 장거리 이동 때문입니다.

"중국으로부터 도대체 얼마나 많은 초미세먼지가 우리나라로 유입되느냐"에 대해 모두가 궁금해 하실 겁니다. 사실 이 질문에 대한 답은 "모르겠다. 하지만 지금까지의 연구결과로 보면 연평균으로 따져서 약 30% 정도, 먼지가 심할 때는 70%까지도 높아진다"라는 정도로 다소 애매한 상황입니다. 이제까지 많은 연구를 했을텐데 왜 아직도 정확한 답을 모를까요? 언뜻 생각하기에, 중국과 우리나라의 초미세먼지 배출원을 모두 조사해서 각 국가의 배출원이 얼마만큼의 초미세먼지를 배출하는지 파악하면 될 것도 같습니다만…

하지만 이렇게 따져본다 해도, 중국의 초미세먼지 배출량을 파악하는 데에는 도움이 되지만, 중국으로부터 얼마나 많은 초미세먼지가 우리나라까지 불어오는지를 알기엔 역부족입니다. 아직 넘어야 할 산이 많습니다. 왜냐하면 배출되는 초미세먼지 외에도 대기 중에서 화학반응에 의해 새로 만들어지는 먼지도 있기 때문입니다. 게다가 공기 중에서 새로 만들어지는 초미세먼지가 화력발전소 등의 배출원에서 직접 배출되는 양보다 훨씬 더 많다는 사실이 상황을 복잡하게 만듭니다. 그러니 직접 배출되는 양만 고려해서는 중국의 기여율을 파악할 수가 없습니다. 대기 중에서 새롭게 초미세먼지가 만들어지는 과정을 이해하고 그 양을 파악해내야 하는데 이게 쉽지가 않습니다. 자, 이제 그 과정과 먼지의 성분들에 대해 알아볼 차례입니다.

미세먼지가 만들어지는 과정

초미세먼지의 성분에서 가장 많은 질량을 차지하는 것은 유기물질하고 이온 물질입니다. 질산염, 황산염, 암모늄염 등이 대표적인 미세먼지의 이온 물질인데, 이들은 대기 중의 가스상 물질인 질소산화물 NO_x, 이산화황 SO_2, 암모니아 NH_3가 반응하여 만들어집니다. 유기물질 역시 많은 양이 대기 중에서 새롭게 만들어진 것들입니다. 이렇게 가스상 물질의 반응에 의해 새로 생성되는 초미세먼지를 "2차 초미세먼지"라고 부릅니다(여기서 잠깐, 미세먼지는 고체만이 아니라 액체로도 존재합니다).

물론 배출원에서 직접 배출되는 것들도 있습니다. 흔히 검댕이라 불리는 블랙카본black carbon과 납, 아연 등 중금속들이 직접 배출되어 1차

미세먼지가 됩니다. 다만, 총량으로 보았을 때 1차 미세먼지보다 2차 미세먼지의 양이 더 많습니다. 고농도 초미세먼지가 나타난 날은 대부분이 2차 성분의 농도가 크게 증가했을 때입니다(단, 황사는 제외입니다. 황사는 토양입자가 비산되는 것이기 때문에 1차 성분들의 농도가 높지요. 황사는 초미세먼지보다는 이보다 좀 더 사이즈가 큰 미세먼지 농도를 증가시킵니다). 따라서 초미세먼지 농도를 줄이기 위해서는 2차 초미세먼지가 만들어지는 데에 사용되는 가스상 물질이를 전구물질이라고 부릅니다의 농도를 줄여야 합니다. 그래서 2차 초미세먼지의 대표적 전구물질인 질소산화물과 암모니아 등의 배출을 줄여야 한다는 결론에 도달하게 되는 것입니다.

질소산화물은 자동차에서 많이 배출되며, 시멘트 공장 등 제조업 연소와 발전소에서도 다량 배출됩니다. 반면 암모니아는 축산이나 농업에서 많이 배출되기 때문에 질소산화물에 비해 배출량을 규제하기가 힘듭니다. 다행히 질소산화물과 암모니아 등의 전구물질로부터 2차 초미세먼지가 생성되는 과정은 비교적 간단한 반응이므로 과학자들은 이미 상당 부분을 파악하고 있습니다. 그러나 유기물질은 종류가 너무 다양하고 반응도 제각각이어서 유기물질로부터 초미세먼지가 만들어지는 수많은 화학반응에 대한 이해는 아직 많이 부족한 상황입니다.

한편 초미세먼지를 만들어내는 가스상 유기물질의 배출원도 각양각색입니다. 우리는 흔히 나무가 초미세먼지를 제거한다고 알고 있지만, 사실 식물은 2차 초미세먼지로 발전할 수 있는 여러 휘발성 유기화합물을 배출하고 있습니다. 삼림욕 중에 들이마시는 공기 중에는 이런 휘발성 유기화합물이 다량 포함되어 있습니다. 좋고 나쁘고가 동전의 양면과도 같은 상황입니다.

초미세먼지 외에, 우리나라에서 꾸준히 농도가 증가하는 대기 오염물질이 하나 더 있습니다. 바로 오존입니다. 오존은 인체에 해로운 대표적인 2차 오염물질입니다. 즉, 오존은 직접 배출되지 않고 대기 중에서 복잡한 화학반응을 통해 100% 만들어집니다. 앞서 언급한 질소산화물과 휘발성 유기화합물들이 대기 중 오존 생성반응에 관여하는 주요 물질입니다. 단순히 전구물질을 덜 배출하면 2차 오염물질인 오존을 줄일 수 있으리라 생각할 수 있지만 실상은 그렇지 않습니다. 미스터리한 오존의 생성과 거동에 대해선 다음 이야기 꼭지에서 다뤄보겠습니다.

기상과 먼지

앞에서 초미세먼지의 농도를 결정하는 요인으로 배출량과 화학반응을 살펴보았습니다. 이외에도 여러 다른 요인이 관여하는데, 그 중 아주 중요한 것이 기상meteorology입니다. 기상은 대기 중에서 일어나는 여러 물리적인 현상을 아우르는 말로, 풍향, 풍속, 온도, 습도, 운량, 강우량 등의 값으로 나타냅니다.

보통 풍속이 낮을 때, 즉 대기가 정체되어 있을 때 초미세먼지의 농도가 증가합니다. 정체로 인해 희석효과가 낮아지기 때문이죠. 반면에 황사 먼지는 먼 거리를 이동해와야 하는 특성상 풍속이 강할수록 우리나라에 더 큰 영향을 미치기도 합니다. 비와 눈에 의한 초미세먼지 세척 효과도 고려해볼 만 합니다. 다만 초미세먼지의 크기가 워낙 작은 탓에 세척 효과는 크지 않은 편입니다. 초미세먼지는 비나 눈이 오지않는 날에도 조금씩 지표에 가라앉는데, 이를 건식침적dry deposition 이라고 부릅니다. 건식침적을 좌우하는 중요한 요인은 풍속 등의 기상요인입니다.

한편 습도도 중요합니다. 앞서 우리는 2차 초미세먼지가 생성되는 과정을 살펴보았습니다. 이 과정은 하나의 상phase, 고체/액체/기체 에서 이루어질 수도 있고이를 균질반응-homogeneous reaction-이라 함, 두 개 이상의 상에서 이루어질 수도이를 비균질반응-heterogeneous reaction-이라 함 있습니다. 그런데 2차 미세먼지의 생성에 있어 비균질반응이 매우 중요하며, 따라서 대기 중의 습도와 액적aqueous droplet 이 아주 중요한 영향을 미칩니다. 여기에 햇빛도 중요합니다. 햇빛은 휘발성 유기화합물VOC, volatile organic compounds 의 산화반응을 촉진시켜 증기압을 낮추는데, 낮은 증기압을 가진 화합물은 초미세먼지로 응축되기 쉽습니다. 그리고 지표면으로부터 수직적으로 공기가 혼합되는 고도, 즉 혼합고mixing height 도 초미세먼지를 비롯한 대기오염물질의 농도에 결정적인 영향을 미칩니다.

미세먼지와 런던스모그

잠시 6장에서 얘기한 런던스모그 사건을 되새겨보겠습니다. 이 일은 1952년 12월 5일부터 9일까지 5일간 발생한 사건입니다. 그 5일 동안에만 무려 4천 명이 사망했고, 뒤이어 8천 명의 사망자가 추가로 발생했습니다. 1952년의 그 닷새 동안에 과연 무슨 일이 있었던 걸까요?

평소와 달리 크게 눈에 띄는 일은 없었습니다. 그날도 평소처럼 짙은 안개가 런던을 감싸고 있었습니다. 영국의 짙은 안개는 끌로드 모네, 찰스 디킨스를 포함한 많은 예술가 및 작가들의 찬미의 대상이었습니다. 단지 평소보다 더 추웠을 뿐입니다. 기온이 내려가자 영국해협을 건너온 찬 공기가 템스강 유역에 이르러 꼼짝도 하지 않고 머물게 되었습니다. 낮에도 기온은 영하에 머물렀고, 바람 한 점 없었습니다. 그리고 12월 5일부터 5일 동안 기온 역전temperature inversion이 형성되었습니다.

대류권에서는 높이 올라갈수록 기온이 낮아지기 때문에 아래쪽의 따뜻한 공기가 위로 상승하고 위쪽의 찬 공기는 아래로 가라앉아 위아래 간의 공기의 혼합이 활발히 일어납니다. 기온 역전은 이와 반대의 경우를 얘기합니다. 즉 높이 올라갈수록 기온도 같이 증가하여 따뜻한 공기가 위에 찬 공기가 아래에 있으므로 공기의 수직적인 혼합이 억제된 경우입니다. 이 경우 공기가 섞이는 혼합고의 높이가 매우 낮아집니다. 1952년 12월 런던에서는 역전층이 발생하여 혼합고가 매우 낮아졌고 지표의 공기가 흩어지지 못하고 갇힌 상태가 지속되었습니다. 보통 역전층은 해가 떠서 지표가 가열되면 사라지곤 하는데 이때는 무려 5일 동안이나 역전층이 지속되었던 것입니다.

이 당시 런던에는 많은 공장이 있었고 모두 석탄을 연료로 사용했으며 석탄을 연소하는 과정에서 먼지(이 당시에는 미세먼지의 개념이 없었습니다)와 이산화황이 계속 공기 중으로 배출되었습니다. 역전층이 형성되었다고 한들, 사람들은 이 당시 관련 지식이 별로 없었기 때문에 공장은 계속 돌아갔고 먼지와 이산화황 역시 계속 배출되었고 이들은 대기에서 희석되지 않고 계속 쌓여만 갔습니다. 결국 먼지와 이산화황이 축적되어서 얇은 혼합고 아래의 공기를 가득 메웠고, 한 치 앞을 내다볼 수 없을 정도로 하늘을 두텁게 뒤덮었습니다. 증기선이 다른 배를 들이받고 기차와 자동차의 충돌사고가 생겨났습니다. 그러는 사이 장의사의 관, 꽃집의 장례용 화환이 품절되었습니다. 병실은 환자로 가득 찼으며 가축들은 하나둘 쓰러져 갔습니다. 이 5일 동안 무려 4천 명의 시민들이 사망했습니다. 런던스모그가 발생했던 그 5일 동안에, 평소와 달리 특별한 유독물질이 배출된 것도 아니고 공장이 더 많은 석탄을 연소한 것도 아닙니다. 다만 오염물질의 배출과 악조건의 기상이 만나면서 전무후무한 대기오염사건을 일으켰던 것입니다.

우리의 건강을 위협하는 고농도 초미세먼지의 이면에는 이렇게 복잡한 과정들이 숨어있습니다. 점차 과학이 발달하고 국제협력이 공고해지면서 우리나라의 초미세먼지 농도도 낮아질 수 있으리라 기대해 봅니다. 초미세먼지 농도를 낮추기 위한 가장 우선적이고도 단순한 작업은 바로 초미세먼지의 직접배출을 줄이는 것입니다. 우리나라 초미세먼지 배출원 중 가장 큰 것은 제조업 연소이지만, 우리 개개인도 배출을 줄일 수 있습니다. 농어촌에서 불법적으로 자주 발생하는 농업 잔재물 소각, 우리나라의 수많은 숯불구이 음식점, 효율이 좋지 않은 화목난로 등에서도 상당히 많은 양의 미세먼지와 초미세먼지가 배출됩니다. 국가와 개인이 모두 협력하여, 사회문제화된 미세먼지를 해결할 수 있게 되기를 기대해봅니다. 그래서, 겨울철과 봄철에도 더 이상 뿌연 하늘을 보지 않기를, 아이들이 언제고 마음껏 야외에서 뛰어놀 수 있기를, 월요일을 제외하고 프로야구를 매일매일 볼 수 있기를 기대해봅니다.

09

오존의 두 얼굴

한영지

햇볕이 뜨거운 한 여름날 종종 뉴스에서 들려오는 안전안내 멘트가 있습니다. "오늘은 오존주의보가 내려졌습니다", "오존경보가 발령되었으니 노약자들은 외출을 삼가시기 바랍니다." 한편 이와는 사뭇 다른 오존 관련 뉴스도 있습니다. 성층권 오존이 프레온가스로 인해 심각히 줄어들어 오존홀ozone hole이 생겼고 이로 인해 피부암 발생률이 증가했다는 소식입니다. 아이러니하게도 한 쪽은 오존을 해로운 물질로 규정하고, 다른 쪽의 뉴스는 우리에게 유익한 오존이 사라진다고 안타까워합니다. 이 두 오존은 같은 물질일까요? 같은 물질이면 왜 두 가지의 서로 다른 얼굴을 하고 있을까요?

성층권 오존:
Good Ozone

오존은 산소원자 3개가 결합된 물질 O_3 로 비릿한 금속 냄새를 풍기는 가스입니다. 복사기가 작동할 때나 살균기에서 혹은 가끔은 공기청정기에서도 그 냄새를 맡을 수 있습니다. 오존 Ozone 의 명칭은 '냄새가 나는'이라는 뜻을 지닌 그리스어 'ozein'에서 유래하였다 합니다.

산소원자 두 개가 결합한 산소분자 O_2 는 대기 중에 약 21%를 차지하고 우리를 비롯한 동식물에게 없어서는 안 되는 물질입니다. 그런데 여기에 산소 하나가 더 붙으면, 매우 불안정하고 산화력이 강한 오존이 됩니다. 이런 성질 때문에 우리는 살균 혹은 찌든 때 제거가 필요한 곳에 오존을 자주 사용하고 있습니다.

공기 중에서 오존의 농도는 지표로부터의 높이에 따라 뚜렷한 차이를 보입니다. 지구대기의 가장 아래에 위치한 대류권보다 그 위에 자리한 성층권에서 그 중에서도 특히 고도 약 20~30 km 사이에서 높은 농도를 보인 후 그 위로는 다시 농도가 줄어듭니다. 성층권 stratosphere 은 지구 대부분의 오존이 머물고 있는 곳입니다. 그럼 성층권의 이 많은 오존은 어떻게 만들어진 걸까요?

성층권의 높은 오존농도는 오존을 만들어내는 햇빛과 오존을 파괴하는 화학반응이 서로 균형을 이루어 만들어낸 결과입니다. 성층권에서 산소분자 O_2 는 햇빛에 의해 두 개의 산소원자 O 로 쪼개지고 산소원자는 산소분자와 결합해 오존을 만듭니다. 이때 산소분자를 두 개의 산소원자로 쪼개려면 외부에서 강한 에너지가 가해져야 하는데 태양에서 날아온 파장 240 nm 이하의 강한 자외선UV이 그 역할을 담당합니다.

이렇게 만들어진 오존 역시 자외선을 흡수하여 다시 산소분자와 산소원자로 쪼개지는 등의 소멸과정을 겪습니다. 그리고 오존이 생성되고 소멸하는 과정에서 열을 흡수하여 성층권의 대기를 뜨겁게 가열합니다. 다만 오존은 산소분자에 비해 더 긴 파장대의 자외선을 흡수합니다. 태양에서 오는 자외선은 파장에 따라 자외선A UV-A, 315-400 nm, 자외선B UV-B, 280-315 nm, 자외선C UV-C, 100~280 nm로 구분합니다. 햇빛은 파장이 짧을수록 더 큰 에너지를 가지고 있습니다.

지구탄생으로부터 수십억 년이 지난 후 지구는 몇 차례의 산소혁명을 거치면서 산소 21%라는 오늘날과 같은 대기를 만들었습니다. 지구대기에 산소가 등장한 후로 성층권의 오존은 생성과 소멸 과정에서 UV-B와 UV-C를 대부분 흡수하여 지표에 도달하는 자외선의 양을 대폭 줄여주는 역할을 담당해왔습니다. 그리하여 지구상의 모든 생명체는 강한 자외선의 위험으로부터 벗어났고, 상대적으로 약한 UV-A 자외선 정도에 적응하며 진화해왔습니다.

한편 성층권 오존은 다양한 화학반응에 의해 파괴되는데, 일반적으로 질소N, 수소H, 염소Cl, 브롬Br을 포함하는 분자를 만나 반응하여 파괴될 수 있습니다. 이들 물질은 자연적으로 존재하기도 하지만, 최근에는 인간에 의해 과하게 생성되어 오존 파괴를 가속화하는 역할을 담당하게 됩니다. 이제 오존을 파괴하는 물질 중에 가장 유명한 프레온Freon 가스에 대해 알아보겠습니다.

프레온가스와 오존층 파괴

프레온 가스는 세계적인 다국적 화학회사인 듀퐁의 상표명입니다. 냉장고, 에어컨 등의 냉매, 스프레이와 소화기의 분무제로 활용하기 위해 미국의 발명가이자 응용화학자인 토머스 미즐리Thomas Midgley가 최초로 개발하였습니다. 프레온 가스가 만들어지기 전에는 냉매로 암모니아 NH_3를 썼는데, 암모니아는 지린내를 풍기는 악취가 심한 유독 물질입니다. 프레온 가스는 기본적인 탄화수소 화합물에서 수소 부분을 플루오린F 이나 다른 할로젠 원소로 치환한 물질입니다. 대표적으로 CCl_3F가 있습니다.

프레온 가스, 즉 chloro-fluoro-carbons;CFCs가 처음 개발되었을 때는 정말 꿈의 물질이라고 했을 정도로 극찬을 받았습니다. 왜냐하면, 독성이 없고, 냄새도 없고, 게다가 매우 안정하여 다른 물질과 거의 반응을 하지 않기 때문입니다. 반응을 하게 되면 혹시 독성이 있는 물질로 바뀔 수도 있는데, 이러한 가능성으로부터 자유로웠습니다. 또한 열에 매우 안정하고, 금속을 부식시키지 않고, 용해성이 우수하고, 전기절연성이 우수하다는 특징도 있습니다. 물론 냉매로써의 성능도 아주 우수했죠. 그런데 이 반응성이 없다는 성질 때문에 아이러니하게도 환경에 치명적인 악영향을 미치게 됩니다.

CFCs는 대기에 배출되면 100년이 넘게 체류하며, 변화하거나 파괴되는 일 없이 성층권까지 올라갑니다. 성층권에 일단 유입되면 대류권에서와는 다른 상황이 펼쳐집니다. 성층권에 풍부한 자외선이 CFC에서 염소원자Cl를 떼어내고, 염소원자는 계속 순환하며 오존을 파괴합니다. 결과적으로 한 개의 CFCs 분자는 약 10만 개의 오존을 파괴하게 됩니다. 즉, CFCs는 그 특유의 안정성으로 인해 오존 파괴에 치명적인 염소원자를 지표에서 성층권까지 배달하는 역할을 담당한 셈입니다.

$$CFCl_3 + \text{자외선} \rightarrow CFCl_2 + Cl$$

$$Cl + O_3 \rightarrow ClO + O_2$$

$$ClO + O \rightarrow Cl + O_2$$

1970년에 이르러 CFCs에 의한 오존층 파괴가 국제적 환경문제로 부상하게 됩니다. CFCs에 의한 오존층 파괴 가능성을 처음으로 언급한 과학자는 미국의 몰리나Molina와 로우랜드Rowland이며 1974년 과학논문집 Nature에 오존층 파괴의 이론적 가능성을 발표하였습니다. 그러나 실제로 소위 오존홀ozone hole이라 불린 오존층 파괴 현상을 직접 관측한 것은 1985년 영국의 과학자 조셉 파먼Joseph Farman이 이끈 남극조사팀이었습니다. 이 조사팀은 1957년 이래로 남극 대기의 오존층을 정기적으로 관측하고 있었는데, 1980년대 들어 특히 봄철에 오존층 파괴 현상이 뚜렷이 나타난다는 사실을 알게 되었습니다. 이 결과가 Nature에 발표되면서 세상은 그야말로 충격에 빠지게 됩니다.

오존층이 파괴되어 지표에 도달하는 자외선이 늘어나면 피부암, 백내장, 각막염 등의 발생이 증가하며, 인체 면역력이 떨어져 전염성 질병이 확산하게 됩니다. 또한 육상 식물의 광합성을 저해하고 식물성 플랑크톤의 생산력을 떨어뜨려 해양의 먹이사슬을 파괴하는 등 대단히 심각한 영향을 미칩니다. 성층권 오존이 1% 감소할 때 지면에 도달하는 UV-A는 거의 변화가 없지만 UV-B는 10% 정도 증가합니다. 평균적으로 성층권 오존 감소율의 2배 정도로 생물에 유해한 자외선이 증가한다고 보고 있습니다.

45억 년 전에 지구가 탄생한 후 시간이 한참 흘러 육상생물은 지금으로부터 6억 년 전에서야 비로소 출현하였습니다. 해양의 생물이 육상에 상륙하는 데는, 지표 대기에 산소가 늘어나고 성층권에 오존층이 형성되어 태양으로부터 날아온 강한 자외선을 효과적으로 흡수하는 과정이 선행되어야 했습니다(5장 참고). 강한 자외선은 연약한 피부를 가진 해양생물에겐 치명적인 무기와 같기 때문에 자외선으로부터 자신을 보호해 주던 물 밖으로 감히 나갈 엄두를 못 내었을 겁니다. 지구역사에서 오존층이 형성되는 데에 수십억 년의 시간이 걸렸고, 그 후로 생물은 지금과 유사한 정도로 약해진 자외선 환경에서 태어나고 진화해 왔습니다. 따라서 오늘날 만약 오존층이 없어진다면 많은 생물들이 생존에 곤란을 겪거나 혹은 아예 생존이 불가능할 수 있습니다.

이러한 심각한 결과를 두려워한 국제사회는 프레온 가스를 규제하기 위해 1987년에 몬트리올 의정서Montreal Protocol on Substances that Deplete the Ozone Layer라 불리는 국제환경협약을 채택하게 됩니다. 1985년의 Nature 논문발표로부터 불과 2년 밖에 지나지 않은 매우 발빠른 조치를 단행하였습니다. 이 몬트리올 의정서는 197개 UN 회원국이 모두 합의한 유일한 UN 협약으로 기록되고 있습니다.

몬트리올 의정서의 주요 내용은 CFCs를 비롯한 오존파괴물질ODS:

ozone depleting substances의 단계적 감축, 비가입국에 대한 통상제재, 매년 이에 대한 평가, 그리고 ODS의 수출입을 제한하는 국가적 규제시스템이 개발 등을 포함하고 있습니다. 몬트리올 의정서의 발효와 국제적인 협력으로 오존층 파괴물질의 생산이 크게 줄었고, 2000년대 후반부터 오존층이 점차 회복되는 모습이 발견되고 있습니다. 2018년 발표된 오존 감소에 관한 9차 과학평가보고서에 따르면, 그간의 노력에 따라 오존층 감소가 정체된 후 서서히 회복단계에 들어서고 있음을 보여줍니다. 하지만 오존 감소가 본격화하기 시작했던 1970년 수준으로 오존층이 복구되기까지는 앞으로도 50년 이상의 시간이 더 필요할 것으로 예상하고 있습니다.

여기서 잠깐, 궁금한 게 있습니다. 오존층 파괴물질은 남반구에 비해 대다수 선진국이 분포한 북반구에서 더 많이 사용되었을 텐데 오존층 파괴는 왜 북극이 아닌 남극에서 더 심각하게 일어난 걸까요?

남극의 겨울은 6월에 시작됩니다. 날이 추워지면서 남극 대기의 대류권과 성층권 경계부에서 강한 극소용돌이polar vortex가 발달하여 성층권에 존재하는 염소분자Cl_2를 비롯한 물질들을 꽁꽁 가두어버려 저장고처럼 됩니다. 남극 겨울의 극도로 낮은 온도는 아주 적은 양의 수분과 황산화물만으로도 극성층운polar stratospheric cloud이라는 구름을 형성시키고, 이 구름 내 입자 표면은 염소분자의 화학반응이 일어날 수 있는 환경을 제공합니다. 남극에 봄이 오고 햇빛이 비치기 시작하면, 성층운이 흩어져 사라지면서 겨울 동안 저장했던 염소분자가 성층권에 방출됩니다. 점점 강해지는 태양의 자외선은 염소분자를 분해하여 성층권

내에서 자유로이 이동하는 염소원자 Cl을 만들어내면서 연쇄적인 오존 파괴반응이 일어나게 되는 것입니다.

반면에 북극에서는 상대적으로 극소용돌이의 세기가 약하여 대기가 한 곳에 갇히지 않고 온도도 남극보다 높아 성층운이 잘 발달하지 않습니다. 설사 성층운이 만들어져도 남극에서처럼 오래 지속되지 않고 빨리 사라져 버리기 때문에, 염소분자를 가두는 역할도, 염소분자를 저장고로부터 일시에 내보내서 일련의 반응을 일으키는 역할도 남극에서보다 약합니다. 그러나 남극에서처럼 심하지 않다 뿐이지 북극에서도 오존층 파괴가 일어나고 있다는 것은 분명합니다.

대류권 오존:
Bad Ozone

이제 우리가 살아가고 온갖 기상 현상들이 활발히 발생하는 대류권의 오존에 대해서 알아보겠습니다. 오존은 일산화탄소 CO, 이산화황 SO_2, 질소산화물 NO_x 등과 같이 공장 굴뚝이나 자동차 배기구에서 직접 배출된 물질이 아니라 대기 중에서 화학반응에 의해 생성되는 물질입니다. 이런 물질을 2차 대기오염물질, 직접 배출되는 것들을 1차 대기오염물질이라 부릅니다.

그런데 앞에서 얘기했듯이 대류권에는 UV-C가 없기 때문에, 성층권에서와 같이 산소가 분해되면서 오존이 생성될 수는 없습니다. 그 대신에 대류권에서는 이산화질소 NO_2가 약한 자외선인 UV-A에 의해 광분해되면서 일산화질소NO 와 산소원자O 로 쪼개지고, 이 산소원자가 빠르게 산소분자O_2 와 결합함으로써 지표의 오존이 만들어집니다. 이것이 대류권의 유일한 오존생성반응입니다.

따라서 햇빛이 강한 여름철에 오존이 많이 만들어집니다. 그런데 이렇게 생성된 오존은 대기 중의 일산화질소NO 와 빠르게 반응하여 파괴되기 때문에, 대류권에서 오존은 축적되지 않고 대기 중의 오존 농도는 높게 증가하지 않습니다. 하지만 우리는 종종 여름철에 100 ppb 이상의 고농도 오존 사례를 경험하곤 합니다. 어찌된 일일까요? 이제 반응성 탄화수소hydrocarbon 가 등장할 차례가 되었습니다.

다소 복잡한 얘기입니다만, 대기 중에 존재하는 탄화수소는 수산화라디칼OH 과 반응하여 다양한 탄화수소 유도체를 생성하는 일련의 반응을 겪으면서여기에도 햇빛이 관여합니다, 오존 생성에 반드시 필요한 이산화질소를 증가시키는 데 기여합니다. 또한 탄화수소 유도체는 NO와 빠르게 반응하여 NO가 오존을 파괴할 기회를 빼앗아버립니다. 이제 오존은 파괴량이 줄어들면서 쌓여 농축될 수 있습니다. 즉, 대기 중의 질소산화물$NO+NO_2$ 과 탄화수소또는 증기압이 높은 반응성 탄화수소이기 때문에 휘발성 유기화합물, VOC(volatile organic compounds)라고도 합니다는 서로 협력하여 여름철 낮 시간에 지표 공기의 오존농도를 급격히 상승시키게 됩니다.

이러한 일련의 반응들에 빛이 관여하기 때문에 광화학반응이라고 부릅니다. 광화학반응에 의해 오존이 생성될 때에는 PANperoxyacetyl nitrate 이 과산화수소, 알데하이드와 같은 물질도 함께 생성하는데 이들을 모두 통칭하여 광화학 산화물이라고 부릅니다. 광화학 산화물에는 초미세먼지도 있습니다. 광화학 산화물이 쌓여 초래한 공해를 LA형 스모그 또는 광화학 스모그라고 부릅니다. 6장에서 얘기한 이산화황에 의해 만들어진 런던형 스모그와 쌍벽을 이루는 대표적인 공해 현상입니다.

대류권의 오존을 줄이기 위해서는 질소산화물과 휘발성 유기화합물 VOC의 배출을 줄여야 합니다. 질소산화물은 공기의 80%를 차지하는 질소가 고온에서 산소와 결합하여 배출되기 때문에, 모든 연소과정에서 배출되며 가장 큰 배출원은 자동차입니다. 휘발성 유기화합물도 자동차에서 많이 배출되지만, 영세규모의 공장이나 페인트 사용, 주유소 등 다른 여러 곳에서도 상당량 배출되기 때문에 규제하기가 매우 까다롭습니다. 또한 숲에서도 휘발성 유기화합물이 다량 배출되어, 주변이 산림으로 둘러싸인 도시는 숲이 별로 없는 도시보다 오존의 농도가 더 높기도 합니다.

오존은 산화능력이 크기 때문에 인체의 폐 조직, 농작물, 고무, 플라스틱, 페인트 등이 오존에 노출되면 대부분 손상을 입게 됩니다. 고농도 오존을 흡입하면 호흡기 약화 혹은 손상의 우려가 있고 폐 감염의 위험이 커지고 천식과 같은 호흡기 질환이 유발되거나 악화될 수 있습니다. 최근 연구에 의하면 매우 낮은 농도의 오존도 만성호흡기질환, 천식 악화, 폐활량 감소, 폐렴, 생체면역능력의 감소와 같은 현상을 유발할 수 있다고 합니다. 또한 산림과 농작물에 주는 피해도 보고되고 있습니다. 식물의 성장과 작물의 생산성을 저해하여 장기적으로 생태계의 건강성을 훼손할 수 있습니다. 뿐만 아니라 자동차 타이어와 같은 고무를 손상시키고 섬유의 강도 역시 약화시킵니다. 즉, 우리가 호흡하는 공기에 존재하는 오존은 성층권에 존재하는 오존과 화학적으로는 동일하지만, "나쁜 오존bad ozone"입니다.

그럼 우리나라의 오존 농도는 어떨까요? 매우 높습니다. 심지어 지속적으로 높아지고 있습니다. 우리나라 오존의 대기환경기준은 1시간 평균 0.1 ppm이며 8시간 평균 0.06 ppm을 적용하고 있습니다. 그런데 전국에 있는 도시대기측정소의 대부분이 8시간 오존의 환경기준을 초과하고 있으며, 측정소의 약 44%는 1시간 환경기준을 초과하는 심각한 상태입니다.

그러면 오존에 의한 피해를 줄이기 위해서는 어떻게 해야 할까요? 물론 오존을 만들어내는 원인물질인 질소산화물과 휘발성 유기화합물의 배출을 줄이는 것이 첫 번째입니다. 그러나 질소산화물 또는 휘발성 유기화합물을 줄인다고 해서 오존의 농도가 선형적으로 감소하는 것은 아니고, 어떤 경우에는 오히려 오존 농도가 증가합니다. 한편 오존은 2차 오염물질이고 바람을 타고 이동하기 때문에, 원인물질을 제공하는 풍상지역의 이웃 도시와도 함께 협조하여 문제를 풀어야 합니다.

오존을 비롯한 광화학적 산화제의 생성 및 소멸에는 수많은 반응이 관여하고 있기 때문에, 오존 생성과 관련된 여러 반응 중 한두 가지를 억제한다고 해서 기준치를 달성한다는 보장이 없습니다. 그만큼 오존을 줄이는 것은 어려운 문제입니다. 궁극적으로 오존의 농도를 감소시키기 위해서는 원인물질인 질소산화물과 휘발성 유기화합물의 배출을 줄여나가야 함과 동시에, 아직 부족한 우리의 광화학반응에 대한 이해 수준을 끌어올리기 위한 다양한 연구들이 필요합니다.

10
황사 이야기

강신규

유라시아 내륙의 건조지

만주에서 헝가리까지 유라시아대륙의 허리를 가로질러 광활한 초원, 유라시아 스텝이 펼쳐집니다. 이곳은 저멀리 바다로부터 불어오는 적은 양의 비구름에 기대어 주로 풀과 관목이 자라는 메마른 땅입니다. 사람들은 초원의 빈약한 생산량에 기대어 수천 년간 풀을 따라 이동하며 가축을 키우는 유목생활을 해왔습니다. 스텝의 생산량은 매우 작아 농업 지역의 1/10에도 미치지 못하고, 그것도 대부분 사람이 먹을 수 없는 거친 풀입니다. 간혹 긴 가뭄이 찾아오면 풀마저 자라기 힘든 사막으로 변하지만, 다시 수분이 많아지면 초지로 되돌아가는, 취약하지만 탄력성이 큰 역동적인 생태계입니다.

이런 대륙의 안쪽 건조한 땅에서 사람들은 식물-가축-사람으로 이어진 유목시스템을 개발하였습니다. 유목사회는 적은 비와 빈약한 식생자원에 기반하므로 보통 작은 집단으로 흩어져 분포합니다. 적당한 거리를 유지하려는 원심력이 유목시스템의 생존 비결입니다. 초원에는 생산력이 높은 농업 배후지를 가진 정주민 도시처럼 과밀한 인구를 부양할 에너지가 없기 때문입니다. 하지만 때론 폭발적인 에너지를 분출하며 흉노, 돌궐, 몽골처럼 대제국을 건설하기도 했습니다. 유목제국의 건설은 대개 기후가 온난하고 강수량이 늘어 초원의 생산량이 늘어난 때와 일치합니다.

모이고 흩어지고 좋은 풀을 찾아 이동해 온 유목민은 생계의 토대인 가축을 보살피고 늘리기 위한 최선의 유목기술을 개발했습니다. 양, 염소, 말, 소, 야크, 낙타 등의 가축은 유목민에게 고기와 털과 가죽과 우유를 제공하여 의식주를 해결해 주었습니다. 우유는 생으로 먹기보다는 끓여서 허브와 함께 우유차로 마시거나 치즈를 만들고, 위에 떠오른 유지방은 건져내 버터로 먹습니다. 생우유를 발효해 우리네 막걸리와 같은 아이륵을 만들고, 아이륵을 증류하여 증류주인 아르히를 만듭니다. 남은 술 찌꺼기를 눌러 말리면 시큼텁텁한 과자가 되어 유목민의 식탁을 장식합니다. 혹독한 겨울을 무사히 넘긴 가축은 봄에 새끼를 낳아 여름에 성장합니다. 가축을 늘려 부유한 유목민이 되길 꿈꾸지만 잊을 만하면 다시금 찾아오는 혹독한 죽음의 그림자를 피할 순 없습니다.

몽골어로 혹독한 겨울 기후를 조드**dzud**라 부릅니다. 카자흐어로는 dzhut라 합니다. 조드는 중앙아시아 스텝의 고유한 겨울철 극한기후 현상으로, 한파나 지표결빙 혹은 폭설을 수반하는데, 이런 겨울에 가축은 먹이를 구하지 못해 많은 수가 죽어 나갑니다[33]. 특히 이전 여름이 가물어 풀을 많이 먹지 못했다면, 축적한 지방이 적어 폐사 위험이 커지게 됩니다. 짧게는 4~5년에 한 번 꼴로 발생하는 조드는 생계의 수단을 상실한 유목민에게는 고난의 역경이지만 양과 염소의 과밀을 막아주어 초지를 건강히 지켜주는 자연의 수단이기도 합니다.

중앙아시아 스텝에서 더 남쪽으로 내려가면 점차 건조해지면서 사막이 나타납니다. 바다에서 증발한 수증기는 바람을 타고 대륙 안쪽에 들어와 비를 내리고, 땅을 적신 빗물은 다시 증발해 이동하며 또 비를 내립니다. 이처럼 강수-증발-강수의 재순환 과정을 여러 번 반복하며 내륙 깊숙한 곳까지 수분이 전달됩니다.

대륙의 안쪽으로 갈수록 수분이 감소해 건조하고 식물은 적어집니다. 연 강수량이 300 mm 내외인 지역은 풀과 관목이 자라는 초지가 되고, 비의 양이 100 mm 정도로 줄어들면 사막이 되어 매우 건조한 환경에 적응한 적은 양의 식물만이 살게 됩니다. 바로 이곳 사막과 건조한 초지에서 흙먼지가 하늘로 떠올라 편서풍을 타고 멀리 동쪽으로 이동해 갑니다. 종종 우리나라를 지날 때면 공기가 탁해지고 흙먼지가 내려앉는데, 우리는 예로부터 대륙에서 불어오는 흙먼지를 황사라 불렀습니다.

2021년 봄 오랜만에 황사가 뉴스의 메인타이틀을 차지했습니다. 그 해 봄에 찾아온 황사로 순간 미세먼지 농도가 2000 $\mu g/m^3$까지 치솟아 황사경보 기준 800 $\mu g/m^3$보다 두 배 이상 높았습니다. 그런데 불과 3년 전 2018년엔 봄철 황사가 절반으로 줄었다는 희망찬 뉴스가 있었습니다. 황사는 해마다 변덕이 심합니다. 2001년 전후의 심각했던 황사는 황사예보 개시, 기상청 황사연구부서 신설, 한중 황사협력연구, 민관 차원의 황사예방 사막화 복원 조림사업 등 여러 일들을 촉발시켰습니다. 하지만 황사에 대한 사회적 관심은 오래 가지 않았고, 대신 앞서 얘기한 초미세먼지에게 봄철 먼지의 왕좌를 넘겨준 채, 황사는 점차 대중의 관심에서 멀어져 갔습니다.

새천년의 벽두를 심한 황사와 함께 시작한 후로 2010년, 2015년, 2021년에 강한 황사를 겪었습니다. 내년에도 황사가 심할까? 알 수 없는 노릇입니다. 기후변화는 황사를 더 심하게 할까? 그럴 수도 있습니다. 가깝든 멀든 황사를 예측하기란 매우 까다롭습니다. 따라서 황사를 이해하는 다른 방법은 황사와 연관된 다른 현상들을 함께 들여다보는 것입니다. 황사는 건조지 자연재해의 사촌격인 가뭄, 사막화, 조드와 닮은 점이 많습니다. 혼자보다는 몇몇이 짝지어 다닐 때가 많습니다. 앞으로 일군의 건조지 자연재해를 만들어내는 비와 바람과 풀과 사람의 이야기를 엮어서 황사의 의미를 찾아보겠습니다.

우리나라의 황사 현황

동북아시아 건조지에서 발원한 황사는 서풍을 타고 우리나라로 불어옵니다. 1960년 이후 서울의 황사 발생일 현황을 보면 3월에서 5월까지의 봄철 황사가 전체의 80%를 차지합니다. 1990년 전과 후의 연간 황사 발생일 평균값을 비교하면 2.9일에서 8.8일로 약 3배가량 늘었습니다. 2000년대에는 황사가 빈번해 연평균 황사일이 11.7일에 달했고, 2010년대에 다소 줄어 7.8일이었습니다. 특히 2001년에는 황사가 총 27일 발생해 과거 매우 강력했던 1940년 전후 이래로 최고치를 보였습니다. 참고로 1941년 황사일수는 43일이었습니다. 한편 황사 발생 시기가 빨라져, 과거에는 4월 황사가 많았지만 2000년대 들어와서는 4월 못지않게 3월 황사가 많이 발생했습니다. 또한 가을철 황사도 점차 잦아지고 있습니다.

지난 80년간 서울 황사일 자료의 주기성을 분석해보면 4년, 8년, 32년 규모의 주기성이 강하게 나타납니다. 종종 유사한 패턴이 주기적으로 반복되는 자연현상들이 있습니다. 엘리뇨와 라니냐가 반복하는 ENSO의 평균 5년 주기, 북대서양 표층수온 분포의 변화를 반영하는 AMO의 30년 주기, 태양흑점 활동의 11년과 60년 주기 등이 그 예입니다. 만약 황사에도 주기성이 있다면, 황사 발원지의 건조와 바람 등 기후를 조절하는 메카니즘이 관련되어 있을 것입니다. 이제 우리나라에서 눈을 돌려 황사 발원지로 장소를 옮겨보겠습니다.

황사먼지의 발원지

황사 발원지에 대한 선행연구들을 살펴보면 대체로 고비지역, 내몽골 및 만주의 모래 땅, 중국 감숙성 하서회랑 서쪽의 사막과 황토고원, 타클라마칸 사막 등을 동북아시아의 주요 황사 발원지로 거론하고 있습니다. 이들 황사 발원지는 비가 적고 바람이 강하고 식물이 적은 곳입니다. 모형 시뮬레이션 연구는 몽골이 29%, 타클라마칸 21%, 하서회랑의 바단자린Badain Jaran이 22%의 먼지를 발생시킨다고 보고하고 있습니다[34]. 하지만 우리나라에 도달하는 황사에서 타클라마칸 사막의 기여도는 낮은 편이고, 상대적으로 중국 중북부에 위치한 하서회랑 인근의 사막과 건조지, 고비를 비롯한 몽골고원, 서만주 등 한반도와 가까운 곳에 있는 건조지역의 기여도가 높은 편입니다.

지난 수십 년간에 중국 및 몽골 건조지역의 황사먼지 발생은 지역적으로 상이한 변화를 보였습니다. 주요 황사발원지 중에서 타클라마칸 사막과 황토고원의 중요도는 지속적으로 낮아진 반면에, 하서회랑 인근과 몽골고원의 중요도는 1980~90년대에 일시적으로 감소했다가 2000년대에 다시 증가했습니다. 특히 몽골고원의 동남부와 만주 건조지에서 먼지발생이 크게 증가했습니다. 과학자들은 먼지 발원지의 연간 변화 추세를 분석하기 위해 먼지관측자료, 동위원소분석, 경로역추적법, 위성원격탐사, 모형 시뮬레이션 등 다양한 방법을 사용하고 있습니다.

황사먼지의 발생: 미시적 고찰

황사는 지표의 흙먼지가 바람에 날려 하늘에 떠다니다가 수천 미터 높이의 상층 바람을 타고 멀리까지 날아가 떨어지는 현상입니다. 중국에서는 흙먼지를 모래폭풍, 양사, 후천 등으로 구분하는데, 이 중에서 양사는 바람이 지면의 흙먼지를 날려 지면 위로 상승시킨 상태이며 후천은 원거리로 수송되는 미세한 흙먼지를 말합니다. 따라서 양사는 발원지의 흙먼지 양을, 후천은 원거리 이동하는 흙먼지 양을 보기에 적합합니다. 좁은 의미에서 황사는 후천에 해당하지만 이 글에선 양사와 후천을 모두 황사로 지칭하겠습니다.

먼지는 알칼리성을 띄며, 주성분은 발원지에 따라 상이합니다. 사막지대의 황사는 석영 성분의 큰 모래가 많고, 황토지대의 황사는 장석이 주성분인 크기가 작은 입자입니다. 큰 입자는 발원지 부근에 떨어지고 더 작은 입자는 부유하여 상층까지 올라가 멀리 이동하게 됩니다. 한반도와 일본에서 관측되는 황사의 크기는 1~10μm 정도인 미세먼지에 해당합니다.

겨우내 얼었던 토양이 봄에 녹으며 잘게 부서져 바람을 타고 작은 흙먼지가 발생합니다. 흙먼지는 바람을 타고 불어가다 지표에 떨어지기도 하지만, 저기압 상승류를 만나면 상공 높이 떠올라 대기 상층의 편서풍을 타고 멀리 동쪽으로 이동합니다. 풍속이 느려지거나 고기압의 하강기류를 만나면 땅으로 내려와 공기를 탁하게 만듭니다. 흙먼지가 상층기류를 탔을 때 발원지에서 한반도까지 대략 2~3일이면 도달하는데, 만주에서 발생한 황사는 하루 만에도 우리나라에 도달한다고 합니다.

황사먼지가 발생하려면 건조한 흙 위로 강한 바람이 불어야 하고, 원거리까지 이동하려면 먼지를 수천 미터 상공으로 띄워 올려 편서풍 바람대로 가져다 줄 저기압 상승류가 필요합니다. 황사발원지 인근에 강한 저기압과 고기압이 쌍을 이뤄 발달할 때 바람이 세지고 상승류가 발생하게 됩니다. 고기압과 저기압의 두 공기 덩어리가 맞닿은 경계부에서 공기를 밀고 당기면서 접선방향으로 강한 바람이 부는데, 이곳을 기압골이라 부릅니다. 기압차가 클수록 기압골의 바람이 세지는데, 강한 기압골 바람이 흙먼지를 공중에 띄우고 인근의 저기압이 먼지를 빨아들여 수천 미터 상층으로 올려 보내면 먼지가 편서풍을 타고 멀리 동쪽까지 이동하게 됩니다. 기단과 상관없이 강한 햇빛과 건조한 흙이 만들어 낸 국지적인 돌풍이 흙먼지를 만들기도 합니다.

한편 식물량이 적은 사막과 사막 인근의 성긴 초지보통 반사막 혹은 사막초지라 부름에서 흙먼지가 쉽게 발생합니다. 풀과 관목의 뿌리는 효과적으로 흙을 잡아 주는 역할을 합니다. 식물이 죽거나 낙엽이 썩어서 만들어진 흙의 유기물은 물을 잘 흡수하기 때문에 토양의 수분보유력을 높이고 흙 입자를 똘똘 뭉치는 접착제 역할을 합니다. 또한 잎과 가지는 지표 부근의 풍속을 낮추어 웬만한 바람에도 흙이 잘 날아가지 않도록 토양을 안정시킵니다. 따라서 땅에 식물이 무성할수록 먼지가 발생하는 최소한의 바람세기, 즉 임계풍속이 높아집니다[35].

식물의 잎은 햇빛을 흡수해 잎 안의 물을 증발시키는 데에 사용하는데 이를 잠열 혹은 숨은열latent heat이라 부릅니다. 따라서 식물이 적어지면 잠열이 감소하고 쨍쨍 내리쬐는 햇빛의 대부분이 땅과 공기를 가열하는 데에 쓰이게 됩니다. 대기가 불안정해지며 돌풍, 회오리바람이 발생하고 규모에 따라 저기압 공기 덩어리로 발달하기도 합니다.

봄에 햇빛이 강해지고 공기가 따뜻해져도 건조지의 식물은 좀처럼 잎을 피우지 않습니다. 건조한 봄철엔 밤낮의 기온 차이가 크고 간혹 북쪽의 찬 공기가 남하하여 기온이 영하로 떨어지기 때문에 섣불리 잎을 피웠다간 냉해를 입기가 쉽기 때문입니다. 5월이 지나면 냉해의 위험에서 벗어나게 되지만, 잎을 피우려면 땅을 적실 정도의 충분한 비가 내릴 때까지 더 기다려야 합니다. 뿌리가 흡수하는 물이 잎에서 증발하는 물의 양을 맞추지 못하면 식물은 말라 죽거나, 사람의 입과 코에 해당하는 잎의 기공을 닫기 때문에 이산화탄소 부족으로 광합성을 못해 굶어 죽을 수도 있습니다.

이제 황사먼지 발생에 대한 미시적 논의는 사막과 사막초지에서 언제 식물이 적고, 흙이 건조하며, 강한 기압골이 자주 발생하는가에 대한 탐색으로 좁혀집니다. 이들 조건을 모두 충족하는 최적기는 바로 봄철입니다.

황사먼지의 발생: 거시적 고찰

황사발원지가 분포한 동북아시아의 서북방면은 광활한 건조지입니다. 중국 만주와 몽골고원 경계의 흥안령산맥에서 남서 방향으로 사천성까지 선을 이으면 서쪽의 고지대와 동쪽의 저지대를 구분하는 지리적 경계가 나타납니다. 이 경계를 따라 고비, 바단자린, 쿠부치 사막과 황토고원, 그리고 고대 비단길 교역로였던 하서회랑의 오아시스 지대 등 일련의 황사발원지가 자리하고 있습니다. 더 북쪽으로 내몽골의 훈산다커 사막과 만주의 커얼친 사지도 있습니다. 이들 건조지의 위쪽으로는 초원이, 아래쪽으로는 농경지가 펼쳐집니다.

한편 건조지의 동쪽 경계는 아시아 몬순이 힘을 다해 그 영향력을 잃어버리는 몬순기후의 북방한계이기도 합니다. 여름철에 태평양, 인도양 바다에서 발달한 비구름은 편서풍을 타고 북동쪽으로 이동하며 비를 뿌립니다. 여름에 점차 강해지는 북태평양 고기압은 몬순 비구름의 동진을 막아 비구름을 북쪽으로 밀어 올리게 됩니다. 따라서 몬순 비구름과 북태평양 고기압이 강할수록 대륙 더 깊숙한 곳까지 비가 내립니다. 하지만 중위도 상층 대기에서 꾸준히 동쪽으로 불어대는 편서풍은 몬순의 수분이 대륙의 서쪽으로 깊숙이 들어가는 것을 방해합니다. 이렇듯 고원이라는 땅의 방패와 편서풍이라는 하늘의 방패에 막혀 대륙의 서쪽은 항구적인 건조기후를 가지게 되었습니다.

하지만 어디에나 전이지대는 있고 경계는 이동하기 나름입니다. 기원전 6천 년 전후의 온난다습했던 홀로세 최적기에 강력한 슈퍼몬순이 자주 발생해 내륙으로 더 깊숙이 비를 뿌렸고, 건조지는 지금보다 더 서쪽으로 이동했습니다. 그 후 태양에너지가 줄어들면서 몬순은 약해졌고 건조지는 다시 동쪽으로 이동하였습니다. 역사시대에 들어서도 기후는 춥고 건조했다 온화하고 습하기를 반복했고 건조지의 경계는 각각 서진과 동진을 되풀이하며 오늘에 이르렀습니다.

적으나마 건조지에도 비는 내리고 식물이 자랍니다. 이 비는 어디로부터 오는 것일까요? 태평양 몬순이 육지에 가져다 준 수분의 일부가 발생-이동-소멸하는 고기압과 저기압의 소용돌이에 휘감기며 서쪽으로 흘러 들어갑니다. 인도양 몬순 비구름의 일부가 히말라야산맥을 넘거나 산맥의 동쪽 끝을 우회하여 티벳-칭하이고원칭장고원에 수분을 전달하고, 다시 증발-강수를 반복하며 바단자린, 고비까지 수증기를 전달합니다.

하지만 먼 거리에도 불구하고 대서양은 태평양과 인도양보다 더 중요한 수분의 공급원입니다. 대서양은 편서풍의 도움을 받아 바다의 수증기를 동쪽 깊숙이 시베리아와 동아시아 건조지로 전달해 줍니다. 몽골과 중국 서부 대부분의 건조지는 강수-증발 과정을 반복하며 서쪽에서 이동해 온 대서양발 수분에 크게 의존합니다[36].

북대서양에 거대한 고기압, 저기압 공기 덩어리가 있는데, 이를 북대서양 중위도 해역의 아조레스 고기압Azores High과 고위도에 위치한 아이슬란드 저기압Icelandic Low이라 부릅니다. 이들 사이로 강한 기압골이 만들어져 마치 강하게 활시위를 당기듯 많은 비구름을 유럽 방면으로 쏘아 보냅니다. 이 비구름의 일부가 시베리아로 동진해 비를 내리고 증발-강수를 되풀이하며 동쪽으로 날아가 몽골과 중국 건조지까지 수분을 전달합니다. 한편 지중해의 영향은 터키-이란-중앙아시아 남부 일대에 국한되기 때문에 동북아시아 건조지에 기여하는 정도가 미미한 편입니다.

동북아시아의 주요 황사 발원지는 이 세 바다의 영향력이 한계에 달하는 경계부에 자리 잡고 있습니다. 세 바다의 비구름이 내륙 깊숙한 곳의 사막과 초지에 습기를 가져다 줍니다. 이처럼 해양과 육지가 먼 거리를 가로질러 영향을 주고받는 양상을 원격상관 혹은 원격연결teleconnection이라고 합니다. 건조지의 강수량 변화, 사막화의 확장과 쇠퇴, 황사발생의 증가와 감소 등이 해양기후변동과 관련될 수 있지만, 이에 대한 과학적 판단은 아직 유보적인 상황입니다.

황사먼지의 발생: 인간의 영향

자연요인과 함께 인간활동도 황사 발생에 영향을 미칩니다. 과도한 목축과 건조지에서의 부주의한 경작 그리고 광산개발은 지표의 식물피복과 지하수를 감소시키고, 답압과 밭갈기 등으로 땅의 물리구조에 변화를 가져와 사막화를 유발하게 됩니다. 다만 사막화는 황사 발원지의 확장을 의미할 뿐이며 실제로 사막화 지역에서 황사가 발생하려면 앞서 언급한 자연조건들이 충족되어야 합니다. 이와 관련해 인위적인 사막화보다는 기후변동이 황사 발생에 더 결정적 역할을 한다는 주장도 있습니다. 이들은 중국 건조지에서 발생한 1980~90년대의 빠른 사막화에도 불구하고 당시 중국의 먼지 발생량은 계속 줄어들었는데 그 이유를 풍속의 감소 때문이라고 설명하였습니다.

러시아의 역사가이자 민속지리학자인 레프 구밀료프는 '상상의 왕국을 찾아서'란 저서에서 홀로세Holocene의 기후변동이 유라시아 스텝과 사막의 확장과 쇠퇴를 견인해온 과정을 수려하게 기술하였습니다[13]. 지구역사에서 사막의 확장과 축소는 끊임없이 반복해온 자연현상입니다. 최근의 예로는 1960년대부터 근 30년의 긴 가뭄을 겪은 북아프리카 사헬지역사하라사막 이남의 건조지의 사막 확장 사례가 있습니다. 건조지에서 강수량의 장기변동은 사막의 확장과 초지로의 회복을 조절하는 결정적 요인입니다.

사막화는 황사 발생 가능성을 높입니다. 사막화 과정의 주요 징후인 식생피복의 감소는 황사 발생의 임계풍속을 낮추고, 증발열잠열보다는 땅과 공기를 가열하는 열현열을 증가시켜 대기를 불안정하게 만들고 국지적인 상승류 발달을 촉진합니다. 한편 황사는 표층 토양을 날려보내 인근 초지의 사막화를 가속하는 '양의 되먹임positive feedback' 작용을 하기도 합니다. 지금 세계가 주목하는 건조지역의 최우선 환경문제는 인위적 이유로 혹은 자연적·인위적 요인이 서로 상호작용하여 사막이 아니던 곳이 사막으로 변하는 현상, 즉 인위적 사막화 문제입니다.

건조지에서의 농업활동

최근 Nature 학술지에 중국의 황사 역사에 대한 흥미로운 논문이 발표되었습니다[37]. 이 논문의 저자들은 중국 중북부 내몽골에 위치한 오르도스 고원을 대상으로 과거 2000년 동안의 정주민 거주지 확장과 쇠퇴에 대한 역사기록을 고원 내 호수 바닥에 쌓인 토양성분의 시대적 변화와 비교한 결과, 거주지가 확장할 때 황사먼지가 많이 발생했음을 규명하였습니다. 아울러 거주지가 확장한 시기는 아시아 몬순이 강해져 더 북쪽까지 수분이 이동했던, 즉 오르도스 고원에 식물생장이 양호했던 시기와 일치한다는 것도 알아냈습니다.

보통은 비가 줄어 건조해지면 식물이 적어지고 흙이 잘 부서져 황사먼지 발생이 수월해지는 것이 자연적인 황사 발생 촉진 기작입니다. 반면에 이 연구는 다습한 시기에도 정주민 거주지가 확장하여 농경 활동이 증가할 경우에 인간의 영향만으로도 황사먼지 발생이 촉진될 수 있음을 보여주었습니다. 이미 2000년 전부터 인간활동은 황사먼지 발생을 촉진할 정도로 강한 영향을 미쳐왔다는 증거입니다.

건조지가 다습한 기후를 맞이하면 풀이 무성해져 웬만한 강풍에도 먼지가 잘 날리지 않게 됩니다. 하지만 초지를 농경지로 개간해 땅을 갈아엎으면 표층 토양이 잘게 부서지고 물을 잡아두는 능력이 감소해 빨리 마르게 됩니다. 뿌리를 깊이 내려 땅속의 흙을 잡아주던 풀들이 사라지고 가을에 작물을 추수한 후 다음 해 다시 자랄 때까지 농경지는 마치 나대지와 같은 모습입니다. 이런 모든 변화는 임계풍속을 낮추어 그다지 강하지 않는 바람에도 먼지가 날리는 등 먼지의 발생을 촉진하는 쪽으로 작용하게 됩니다. 지난 세기에 이와 유사한 상황이 오르도스 고원보다 훨씬 넓은 지역에서 발생한 사례가 있습니다.

노벨문학상 작가 존 스타인벡은 그의 소설 '분노의 포도'에서 1930년대 미국 중서부 오클라호마의 농부, 톰 조드 일가가 메마르고 모래가 풀풀 날리는 경작지를 떠나 캘리포니아 목화, 포도농장의 철새노동자가 되어가는 과정을 생생하게 묘사해 큰 사회적 울림을 만들어냈습니다[38].

당시 이 지역에서 발생한 모래폭풍dust bowl이란 명칭을 얻음은 인간활동이 자연조건과 맞물려 강력한 모래먼지를 만들어낸 대표적 사례입니다

(5장 참고). 1930년대에 미국 기상관측 역사상 손에 꼽힐 정도의 강력한 가뭄이 닥쳤고 서쪽으로부터 로키산맥을 넘어 건조하고 강한 바람이 불어왔습니다. 원래 이 지역은 프레리라 불리던 광활한 초원이었지만, 19세 중반 이후 많은 이주민이 들어와 목축과 농사를 시작했습니다. 마침 1920년대의 습하고 온화한 기후와 막 개발된 트랙터의 힘을 빌려 땅을 깊게 갈아 농작하는 방식이 유행하였습니다. 이 방법은 표층은 물론, 토양 깊숙한 곳마저 마르게 하고 빗물을 잡아두는 효과가 탁월한 흙 속의 유기물을 감소시키기 때문에 건조한 지역에는 적합하지 않습니다. 마침내 습윤했던 1920년대가 지나고 건조한 1930년에 들어서며 가뭄과 흉작이 발생하고 모래먼지가 날리기 시작했습니다.

목축의 영향

목축은 유라시아 스텝의 오랜 인간활동입니다. 가축은 풀을 짧고 성기게 만들어 임계풍속을 낮춥니다. 식물이 줄면서 잎의 증발량이 감소해 태양에너지가 물을 증발하는 데 쓰이기보다는 땅과 공기를 달구는 데 더 많이 사용되고, 땅과 공기에 열이 쌓이면 돌풍 등 강한 바람이 발생해 먼지를 지표 위로 띄우게 됩니다. 이렇듯 목축은 초지의 사막화와 황사먼지 발생을 촉진하는 태생적 잠재력을 가지고 있습니다. 특히 선소지에서 좁은 지역에 밀집해 가축을 키울 경우 초지 식생에 회복하기 힘든 피해를 주어 사막화와 흙먼지의 발생을 초래하게 됩니다.

초원지대 사람들은 유목이라는 창의적 기술을 개발하여 생계와 보전의 저울추에 균형을 맞추어 왔습니다. 밀집하여 한 곳에 오래 머무는 것을 피함으로써 초지에게 회복할 시간을 주었고, 가축은 소화 후 남은 것을 배설함으로써 건조지의 양분순환을 원활하게 해 풀의 생장을 도왔습니다. 하지만 생계와 보전의 팽팽한 긴장은 때론 내적 피로가 누적되어서 혹은 외부에서 가해진 자연적, 사회적 동인에 의해 종종 깨지곤 합니다.

1970년대 이래로 내몽골을 비롯한 여러 중국의 건조지역에 경작지가 늘고 목축이 과밀해지면서 1980~90년대에 광범위한 사막화가 발생했습니다. 그리고 2000년대 심한 가뭄이 몰아 닥치며 속수무책으로 강력한 황사를 겪게 됩니다. 그 후 지난 20년간 사막화 방지와 복원을 위해 노력한 결과 북중국 평원 등 일부 지역에서 식생량이 증가하는 성과를 만들어냈습니다. 하지만 더 안쪽의 건조한 내몽골 초지에서는 아직 회복의 기미가 불확실해 보입니다.

사회주의 시절 큰 변화 없이 낮은 가축밀도를 유지하던 몽골에서도 가축이 늘어나기 시작했습니다. 가축이 사유화되고 시장경제체제로 전환한 1991년 이후에 가축수는 두 차례의 강력한 조드 재해에도 불구하고 1991년의 2500백 만 마리에서 2015년의 5600백 만 마리로 두 배 넘게 증가했습니다[39]. 캐시미어가 유목민의 큰 수입원이 되면서 특히 염소가 많이 늘었습니다. 이미 도시 인근의 초지는 내몽골처럼 과잉방목-사막화 과정을 겪고 있습니다.

다만 방목이 광범위한 초지의 사막화를 초래하게 될지(혹은 이미 겪고 있는지)에 대해선 의견이 분분합니다. 지난 30년간 몽골 중부와 동부 초지에서 사막화 후에 다시 회복되는 양상이 있었는데 이런 변화는 이 지역의 강수량 변화와 통계적으로 유의미한 상관관계를 보이고 있습니다[10]. 물론 상관관계가 인과관계를 의미하진 않지만, 몽골 초지의 사막화를 과잉방목 때문이라 여기는 사회적 통념에 의문을 가져볼만 합니다.

몽골은 2000~2002년과 2009~2010년에 전체 가축의 30% 정도가 폐사하는 심각한 조드 재해를 경험했습니다. 이 기간은 최근 황사가 심했던 해와 일치합니다. 조드 기후는 겨울철 혹한과 폭설을 뜻하지만, 가축에 대한 영향은 여름 가뭄과 겨울 조드 기후가 함께 발생할 때 더 커집니다. 조드 재해는 전통적으로 가축의 과잉방목과 이로 인한 사막화 확장을 방지하는 자연의 생태적 조절기작이기도 합니다.

따라서 최근의 조드 피해는 몽골의 축산업이 여전히 오랜 유목의 전통, 즉 기후-식물-가축으로 이어진 생태적 먹이사슬의 원형을 간직하고 있음을 보여준 사례라 할 수 있습니다. 다만 조드 재해는 유목민 생계의 악화와 도시로의 환경난민 유입, 도시의 빈부격차와 환경문제 심화 등 여러 사회문제를 파생하므로 적응과 예방을 위한 대책이 필요합니다. 앞으로 초원의 생태적 기작을 유지하면서 조드를 예방하고 피해를 저감하기 위한 새로운 창의적 방안의 개발이 필요합니다. 이는 조드 예방이 가져올 수 있는 부작용, 즉 사막화와 황사의 증가에 대한 대책까지 고려해야 하므로, 오랫동안 생계와 보전의 균형추를 맞춰온 전통지식의 현대적 재해석에 기초해야 할 것입니다.

기후변화와 황사

동북아시아 건조지의 지리와 기후는 황사 발원지의 분포와 발생 시기에 대한 거시적 맥락을 설명합니다. 여기에는 해양까지 참여하는 지구 규모의 공간적 맥락이 관여합니다. 매일매일 역동적으로 변화하는 기상은 언제 어디서 황사먼지가 발생해 어디로 이동할지를 설명합니다. 건조지에서의 인간활동이 현지의 기후생태환경에 부적합할 경우 대개 먼지 발생을 촉진하는 방향으로 지표의 흙과 식생 조건이 변형되었습니다.

황사로 탁해진 공기는 불쾌감을 높이고 재산적 피해를 주기도 하지만 황사의 알칼리 성분 입자는 전통적으로 농경을 업으로 한 우리 선조의 농경지가 산성화되는 것을 막아주는 긍정적 역할을 해주었습니다. 하지만 우리나라 인구의 90% 이상이 도시에 거주하는 오늘날, 우리에게 순기능보다는 탁한 공기의 불쾌감이 먼저 다가올 것입니다.

그럼에도 불구하고 황사는 우리에게 많은 다양성을 제공해주고 있습니다. 우리나라와 대륙의 건조지를 이어주는 몇 안 되는 자연 매개체 중 하나로서 우리의 지리적 상상력을 수천 킬로미터 서쪽으로 확장해줍니다. 좋든 나쁘든 중국발, 몽골발, 고비발, 황토고원발 황사에 대한 보도를 접하면서 암암리에 이들 건조한 땅에 대한 우리의 지리적 환경적 사회적 감수성이 높아지고 있습니다. 황사와 사막화 문제는 자라나는 세대의 생태보호와 환경문제에 대한 훌륭한 교육 및 연구사례로 활용되고 있습니다. 황사-사막화와 관련한 여러 NGO 단체들이 생겨나

체험과 활동공간의 폭을 다양하게 확장해주었습니다. 한중간의 황사와 미세먼지 논란을 계기로 국경을 넘어 이동하는 월경성 오염물질에 대처하는 협상능력을 키워가고 있고, 민관에서 중국, 몽골의 건조지 환경 문제에 이해당사자로 직접 문제해결에 참여하는 경험을 쌓아가고 있습니다.

변화하는 기후환경은 향후 동북아시아 건조지의 기후, 기상, 인간활동에 여러 변화를 가져오고, 황사 역시 변화할 것입니다. 봄철 기온의 상승은 황사발생 시기를 앞당기고, 시베리아 고기압의 계절성 및 강도 변화는 가을 황사의 증가와 봄철 대기환경의 변화를 초래할 수 있습니다. ENSO 현상의 강화는 동북아시아 건조지의 가뭄 및 습윤 상태의 변동폭을 늘려 안정성을 낮출 수 있습니다. 북극 빙하의 감소는 중위도 지역의 열파와 한파 발생 가능성을 높일 수 있습니다. 동북아시아 건조지는 이미 새로운 기후 환경에 들어선 듯 합니다. 고대 초원의 사람들이 건조지의 기후생태환경에 적합한 유목시스템을 개발하여 생산력이 빈약한 초지에서 생계와 보전의 균형을 맞추어 냈듯이, 오늘날 우리도 가뭄-사막화-황사-조드 자연재해가 실타래처럼 엮여 있는 건조지 생태계에서 비와 바람과 풀과 사람의 균형을 잡아가야 할 창의적 도전에 직면해 있습니다.

우리의 선조는 지난 20만 년의 인류역사 동안에 주로 태양과 바이오매스 에너지에 기대어 살아왔습니다. 하지만 오늘날 우리는 한껏 늘어난 인구와 풍족한 삶을 부양하기 위해 고에너지사회로의 길에 접어들었습니다. 이미 막대한 양의 화석에너지를 사용하였고 이제 고갈을 걱정하고 있습니다. 인간의 무궁무진한 상상력은 원자력에너지, 인공태양, 신재생에너지 등 새로운 에너지원의 개발을 추동해가고 있습니다. 그리고 일상의 편리함을 더해주는 여러 가지 새로운 화학물질도 만들어 냈습니다.

현대의 고에너지사회는 자연의 것을 이용하며 자연에게 제 값을 치루어 왔을까요? 아쉽게도 그렇지 않았습니다. 여러분 주머니에서 나간 돈은 장물을 놓고 우리끼리 사고팔며 값을 치른 격이 아닐까요. 진정한 주인인 자연에게는 값을 치루지 않았습니다. 그러면 늘어난 인구의 풍족한 삶을 부양하려는 우리의 노력은 비난받아야 마땅할까요? 우리의 노력이 선의에서 비롯되었다면 면죄가 되는 걸까요?

그렇게 수십 년의 시간이 흐른 뒤에 '이 세상에 공짜는 없다'는 너무도 당연한 만물의 이치를 실감케 하는 일들이 하나둘씩 생겨나고 있습니다. 그간 눈감아왔던 공짜의 대가를 치르기는 쉽지 않아 보입니다. 앞선 몇 가지 이야기 꼭지에서 주로 우리가 숨 쉬고 살아가는 대기와 관련한 공짜의 대가를 살펴보았습니다. 이제 하늘로부터 땅으로 눈을 돌려 물과 농업과 생물다양성에 관한 이야기보따리를 풀어 보겠습니다. 다음의 이야기 꼭지는 공짜로 물을 마구 이용하다 혹독한 대가를 치루게 된 호수에 관한 사연입니다.

11

아랄해의 비극

안태석

하늘의 구름이 비와 눈이 되어 땅으로 떨어지고, 호수와 강이 되어 바다로 흘러듭니다. 태양열로 증발된 수증기는 다시 하늘로 올라가는 순환과정을 거치면서 기후를 조절하고 우리에게는 농업, 산업 및 생활용수를 공급합니다. 특히, 호수는 넓은 수표면적과 많은 수량을 가지고 있어 인간 생활에서 중요한 자원으로 활용됩니다.

바다와 호수

바다와 호수의 큰 차이는 바로 소금기염분입니다. 하늘에서 떨어지는 비와 눈은 염분이 적은 물입니다. 이 물이 흘러가면서 숲과 토양에 있는 여러 종류의 음이온과 양이온을 녹여 하천으로 흐릅니다. 하천은 호수로 흘러 들어가 유출 하천을 통하여 바다로 흘러 들어갑니다. 바다에서는 햇빛에 의하여 물은 증발하고 이온들은 점점 농축됩니다. 염분은 바로 이 이온들의 합이며 퍼밀permill, ‰, 천분의 일로 표시합니다. 깊은 바다의 경우 염분은 약 35‰이며, 퍼센트로는 3.5%에 해당합니다.

호수는 그 성상에 따라 자연호와 인공호로 구분할 수 있습니다. 우리나라에는 자연호가 매우 드물어, 동해안의 기수호소금기가 있는 호수 외에는 거의 없고 대부분이 인공호입니다. 강원도에는 파로호화천호, 춘천호, 의암호, 횡성호, 소양호 등의 인공호가 있습니다. 이들 인공호는 홍수와 가뭄 방지, 농업용수 공급, 그리고 전력 생산 등의 목적으로 건설되었습니다. 이집트의 나세르Nasser호도 아스완 댐Aswan High Dam으로 만들어진 인공호입니다[41].

대부분의 호수들은 유입수와 유출수가 있으나 유입수만 있고 유출수가 없는 호수도 있습니다. 이는 증발량이 크다는 의미이고, 이스라엘의 사해가 대표적인 예인데, 이러한 호수에서는 염분이 높아집니다. 염분이 높으므로 대형 생물은 잘 살지 못합니다. 내륙에 있으면서 이러한 상태인 호수를 염호salt lake라고 하고 큰 호수는 그 이름에 '해'자를 붙입니다. 카스피해는 이런 염호이고 중앙아시아에는 염분이 다른 염호들이 많이 있습니다. 아랄해도 이런 호수입니다.

바다에는 하천으로 유입되는 유입수는 있지만 유출수는 없고, 태양열에 의하여 물이 하늘로 증발됩니다. 이 증발된 수증기가 육지로 이동하여 비를 내리고 기후와 기상을 결정합니다. 호수와 바다는 오염물의 분해와 정화, 태양 빛을 이용한 유기물 생산, 산소의 공급, 먹거리 제공,

생태계의 유지 등의 다양한 기능을 하고 있습니다.

아랄해Aral Sea

아랄해는 카스피해의 동쪽에 자리한 염호입니다. 우즈베키스탄 북부와 카자흐스탄 남부 사이에 있는 이 호수는 1960년대 이전에는 호수 면적이 남한의 절반이 넘는 68,000 km^{2}로 세계에서 네 번째로 큰 호수였습니다. 1987년에 아랄해는 북쪽과 남쪽 두 개의 호수로 분리되었고, 남쪽 호수도 2003년에 동쪽과 서쪽 호수로 분리되었습니다. 남은 호수 면적은 다 합쳐도 원래 면적의 1/10에 불과한 상태이고, 과거 물에 잠겼던 호수 바닥이 드러나 이제는 사막이 되었습니다.

이 지역은 연간 강수량이 100 mm에 불과한 건조지대입니다. 이런 곳에 큰 호수가 있으려면 외부에서 많은 물이 흘러 들어와야 합니다. 이 호수의 수원은 파미르 고원과 톈산천산산맥을 포함한 빙하지대에서 발원하여 흘러내린 아무다리아강과 시르다리야강의 물입니다. 이물은 흘러오면서 땅의 많은 이온들을 녹여 호수에 가져다 줍니다. 그리고 호수의 넓은 수면에서 물이 증발하면서 염분농도가 15‰인 염호가 되었습니다.

아랄해 유역에 구소련 시대인 1960년대부터 면화 재배 등을 위하여 우리나라 면적의 약 2/3에 달하는 87,000 km^{2}의 방대한 땅에 목화 경작지를 조성하였습니다. 아랄해의 동쪽과 남쪽에 조성된 목화밭은 이 지역의 경제를 뒷받침하는 작물이 되었습니다.

목화*Gossypium indicum, cotton*는 재배 과정에서 물을 엄청나게 요구하는 작물입니다. 목화 1 kg을 얻는 데에 물이 약 20,000 리터가 필요합니다. 목화는 이른바 '하얀 금white gold'으로 불리면서 영국-인도, 미국의 노예제도, 영국의 산업혁명 등 세계 역사에 큰 영향을 끼친 작물입니다. 또한 우즈베키스탄의 주요 생산물과 수출품이고, 2006년의 경우 목화가 수출액의 17%를 차지할 정도로 경제적으로 중요한 작물입니다.

소련 정부는 이 호수로 들어오던 두 개의 강인 아무다리아와 시르다리아강 주변의 땅을 목화 재배지로 바꾸었습니다. 1960년에는 연간 200억~600억 m^3의 물이 주변 농경지로 보내졌습니다. 600억 m^3는 소양호(최대 담수량 29억 m^3)의 20배에 가까운 수량입니다.

이온이 많이 함유된 물을 목화밭에 뿌리면, 증산작용과 증발로 물은 하늘로 날라가고 땅에는 소금기만 남게 됩니다. 이 소금기는 목화 성장에 지장을 주므로, 농부는 이를 희석하기 위하여 더 많은 양의 물을 사용하고, 결국 땅에는 더 많은 소금기가 남게 됩니다. 이러한 악순환 과정에서 아랄해로 흘러가야 할 물이 하늘로 사라져 버렸습니다.

아랄해의 유입 수량이 줄어드니 아랄해의 물이 마르기 시작하였습니다. 아랄해 수위는 1960~70년대에는 해마다 0.2 m씩 내려갔고, 1970년대 후반에는 0.5~0.6 m, 1980년대에는 0.8~0.9 m씩 내려갔습니다. 그 결과 관개를 하기 전에 53 m이던 평균 수위는 최저 27 m로 내려갔고, 2010년에 대부분의 지역은 소금기가 있는 아랄쿰 사막이 되었습니다. 사막이 되면서 이 지역은 감당할 수 없는 피해가 닥쳐 경제와 사회가 붕괴되었고, 이 사건은 '세계 최대 환경재앙'이라고 합니다[42].

환경재앙

과거에 이 지역의 경제는 어업이었습니다. 아랄해에는 다양한 어종이 살면서 재앙이 닥치기 전에는 구소련 어업 생산량의 1/6을 차지할 정도로 많은 어획량을 가진 호수였습니다. 철갑상어*Acipenser nudiventris*, sturgeon, 아랄 송어*Salmo trutta aralensis*, Aral trout 등이 주요 어종이었고, 통조림으로 가공된 상품은 소련 곳곳으로 팔려나갔습니다. 그러나 염분이 45‰ 이상이 되면서 모두 멸종하였습니다. 바다보다 짠 물이 되면서 소련 정부는 바다 고기인 발틱 청어*Clupea harengus membras*, Herring, 가자미*Platichthys flesus*, flounder, 빙어Osmeridae: smelt, 망둥어Gobiidae: goby 등을 도입하였지만, 먹이 부족과 높은 염분으로 망둥어를 제외한 도입 종이 모두 사멸하였습니다. 이제 어업은 이 지역에서 불가능한 산업이 되었습니다.

한편 호수는 주변에서 들어온 비료와 농약으로 심하게 오염된 상태가 되었습니다. 단일 종을 경작하면서 엄청난 양의 비료와 농약을 사용하였고, 이 독성물질들은 호수로 흘러 들었습니다. 물이 줄어들면서 비료와 농약의 농도는 높아졌고, 호수가 마르면서 이 독성물질들은 소금과 함께 땅에 남게 되었습니다. 바람이 불면 말라붙은 호수 바닥에서 날리는 먼지가 주민의 건강을 위협할 정도가 되었습니다. 소금기와 독성물질을 머금은 먼지는 코, 허파, 구강, 피부에 암 등의 질병을 유발하였고, 임산부에게는 유산, 기형아 출산 등의 문제가 나타났습니다. 유아 사망률은 인구 1,000명당 75명에 달하여 다른 지역보다 훨씬 높았습니다. 또 건축물과 금속 제품은 쉽게 부식되었습니다.

물은 비열이 커서 지역 기후에 영향을 줍니다. 호숫물이 마르면서 이 지역은 여름에 더 덥고, 겨울에는 더 추운 지역으로 변하였습니다. 강수량도 감소하여 농업이 쇠락하였고 관개용수에 더욱더 의지하게 되었습니다.

목화 수확은 기계화가 어려워 사람 손으로 하나하나 목화를 따야 합니다. 과거 미국에서 아프리카 흑인 노예를 데려 온 이유 중 하나도 이 목화 수확 때문이었습니다. 그 광활한 목화밭에서 목화를 수확하기 위하여 어린이를 비롯한 모든 주민들이 동원됩니다. 교육을 받아야 할 아이들이 동원된다는 것은 신분 상승이 불가능하다는 것을 의미합니다.

또 기후변화로 수원지인 빙하지대로부터 흘러내리는 물의 양이 점점 적어지고 있고, 그 결과 목화 생산량이 감소하고 있습니다. 아랄해를 희생하면서 얻은 목화가 이제는 주민들의 삶마저 위협하고 있는 것입니다.

회복

소련 정부는 관개 사업 초기에 아랄해가 이렇게 될 것을 이미 예상하고 있었습니다. 다만 그 시기가 더 빨리 온 것입니다. 그동안 아랄해를 살리려는 다양한 노력이 있었습니다. UNEP유엔 환경계획, United Nations Environment Programme는 1992년에 '아랄해 복원에 관한 국제회의'를 개최하였습니다[43]. 또 우즈베키스탄 정부는 아랄쿰 사막에 관목을 심는 사업을 시작하였습니다. 우즈베키스탄, 카자흐스탄 등 아랄해와 관련된 5개국은 국가 예산의 1%를 이 아랄해 복원에 사용하기로 1994년에 합의하였습니다. 주요한 사업은 다음과 같습니다.

- 물을 적게 요구하는 목화 품종으로 교체
- 이웃한 카스피해에서 아랄해로 물을 끌어 들이기
- 목화 외에 다른 작물 심기
- 관개수로의 정비
- 이웃의 볼가Volga 강 등으로부터 관개수로에 물 공급하기

2006년에는 세계은행World Bank 자금으로 북 아랄해에 복원을 위하여 댐Dike Kokaral을 쌓았고, 그 결과 긍정적인 변화가 나타났습니다. 북 아랄해는 2014년에는 완전히 말라붙었다가 되살아났습니다. 호수 수위가 64 m 이상으로 높아지면서 염분이 5~15‰로 낮아졌습니다. 그 결과 동물플랑크톤 개체수가 증가하고, 이어서 제브라 머슬*Dreissena polymorpha aralensis*, 네마토드, 작은 바다 새우brine shrimp도 살아났습니다. 경제성이 있는 잉어, 철갑상어 등 민물고기가 다시 살아나면서 지역 경제도 좋아지고 있습니다. 북 아랄해가 살아나고 공기 중의 수분이 많아지면서 과거 나날이 커지던 연교차가 차츰 줄어들고 있고, 농업 생산성도 개선되었습니다.

하지만 예전 아랄해의 90% 이상을 차지하는 남 아랄해를 회복하기 위해서는 오랜 시간과 천문학적인 액수의 예산이 필요합니다. 북 아

랄해가 회복되는 것은 분명 긍정적인 신호입니다. 아랄해 전체가 다시 1960년대의 제 모습을 되찾는 것은 아주 불가능한 일이 아닙니다.

인간의 이기심에서 비롯된 무계획적인 관개로 사라진 아랄해의 회복은 어렵지만 꼭 하여야 할 일입니다. 이렇게 자연이 훼손되면 그 안에서 사는 인간은 엄청난 고통을 겪게 됩니다. 이것이 '세계 최대 환경재앙'에서 배워야 할 교훈입니다.

미국의 살톤해 Salton Sea - 아랄해의 쌍둥이

아랄해처럼 '환경재앙'이 나타난 곳은 지구상에 여러 곳이 있습니다. 그 중 하나가 미국 캘리포니아주의 살톤해 Salton Sea입니다. 미국 캘리포니아 남쪽 멕시코 국경 근처에 위치한 버려진 염호인 살톤해는 아랄해처럼 인간의 간섭으로 환경재앙이 나타난 호수입니다.

이 호수가 있는 지역은 본래 산 안드레아스 단층 San Andreas Fault에 위치한 낮은 지대로 데스밸리 Death Valley처럼 극심한 더위 여름에 40°C와 건조한 지역 연강수량 65 mm이고 해발보다 낮은 사막 지대인 살톤 저지대 Salton Sink입니다.

1900년에 캘리포니아 개발 회사는 인근의 콜로라도 강 Colorado River으로부터 살톤 저지대에 물을 공급하는 운하를 만들었습니다. 그 목적은 이 지역에서 농업 생산성을 높이려는 것이었습니다. 운하가 완성되면서 이 지역에서는 대추야자 *Pheonix dactylifera*, date palm 등이 생산되었고,

계획대로 농업생산성은 향상되었습니다.

그런데 콜로라도 강물에 떠 내려온 미사silt가 운하에 쌓여 운하는 점차 막히게 되었습니다. 드디어 1905년에 폭우와 눈이 녹은 물이 한꺼번에 운하로 밀어 닥치면서 운하는 범람하였고, 범람한 물은 살톤 저지대로 흘러 들었습니다. 범람 이후 2년 동안 흘러 들어간 물은 살톤 저지대에 거대한 호수를 만들었습니다. 사막이었던 이 지역에 길이 56 km, 폭 24 km, 평균 수심 16 m이고 용량 9.3 km^3, 표면적 약 890 km^{2}의 대구광역시만한 거대한 호수가 새로이 탄생하였습니다.

이 지역이 침수되면서 많은 원주민과 이주민들이 피해를 보았으나, 새로 생성된 이 호수는 일몰이 아름다운 '사막의 기적'으로 일컬어졌습니다. 당연히 유역에는 농경지가 새로이 만들어지고 대추야자를 비롯한 작물들이 재배되었습니다.

이 지역은 농업뿐만 아니라 관광지로도 각광을 받게 되었고 연안에는 수많은 리조트가 생겨났습니다. 호수 남쪽에 농업과 관광업에 종사하는 인구 15,000명의 살톤시Salton City, 살톤비치시Salton Sea Beach City 등이 새롭게 건설되었습니다. 사람뿐만 아니라 각종 곤충과 동물들도 이곳을 찾아왔습니다. 초기에는 새 종류가 400여 종이 있었고, 당시 미국 흰색 펠리칸*Pelecanus erythrorhynchos*, American White Pelican 현존 개채수의 30%가 이 지역에서 살고 있었습니다. 또한 이 호수는 철새들의 중요한 경유지가 되었습니다.

사람들은 이 넓은 호수에 틸라피아*Oreochromis mossambicus*, Tilapia를 비롯한 물고기를 풀어놓아 낚시의 천국을 이루었습니다. 1950~1960년대에 리조트 타운, 골프장, 요트 클럽과 낚시 등 다양한 여가활동이 이루어졌으나, 오래가지 못하고 사양길에 들어서게 되었습니다. 바로 부영양화로 인한 악취와 높은 소금기염분 그리고 각종 오염물질 때문입니다.

새로이 태어난 이 호수는 들어오는 물은 있으나 나가는 물은 없는 내륙호inland lake였고, 높은 온도와 건조한 날씨로 인해 호수의 물은 엄청나게 증발하였습니다. 그 결과 호수의 염분은 점점 높아졌습니다. 염분은 약 5‰로 바닷물의 염분 3‰보다 엄청나게 높은 수치가 되었습니다. 같은 방법으로 비료, 농약과 각종 오염물질의 농도도 점점 높아져서 결국 한계를 견디지 못한 물고기들이 사멸하기 시작하였습니다.

비료는 식물체의 성장을 촉진하는 물질입니다. 하지만 호수로 들어간 비료는 부영양화eutrophication을 일으켜 조류algae와 수초의 성장을 촉진하였고, 이들은 죽어서 호수바닥에 쌓이고 미생물의 작용으로 산소를 소비하면서 분해되었습니다. 산소가 다 소비된 이후에는 무산소 상태에서 분해가 일어나 황화 수소H_2S가 발생하여 악취를 풍기게 되었습니다.

드디어 1970년대에 수만 마리의 물고기가 사멸하는 사태가 벌어졌습니다. 사멸의 원인은 바로 부영양화로 인한 산소의 부족, 독성물질의 높은 농도, 높은 염분 때문이었습니다. 죽은 물고기를 먹은 펠리칸을 비롯해 새들도 함께 죽었습니다. 부영양화로 세균들이 증식하여 새들에게 조류 콜레라avian cholerae가 발생하였고, 물고기가 죽으면서 먹이가 없어져 새들의 개체수도 감소하였습니다. 철새들도 더 이상 이곳을 찾아오지 않았습니다.

이후에는 농약 등 오염물질의 농도와 염분이 점점 높아지면서 호수는 생물이 살지 못하는 지역이 되었고, 악취와 수초들이 호수 주변에 퍼져 나갔습니다. 이러한 변화는 너무 빨라, 리조트를 정리하기도 전에 환경재앙이 닥치면서 살톤시는 관광업이 활성을 잃었고, 버려진 요트와 보트는 녹슬기 시작하였습니다. 한때 인구 15,000명에 달하던 살톤시의 인구는 2000년에 고작 1,000여명에 불과할 정도로 크게 줄어들었습니다.

주민들은 천식과 기관지염으로 고통받고 있습니다. 아랄해 주민들과 똑같은 피해를 입고 있는 것입니다. 열악한 환경 때문에 많은 사람들이 떠나갔으나, 불법 이주자들처럼 갈 곳 없는 사람들이 이곳으로 몰려들면서 이 지역은 더 황폐해지고 있습니다.

물고기 어획량도 적지만, 물고기가 수은과 PCB 등 화학물질에 오염되어 있어 먹지도 못합니다. 과거에 수백만 마리의 물고기가 있었으나 이제는 현존량의 97%가 사라졌습니다. 더 큰 문제는 이 물로는 더 이상 농업이 불가능해졌다는 것입니다. 토양에 염분이 많아지면서 이를 희석하기 위하여 더 많은 물을 끌어다 사용하는 악순환이 일어났습니다. 아랄해 유역과 똑같은 피해 현상이 벌어진 것입니다. 미국 정부와 캘리포니아 주 정부는 수질, 생태계, 대기 환경을 개선하려는 움직임을 벌였으나 아직 효과적인 해결 방법은 나오지 않은 상태입니다.

인간이 자연을 이용하다가 닥친 재앙으로 아랄해와 똑같은 피해가 나타났습니다. 다만 살톤해는 규모가 작을 뿐입니다. 지구상에는 아랄해와 살톤해 같은 재앙을 가진 호수가 또 있을 수 있고 또 만들어질 가능성이 매우 높습니다. 조금만 더 자연과 생태계를 이해하고 똑같은 실수를 범하지 말아야 합니다.

아랄해와 살톤해의 예에서 보듯이 인간은 물의 양과 질을 변화시킴으로써 자연 본래의 모습을 잃게 만들고 있습니다. 다음 이야기 꼭지에서 살톤해에서 발생했던 부영양화 현상에 대해 좀 더 자세히 들여다보겠습니다. 부영양화의 끝판왕이라 일컬어지는 호수의 녹조와 바다의 적조현상은 왜 생겨나는 걸까요? 왜 우리 주변의 호수들은 한여름마다 녹조에 시달리는 걸까요?

12

녹조가 생기는 까닭

김범철

'물은 투명할수록 좋다'는 관념 때문에 우리는 바닷물, 호숫물과 강물이 증류수처럼 맑은 물이기를 바라고 있습니다. 그러나 자연의 물은 결코 증류수처럼 맑고 깨끗하지 않으며, 애당초 그럴 수가 없습니다. 지표의 물은 물고기, 파충류, 플랑크톤과 온갖 미생물들이 살아가는 공간이기 때문입니다. 생물이 살아가자면 먹고 살게 있어야 하고, 배설하고 죽어서 다시 물속으로 물질을 되돌려 줍니다. 자손을 많이 퍼뜨리는 것이 생물의 생존 목적 중 하나입니다. 그리하여 좋은 조건을 만나면 엄청나게 많은 자손을 퍼뜨립니다.

녹조현상이란?

녹조현상이란 물속에 사는 광합성 미소 생물인 식물플랑크톤이 많이 증식하여 호수의 물이 녹색으로 변하는 현상을 말합니다. 플랑크톤으로 인하여 물의 색이 변하는 현상을 영어로는 'water bloom물꽃'이라 하는데, 우리나라 학계는 이를 번역해 '물꽃현상' 또는 '수화현상'이라 불렀습니다. 식물플랑크톤 가운데 남조류시아노박테리아에 의한 물꽃현상을 영어로는 cyanobacterial bloom이라고 부릅니다. 남조류 세포가 파괴되거나 건조해지면, 세포 안에 잠재해 있던 청색 색소가 나타나 푸른색을 띠기 때문에 푸른색 가루라는 의미로 만들어진 용어인데, 남조류의 색상을 정확히 관찰하여 만든 용어입니다. 1990년대에 우리나라 호수의 부영양화가 심해지면서 녹색으로 변하는 호수가 많아지기 시작했습니다.

물속에는 둥둥 떠다니며 광합성을 하는 단세포 생물들이 살고 있습니다. 이들을 식물플랑크톤phytoplankton 혹은 부유조류라 부릅니다. 땅에 뿌리를 내리고 부착해 살아가는 미역, 다시마와 같은 부착조류도 있습니다. 조류를 먹고 사는 동물플랑크톤, 이들을 먹고 사는 크고 작은 물고기들이 물속의 생물들입니다. 물론 이들의 배설물과 사체를 먹고사는 분해자인 세균bacteria도 있습니다.

규조류, 녹조류, 와편모조류, 남세균 등이 흔히 녹조 발생 시 출현하는 식물플랑크톤의 종류입니다. 이중에서 남세균은 과거에 남조류라고 불렀는데, 요즘은 학술용어로 남세균 또는 시아노박테리아로 부르고 있으나 관행적으로 남조류라고 부르고 있습니다. 최근 우리나라 부영양호를 녹색으로 물들인 원인생물이 바로 남조류입니다.

녹조류는 남조류보다 좀 더 짙은 녹색을 띠며 독소가 없습니다. 반면 남조류는 녹조류보다 연녹색을 띠다가 건조하면 청색을 띠며, 호수 수면에 떠올라 고밀도의 '스컴scum, 떠 있는 찌꺼기'을 형성하므로, 육안으로도 구분할 수 있습니다. 남조류는 녹조류와는 달리 독소를 생성하기도 하고 악취를 내는 유해한 조류이므로 반드시 구분할 필요가 있습니다. 따라서 우리나라의 부영양호에서 흔히 보는 '녹조현상'을 정확히 표현하자면 남조류의 대량 증식현상이라 할 수 있습니다. 반면에 바닷물을 붉게 물들인 '적조현상red tide'은 붉은색을 띠는 규조류 플랑크톤이 대량 번식한 결과입니다.

우리나라 호수의 여름철 성층현상

호수의 녹조현상이 많은 관심을 받는 이유는 심층 산소 고갈로 동물 서식처가 훼손되고 남조류가 독성물질을 함유하고 있어 인간과 야생동물에게 해를 줄 수 있기 때문입니다. 조류는 광합성을 할 수 있는 물속의 미소생물들로 수생태계의 일차생산을 담당하는 주요 구성원이므로, 물에 조류가 사는 것은 정상입니다. 그런데 조류가 과잉 번성하면 호수 심층의 산소가 고갈되고 독성 남조류가 발생하는 피해를 주기 때문에, 부영양화는 생태계에 좋지 않은 현상으로 평가됩니다.

조류가 광합성을 할 때 산소가 생성되므로 표수층에서 산소가 과포화되어 대기로 확산되어나갑니다. 반면에, 조류가 대량으로 물속 깊숙이 가라앉아 분해될 때에는 산소를 소비하여 심수층의 산소 고갈을 유발할 수 있습니다. 산소가 고갈된 호수 바닥에서는 동물이 생존하기 어려워 거의 동물이 살지 않는 죽음의 호수가 됩니다. 수생동물은 주로 바닥 근처에서 살고 있는데, 심층의 산소가 고갈되면 호수 가장자리의 얕은 곳에서만 살 수 있습니다.

심수층의 산소 고갈은 주로 여름에 일어나는데, 그 이유는 성층현상 때문입니다. 물의 밀도는 4℃에서 최대이고 수온이 그 이상 상승하면 오히려 밀도가 작아집니다. 여름에 호수의 표층수는 햇빛을 받아 더워지고 가벼워지므로 대게 표면 5 m 이내에 머물러 있습니다. 반면에 호수 아래에는 4℃ 근처의 무거운 물이 자리 잡고 있습니다. 즉 앞서 설명한 대기의 기온역전층과 마찬가지로 위아래로 혼합이 발생하지 않습니다. 위의 가벼운 물과 아래의 무거운 물 사이에 깊이에 따라 수온이 급격히 변하는 경계부가 있는데, 이를 수온성층 혹은 수온약층이라고 부릅니다. 수온약층에서는 수심 1 m 당 수온이 1℃ 이상 낮아지는 큰 변화를 보이곤 합니다.

우리나라에서 호수의 성층현상은 주로 여름에 강하게 나타납니다. 여름에서 겨울로 가면서 날이 추워지고 호수의 표층수도 차가워집니다. 그러다 물의 밀도가 가장 큰 4℃에 접근하면 이제 호수 아래와 위 간에 물의 밀도의 차이가 작아집니다. 바람, 들어오고 나가는 강물 등 약간의 교란에 의해서도 위아래의 물이 섞일 수 있는 매우 불안정한 상태로 변화합니다.

그럼 왜 성층현상이 강해지는 여름철에 호수 심층의 산소 고갈이 쉽게 발생할까요? 겨울철보다는 물이 따뜻하고 햇빛이 쨍쨍한 여름에 식물플랑크톤이 더 왕성하게 번식합니다. 늘어난 조류의 일부가 호수 아래로 가라앉으며 활력을 잃고 파괴되어 세균에 의해 분해되면서 산소를 소비합니다. 한편 성층이 강하게 발달한 여름철에는 심층으로의 산소 공급이 원활하지 않습니다. 물속의 산소는 대기에서 녹아 들어오거나 식물플랑크톤이 광합성을 하며 만들어내는데, 표층에 산소가 풍부한 물이 아래로 섞이지 않기 때문입니다. 이 과정이 여름철 내내 지속되면서 호수와 저수지의 심층엔 산소의 양이 점점 줄어들게 됩니다.

우리나라 호수와 저수지의 대부분에서 여름에 산소 고갈이 나타나며, 이는 수생동물의 다양성 감소의 원인 중 하나가 됩니다.

녹조현상의 피해

부영양화가 해로운 가장 큰 이유는 녹조현상의 원인 생물인 조류가 동물의 간을 손상시키는 독소를 만들기 때문입니다. 남조류는 흔히 동물의 간을 손상시키는 마이크로시스틴microcystin 이라는 독소를 생성하여, 외국에서는 가축이 대량 폐사하거나 사람이 죽은 사례도 있고, 간암발생이 증가하였다는 보고도 있습니다. 남조류에는 많은 종이 있고, 같은 종이라도 환경 조건에 따라 독소를 생성하기도 하고 생성하지 않기도 하여 예측하기가 어렵기는 하지만, 남조류가 번성하여 녹조현상이 발생하였다면, 대략 절반의 확률로 그 물은 유독성일 가능성이 있다고 보면 됩니다.

남조류의 독소는 사람에게도 매우 유해합니다. 다만 현대의 고도정수처리 공정을 통해 남조류 세포 내에 존재하는 독소를 거의 제거할 수 있습니다. 또한 물 속의 마이크로시스틴은 활성탄과 염소소독 과정에 의해 대부분 제거되기 때문에, 이러한 공정을 걸쳐 만들어진 수돗물을 통해 남조류의 독소를 섭취할 가능성은 거의 없습니다. 많은 사람들이 수돗물의 오염을 통한 녹조현상의 위해성을 우려하지만 사실 이는 합리적 대응이 아닙니다. 남조류의 독소가 인간에게 위해를 줄 수 있는 경로는 수돗물이 아니라 어패류의 섭식이나 물놀이에 의한 접촉이 더 클 수도 있습니다. 수돗물만 걱정하는 것은 위해성의 대상을 잘못 짚은 것입니다.

마이크로시스틴은 고도정수처리 공정에서 거의 제거되기 때문에 수돗물을 통해 사람에게 해를 줄 가능성은 적습니다. 하지만 먹이사슬을 따라 민물새우와 우렁이, 물고기 등 어패류에 축적된 독소를 사람이 섭취할 가능성이 있습니다. 남조류 독소는 동물의 내장에 많이 분포하므로 녹조현상이 있는 곳에서 잡은 어패류는 내장을 제거하고 먹어야 합니다. 남조류 독소는 열에 안정하기 때문에 끓여도 없어지지 않습니다.

그 외에 수상스키, 낚시, 물놀이 등의 활동과정에서 물을 마시기도 하고 건조된 남조류 세포의 분진이 폐로 들어가기도 하므로 녹조현상이 발생한 곳에는 가급적 접근하지 않는 것이 좋습니다. 그런데 녹조현상은 사람에게만 해로운 것이 아니고 야생동물에게도 위해성이 큽니다.

수생동물은 늘 식물플랑크톤을 먹고 살아야 하므로 유독성 녹조현상이 발생하면 어류의 체내에 독소가 축적되고 내성이 약한 어류는 간 손상으로 죽기도 합니다.

녹조현상의 또 다른 피해는 불쾌한 물 냄새입니다. 먼지 냄새, 곰팡이 냄새, 흙 냄새, 구린내 등으로 표현되는 여러 종류의 냄새 물질을 생성하여 수돗물에서 냄새가 나는 피해를 줍니다. 남조류나 방선균 등의 미생물이 냄새를 내는 주요 원인생물이며 그 외에도 여러 종류의 플랑크톤이 냄새의 원인이 됩니다. 냄새 자체로는 독성이 없지만 사람의 후각을 민감하게 자극하여 불쾌감을 주기 때문에, 수돗물을 정수할 때 냄새 제거를 위해 활성탄이 많이 사용하고 있습니다. 따라서 정수 비용이 증가하는 피해를 주고 있습니다.

그럼 녹조현상은 왜 발생할까요?

녹조현상은 식물플랑크톤의 과다 번식 현상입니다. 그리고 앞서 몇몇 군데에서 식물플랑크톤이 급격히 증가하는 경우를 언급하기도 했습니다. 정리하자면, 생장에 필요한 자원과 조건이 딱 맞아 떨어진 경우라 하겠습니다. 자원에는 광합성에 필요한 햇빛과 세포 생장에 필요한 물질, 즉 인과 질소 등의 영양염이 있습니다. 조건에는 광합성을 촉진하는 적당히 따뜻한 수온과 조류가 머물러 생장할 시간을 벌어주는 물의 정체현상 등을 들 수 있습니다. 햇빛, 영양염, 수온, 정체현상 등의 자원과 조건이 충족될 경우 식물플랑크톤은 빠른 속도록 증식하여 녹조현상으로까지 발달하게 됩니다.

바다에서 발생하는 적조현상 또한 크게 다르지 않습니다. 다만 생물종의 차이가 있고, 여러 영양염 중에서도 호수와 강에서는 인이 중요한 반면에 바다에서는 질소가 중요하다는 것이 다릅니다.

영양염은 녹조와 적조현상의 주요 원인들 중에서도 인간의 영향을 가장 크게 받는 물질입니다. 녹조현상은 자연적인 부영양화 과정에서도 발생합니다. 짙은 녹색 물을 가진 습지를 연상하면 좋겠습니다. 하지만 인간의 영향으로 녹조현상이 발생한 경우는 대개가 사람이 방출한 과다한 영양염 때문이거나, 혹은 댐과 보를 지어 물을 정체시킨 경우라고 할 수 있습니다.

제한 영양소

식물플랑크톤의 성장은 물 중에서 가장 결핍된 영양소의 양에 의해 좌우되는데, 이를 제한영양소라고 부릅니다. 우리나라 호수의 제한영양소는 모두 인phosphorus입니다. 다른 영양소에 비해 인이 턱없이 부족하기 때문입니다. 인은 생물의 성장에 필수적인 원소인데, 담수에서는 칼슘과 결합해 침전이 잘 되기 때문에 물 중의 인 농도가 낮고 결핍이 일어납니다. 인 다음으로 부족한 영양염은 질소입니다. 세계적으로는 질소가 제한 영양소가 되는 호수가 10% 정도 되지만, 우리나라에서는 이미 자연에서 배출되는 질소의 농도가 높아 항상 인이 제한영양소입니다.

반면에 바다에서는 질소가 침전해 버려 늘 질소부족에 허덕입니다.

인 농도에 뒤이어 체류시간이 두 번째 중요한 제한요인인데 식물플랑크톤은 흐르는 물에서는 떠내려가서 살 수 없기 때문입니다. 저수지에서 조류 성장에 최적인 체류시간은 약 1개월 정도로 보고 있습니다. 보통 대형댐에서는 체류시간이 이보다 길기 때문에 제한 조건이 되지 않습니다. 그러나 의암호, 팔당호, 하구호 등 체류시간이 짧은 하천형 저수지와 강의 하류지역에서는 체류시간이 주요 제한 요인입니다. 특히 한강 하류의 신곡수중보 상류 지역에서는 평소에는 체류시간이 짧아 플랑크톤이 번성하기 어렵지만, 팔당호의 방류량이 줄어들면 남조류가 번성할 수 있는 충분한 체류시간을 가지게 되어 녹조현상이 발생합니다.

우리나라 주요 강의 하류에서는 하수의 영향으로 인하여 인의 농도가 항상 과포화 상태로 높기 때문에 영양소의 농도는 더 이상 조류 성장의 제한 인자가 아니고 체류시간이 제한 인자이며, 언제든 체류시간이 증가하면 조류가 증식할 수 있는 조건을 갖추고 있습니다.

4대강사업으로 건설된 보에서 녹조현상이 발생하고 있고, 그 원인이 하수의 유입인지 혹은 체류시간의 증가인지에 대하여 논란이 있습니다. 어쨌든 두 가지가 모두 녹조현상의 필요조건임엔 틀림없습니다. 인의 농도가 낮은 물은 정체하여도 녹조현상이 생기지 않으며, 체류시간이 짧으면 남조류 식물플랑크톤이 살 수 없습니다. 따라서 녹조현상을 줄이기 위해서는 제한 요인인 인의 농도를 감소시키든가 체류시간을 줄여야 합니다. 하지만 지역에 따라서 물의 체류시간을 줄이는 것이 어려울 수 있기 때문에, 보다 현실적인 대책은 인의 농도를 줄이는 데 중점을 두어야 하는 경우가 많습니다.

인의 근원 - 점오염원이 중요한가? 비점오염원이 중요한가?

녹조현상을 근원적으로 줄이려면 인의 발생원을 찾아서 줄여야 합니다. 인의 발생원은 크게 사람을 포함한 동물의 배설물과 논밭에 뿌리는 비료로 나누어 볼 수 있습니다.

인은 생물의 필수원소이며 모든 생물 세포는 인을 함유하고 있으므로 동물의 배설물은 항상 인을 많이 함유하고 있습니다. 배설물은 하수와 퇴비의 형태로 배출되고 비료는 농경배수로 배출됩니다. 사람의 배설물은 하수로 배출되며, 축산분뇨는 퇴비로 바뀌어 농경지에서 유출되므로, 비료와 동일한 비점오염원의 경로를 가집니다. 여기서 비점오염원이란 오염원의 위치가 특정되지 않고 논과 밭처럼 넓은 면적에서 발생하는 오염원을 말합니다.

우리나라의 인 발생 총량으로 보면 농업비점오염원이 많고 하수의 영향은 상대적으로 작은 편입니다. 다만 이 상대적 기여도는 지역과 수체의 특성에 따라 크게 달라질 수 있습니다. 녹조현상의 원인으로서 점오염원과 비점오염원 가운데 어느 쪽의 기여도가 더 큰가? 라는 질문은 인 발생량의 저감 대책에까지 영향을 미칠 수 있어 중요한 의미를 가집니다.

하수종말처리장과 같이 위치를 특정할 수 있는 점오염원은 연중 일정하게 배출되는 반면에, 비점오염원에서는 폭우 시에만 대량 유출되는 특성을 가지고 있습니다. 대형댐에서는 물이 장시간 체류하므로, 비점오염원으로부터 폭우 시에 유출된 인이 조류에 이용될 수 있는 충분한 시간을 가집니다. 그러므로 소양호, 대청호 등의 대형저수지에서는 홍수가 난지 한 달 쯤 후에 조류의 증식이 나타납니다.

이는 우리나라 호수의 특성이라고 볼 수 있는데, 여름 강수량이 많지 않은 나라에서는 조류의 번성이 주로 봄철에 나타나지만, 우리나라에서는 홍수 후에 나타나는 'monsoon bloom'이 'spring bloom'보다 더 크게 나타납니다. 대형호수에서는 점오염원이건 비점오염원이건 간에 연간 유출량이 더 큰 쪽이 호수의 수질을 좌우하게 되며, 당연히 총량이 더 많은 비점오염원이 더 크게 기여합니다.

반면에 체류시간이 짧은 수체에서는 강우 시에 비점오염원으로 유출된 인이 충분히 이용되지 못하고 바다로 배출되므로, 대형댐의 경우보다 비점오염원의 영향이 작습니다. 한강의 하류, 4대강 하류의 보 등이 이에 해당하는데 이들 수역에서는 홍수기에 인의 농도가 높아지더라도 체류시간이 짧아서 녹조현상이 발생하지 않습니다. 오히려 갈수기에 체류시간이 길어지면서 조류가 증가하는데, 이 계절은 비점오염원으로부터의 인 유출이 거의 없는 시기이며 대부분의 인은 하수에 기인합니다. 즉, 연간 인의 총배출량은 비점오염원이 더 많지만, 녹조현상에 기여하는 바는 점오염원이 월등히 큽니다.

우리나라 강의 하류지역에서는 갈수기에 강물이 줄어 들면 하수처리장의 방류수가 유량의 많은 부분을 차지합니다. 한강 중류의 팔당댐, 금강 중류의 대청댐과 같이 강 중류에 댐을 만들고, 많은 물을 상수원으로 취수하는 경우에는, 갈수기에 방류량이 줄어들기 때문에, 하수가 댐 하류의 하천 유량에 기여하는 정도가 아주 높습니다. 그러므로 체류시간이 짧은 강 하류의 댐에서는 하수가 녹조현상의 주요 원인이 됩니다.

녹조현상의 저감

녹조현상의 필요조건이 인의 증가와 체류시간의 증가이므로 이 두 가지를 저감하는 것이 근본대책입니다. 체류시간을 줄이기 위해서는 불필요한 보와 저수지를 철거하는 것이 필요하지만 댐을 모두 철거할 수는 없으니 녹조현상을 저감하는 근원적 대책의 핵심은 인을 저감하는 것이라고 할 수 있습니다.

녹조현상 저감을 위한 첫째 타겟은 하수처리입니다. 하수의 처리에는 주로 생물학적 처리법을 사용하고 있는데, 미생물은 인을 자신이 필요한 만큼만 흡수하기 때문에 인의 제거율이 높지 않습니다. 생물학적 처리만 거치는 경우 하수처리장 방류수의 인 농도는 물 1리터당 약 1 mg에 달하며 이는 호수 부영양화의 기준인 0.03 mg/L 의 수십 배에 해당합니다. 따라서 하수를 희석할 수 있는 자연수가 부족한 하천에서는 하수처리장 방류수가 하천 부영양화의 주요 원인이 됩니다. 예를 들면, 한강 하류에서는 갈수기에 유량의 많은 부분이 서울의 하수이고, 금강의 하류에서는 대전시와 청주시 하수이며, 영산강 하류에서는 광주시

하수입니다.

미국과 일본 등에서는 하수처리장에 화학적 인 제거 공정을 추가하여 방류수의 인 농도를 0.01 mg/L 수준까지 낮추어 주변 자연수의 농도와 동일하게 맞추거나 오염된 하천수를 희석하여 정화하는 목표를 가지고 처리하는 사례가 많습니다. 미국의 조사에 의하면 많은 하수처리장 방류수의 인을 0.02 mg/L 수준으로 처리하고 있으며, 인 제거에 따른 비용 증가도 감내할 수 있는 수준인 것으로 평가하고 있습니다. 우리나라에서도 근래 하수의 인 제거 공정이 확산되고 있으나, 아직도 기준농도가 0.2 mg/L 이상으로서 부영양화 기준을 크게 웃돌고 있어, 하수처리장 방류수가 부영양화의 주요 원인으로 남아 있습니다. 우리나라의 현 상태로는 하수의 인 제거 강화가 부영양화 저감을 위한 최우선 대책입니다.

한편 대형댐에서는 상류 유역의 농경지에서 유출되는 퇴비가 가장 큰 인의 근원이므로 이에 대한 대책이 중요합니다. 퇴비는 가축분뇨와 식물 잔재부스러기를 섞어서 만드는데, 분뇨에는 인이 많이 함유되어 있어 부영양화의 원인이 됩니다. 퇴비와 토양의 침식을 방지하는 지표관리 대책, 퇴비를 적정량만 사용하는 경작법의 개선 등이 주요 대책입니다.

그러나 불행히도 유역 농경지의 경우 오염원을 줄이기 어려운 경우가 대부분입니다. 이때 사용하는 대안이 호수 내 수질개선 대책인데 가장 경제성이 있고 세계적으로 널리 사용되는 방법은 화학적 응집침전에 의해 수중의 인을 호수물 아래로 가라앉히는 것입니다. 흔히 황산알루미늄alum, $Al_2(SO_4)_3$ 형태의 알루미늄염을 주로 많이 사용합니다. 알루미늄염이 물에 녹으면서 수중의 인과 결합해 아래로 가라앉습니다. 알루미늄염에 의한 부영양화 제어는 세계 여러 나라에서 수십 년 전부터 사용해온 방법으로 유해성과 경제성에서 좋은 평가를 받아왔습니다. 다만 체류시간이 짧은 인공호에서는 반복적으로 투여해야 하는 단점이 있습니다.

인류는 농사를 짓기 시작하면서 물을 찾아 물가로 조금씩 다가갔습니다. 이후 상업과 유통이 성행하면서 배로 접근이 가능한 강가에 접하여 마을과 도시를 건설했습니다. 도시 주변의 너른 땅은 밀집한 도시 인구를 부양하기 위한 농경지로 개발되어 갔습니다. 인구가 늘고 물류와 교통이 더욱 발달하면서 도시로부터 멀리 떨어진, 심지어 다른 나라 농촌마을의 생산품이 도시인을 부양하고 있습니다. 늘어난 생산품, 늘어난 배설물, 늘어난 비료와 농약. 그리고 도처에 댐과 보가 만들어진 오늘날 부영양화와 녹조현상은 우리가 초래했고 우리가 치러야 할 대가가 되었습니다.

13
유기성 폐기물과 수질오염

김범철

"파리에는 땅 밑에 또 하나의 파리, 즉 하수도의 파리가 있다. 거기에는 거리가 있고, 건널목도, 광장도, 그리고 막다른 골목도 있다."

– 빅토르 위고의 '레미제라블' 중에서

사람의 입장에서 사람과 가축의 분뇨는 유기성 폐기물의 일종입니다. 하지만 말똥구리에게는 먹이 자원이고 식물들에는 질소, 인 등의 영양염을 다시 땅에 돌려주어 생장을 촉진하는 소중한 비료 자원이기도 합니다. 분뇨는 식물이 생산한 유기물이 동물을 거쳐 다시 무기물로 되돌아가는 물질순환의 고리의 중요한 위치를 차지하고 있습니다.

사람 역시 분뇨를 쓰레기가 아니라 자원으로 이용해온 사례가 여럿 있습니다. 오늘날에도 몽골초원의 유목민은 마른 가축의 배설물인 '아르갈'을 화목난로의 연료로 사용합니다. 나무가 없는 초원에선 마른 가축 배설물이 장작을 대신합니다.

화약은 중국에서 9세기 무렵 발명되어 11세기경부터 군사 무기로 쓰였습니다. 이후 몽골의 서방원정을 통해 이슬람을 거쳐 유럽으로 전래됩니다. 19세기 나이트로글리세린nitroglycerin으로 만든 현대식 화약이 발명되기 전에 전통적으로 쓰이던 화약은 염초와 황, 숯 등을 혼합한 검은 색 물질이었습니다. 이를 흑색 화약이라 부릅니다. 염초가 전체 성분의 75%까지 차지합니다. 염초의 주성분은 질산포타슘KNO_3인데, 이는 초석이란 광물로부터 얻을 수 있습니다. 하지만 보다 흔한 방법은 질산포타슘을 많이 함유한 흙으로부터 추출해내는 것입니다. 이때 아궁이나 구들장 밑의 묵은 흙더미, 재래식 화장실 바닥에 퇴적된 진흙 등을 많이 사용했습니다.

동물의 배설물은 농업에도 자원으로 이용되어 왔습니다. 바로 퇴비입니다. 퇴비는 배설물에 들어 있는 높은 농도의 인과 질소 등 식물생장에 필요한 영양염들을 미생물의 도움으로 천천히 주변에 방출하는 기능을 가진 물질입니다. 퇴비는 땅을 기름지게 하고 토양의 물리 구조를 공기가 잘 통하고, 물이 잘 빠지고, 보습력을 높이는 좋은 쪽으로 개량하여 작물의 생장을 촉진하는 등, 천연의 비료이자 토양 개량제의 역할을 톡톡히 담당합니다.

분뇨는 악취와 특유한 질감으로 인해 혐오의 대상이기도 하지만, 여러모로 보아 자원이기도 합니다. 특히 생태계 물질 순환의 중요한 역할을 맡은 분해자인 미생물들에겐 먹이이자 에너지의 근원입니다. 생물이 땅에서 얻은 영양염을 다시 땅에게 돌려주는 매개체입니다. 하지만 과하면 문제가 생겨나듯, 사람과 가축이 밀집해 살아가는 곳에선 자연의 처리 능력을 넘어선 많은 배설물로 인해 환경이 악화하는 문제가 발생합니다.

하수도를 건설하다

도시의 하수도가 유명한 관광지가 된 곳이 있습니다. 프랑스 파리입니다. 1830년경에 콜레라가 전 유럽을 강타했고 1832년엔 파리에서만 18,000명이 사망했습니다. 콜레라는 분변으로 오염된 물에 콜레라균이 번식하여 물을 통해 전파되는 수인성 전염병입니다(20장 참고). 1853년과 1866년에도 콜레라가 대유행하였습니다. 이에 프랑스 황제 나폴레옹 3세는 오스만 남작을 시켜 파리의 하수도를 대대적으로 건설토록 지시합니다. 약 150여 년 전에 건설된 파리의 하수도는 이제 유명한 관광지가 되었고, 영화 레미제라블에서 장발장이 부상당한 마리우스를 부축하며 힘겹게 하수도를 걸어가는 장면도 이곳에서 촬영되었습니다.

하수도는 도시처럼 사람이 밀집한 곳에서 발생한 분변을 처리 장소로 신속히 이동시키는 관로입니다. 과거에는 강과 바다로 바로 버렸지만, 요즘은 하수처리장으로 보내 처리한 후 방류합니다. 분변 처리는 모기, 말라리아, 콜레라 등 여러 질병과 관련된 까닭에, 하수도의 역사는 고대 도시의 역사와 함께 하였습니다. 메소포타미아와 인도의 고대 도시를 거쳐 로마 시대에 그 기술이 더욱 발전했습니다. 하지만 로마 제국의 멸망과 함께 고대의 하수도 기술도 자취를 감추게 됩니다. 그 후로 약 1천 년간의 중세시대에는 대도시의 분뇨 처리가 이루어지지 못하였습니다.

그럼 우리의 선조들은 어땠을까요? 조선시대 기록을 보면 마을 길거리에 분뇨를 버린 자는 곤장 50대에 처했다 합니다. 당시 농촌에서는 분뇨와 재가 매우 소중한 거름이었습니다. 사람이 모여사는 곳과 농경지가 떨어져 있어 자원의 순환이 이루어지지 못하였습니다. 즉 도성 사람들은 분뇨를 도로와 하천에 몰래 버렸고 이는 악취와 벌레, 수인성 전염병의 원인이 되었습니다. 이를 지켜보다 못한 정조는 청계천 등지에 대규모 준설공사를 하였습니다. 오늘날 우리는 도시에서 발생한 엄청난 양의 분뇨를 하수도를 통해 하수처리장에 모아 처리한 후 하천에 방류합니다. 하수 처리와 인의 제거 그리고 녹조와의 관계에 대해선 이전 이야기 꼭지(12장)를 참고하세요.

유기농, 퇴비, 수질 간의 관계

유기농은 농약과 화학비료를 쓰지 않고 퇴비만으로 작물을 가꾸는 농업인데, 우리나라에서는 이를 '친환경 농업'으로 인증해 주는 제도가 있습니다. 흔히 농약과 화학비료를 쓰지 않는 유기농을 친환경적이라 생각하지만, 애석하게도 물의 입장에선 꼭 그렇지마는 않습니다. 친환경 농업은 농약을 사용하지 않아 생산물이 농약에 오염되지 않은 청정산물이라는 뜻이지, 경작 과정에서 수질오염이 없다는 뜻은 아닙니다.

농사를 짓는 과정에서 흙탕물, 인, 부식질, 농약 등이 방출되어 물을 오염시킵니다. 유기농은 '농약을 사용하지 않았다'는 것이고 나머지 오염물질의 배출 여부와는 상관이 없습니다. 다만 '친환경'이라는 명칭 때문에 수질오염이 전혀 없는 농업으로 오해하기 쉽습니다. 유기농은 농약과 화학비료를 사용하지 않는 대신 많은 양의 퇴비를 사용합니다. 퇴비는 작물 생산에는 긍정적인 효과를 주지만, 많이 사용할 경우 수질에 나쁜 영향을 줄 수 있습니다. 오늘날 퇴비는 가축 분뇨에 톱밥, 낙엽, 왕겨 등의 식물 잔재를 섞어서 만듭니다.

퇴비가 만들어지는 과정에서 분뇨에 들어있던 질소의 일부는 암모니아 가스로 변해 공기 중으로 날아갑니다. 하지만 인은 기체상이 없으므로 휘발하지 않으며 톱밥, 왕겨 입자에 흡착되어 제거되지 않고 남아 퇴비 내의 인의 비율이 점점 높아집니다. 식물은 질소와 인을 약 10:1의 비율로 흡수하는데, 퇴비의 질소와 인의 함량비는 1:1 정도까지 낮아지기도 합니다. 즉, 질소와 비교할 때 인의 함량이 필요량의 10배 정도 과잉이라는 뜻입니다. 퇴비에 과량 존재하는 인은 식물이 채 이용하지 못하고 대부분 토양에 축적되어 있다가 빗물에 씻겨 호수에 흘러 들어가 부영양화를 일으킵니다.

부식질로 인한 수질 오염

퇴비가 수질에 부정적 영향을 주는 또 다른 이유는 퇴비에 남아 있는 부식질 때문입니다. 낙엽과 나뭇가지, 죽은 나무 등은 온갖 벌레와 미생물이 관여하는 분해 과정을 거치게 됩니다. 미생물이 쉽게 분해할 수 있는 단백질, 녹말, 지방 등은 빠르게 분해되어 사라집니다. 시간이 지나면 방향족 화합물 등 분해가 잘 안 되는 성분들이 남게 됩니다. 이들 물질을 부식질 humic substances 이라 부릅니다. 보통 어두운 색을 띈 가벼운 물질로 토양에 통기성을 높여주고 물을 흡수하는 능력도 높여줍니다. 퇴비가 만들어지면서 방향족 화합물이 풍부한 부식질이 만들어집니다. 부식질은 생물에 대한 독성이 없고 토양의 물성을 개선하여 작물이 자라는 데에 도움을 줍니다. 그러나 수돗물 정수공정에서 염소 소독을 할 때 염소와 반응하여 발암물질을 생성하기 때문에, 유해 소독부산물 생성의 전구물질로서 수돗물의 수질을 악화시키는 요인입니다.

유럽처럼 농경지의 경사가 완만하고, 폭우가 없는 지역에서는 퇴비를 사용하더라도 퇴비가 잘 유출되지 않습니다. 하지만 우리나라는 경사진 밭이 많고 폭우가 빈번하기 때문에, 퇴비가 빗물을 타고 수체로 들어오는 것을 막기 어렵습니다. 특히 경사가 큰 고랭지 채소밭에서는 폭우 시 흙탕물이 심하게 발생하는데, 이 흙탕물에는 토사뿐만 아니라 토사에 흡착된 농약과 인, 퇴비의 부식질, 유기쇄설물 등이 포함되어 있습니다.

물의 탁한 정도를 의미하는 탁도와 오염물질의 양은 거의 비례한다고 보아도 무방합니다. 작물 성장을 돕기 위해 밭에 흙을 쏟아붓는 객토를 하고, 경운으로 토양을 부드럽게 만들어 주는 것도 토사 유출을 가중시키는 요인이 됩니다. 유기농이라도 경사가 급하고 객토를 많이 해 토양이 연약하면 흙탕물이 발생할 수밖에 없습니다.

호젓한 농촌의 저수지에서 녹조가 발생하는 이유는?

우리나라 농촌지역의 저수지는 절반 정도가 부영양호 상태이고 녹조현상이 발생하고 있습니다. 우리나라의 저수지는 주로 하천 상류에 자리하고 그 위쪽에 사는 사람은 별로 많지 않습니다. 따라서 오염이 적을 걸로 예상하지만, 이상하게도 이런 상류의 저수지에서도 녹조현상이 종종 생겨나고 있습니다. 이런 호수의 유역을 돌아보면 으레 축사가 있습니다. 축사가 몇 개만 있어도 저수지에서 녹조현상이 심각하게 나타나는 것을 보면, 축산이 수질에 미치는 영향이 매우 크다는 것을 짐작할 수 있습니다.

가축의 분변을 퇴비로 사용한다고 해도 상황은 크게 달라지지 않습니다. 축분을 퇴비로 만들어도 강우 시에 퇴비가 빗물에 씻겨 내려가면서 인이 유출되는 것을 막을 수 없기 때문입니다. 결국 사료에 함유되어 있던 인이

사료 → 가축 → 분뇨 → 퇴비 → 수체의 조류 세포

의 과정을 거치며, 수생태계로 유입되어 조류 증식으로 형태를 바꾸는 것입니다.

축산이 부영양화에 미치는 영향이 큰 이유는 가축의 인 배설량이 사람의 배설보다 월등히 많기 때문입니다. 소 한 마리의 인 배설량은 사람의 약 20배, 돼지는 약 10배에 이르므로, 소 100마리를 사육하는 축사

가 한 개만 있어도 인구 2천 명의 배설물이 배출되는 것과 같습니다. 이것이 호젓한 농촌의 저수지에서 녹조가 발생하는 이유입니다.

축산분뇨의 과잉 현상

그러면 퇴비를 적게 사용하면 되지 않을까요? 축산분뇨를 그대로 배출하는 것보다는 퇴비로 만들어 활용하면, 많은 양의 인이 토양에 흡착되므로 화학비료를 대체할 수 있으며, 오염을 줄일 수 있으므로 바람직합니다. 그런데 문제는 국토 면적에 비해 분뇨가 과잉 생산되어 남는다는 것입니다.

우리나라 축산분뇨를 모두 퇴비로 만들어 전국의 농경지에 균등하게 뿌려 준다고 하더라도 필요량의 몇 배에 달한다는 보고서가 20여 년 전부터 발표되었고 축산의 규모를 적절히 줄여야 한다는 환경학자들의 주장이 있었습니다만 오히려 축산은 계속 증가하고 있습니다. 물론 축산분뇨를 사람의 분뇨처럼 철저히 수거하여 하수처리장에서 처리한다면 오염을 막을 수야 있겠지만 그 비용은 천문학적일 것입니다.

결국 근원적인 대책으로 축산의 규모를 국토 환경 용량 규모에 맞게 축소하여야 한다는 주장이 대두되고 있습니다. 축산과 토지의 환경용량 사이의 균형을 유지하는 정책은 이미 미국 등 다른 선진국에서 사용하는 방법입니다. 분뇨를 살포하여 비료로 처리할 수 있는 농경지를 확보하도록 의무화하고, 확보한 농경지의 면적에 비례하여 사육 두수를 제한하는 규제를 시행하는 것입니다. 동물의 배설물이 식물에게 공급되어 영양분이 되고 식물은 다시 동물의 먹이가 되는 건전한 물질 순환을 유지하자는 것입니다.

그런데 우리나라에서는 가축 사료의 자급률은 매우 낮아서 95% 이상을 수입에 의존하고 있습니다. 원래 자연의 물질 순환은 식물을 먹은 동물의 배설물이 식물에게 돌아가 양분이 되는 것인데 사료는 수입하고 배설물은 반출하지 않으니 우리 국토에 양분 과다 현상이 생기는 것입니다. 근본적인 해결책으로 축산을 줄이고 사료 대신 육류를 수입하는 것이 경제적이고 수질보호를 위해 더 좋다는 주장이 환경학적으로 타당성이 있어 보입니다.

우리나라의 식량 자급률이 매우 낮고 사료의 대부분을 수입에 의존하기 때문에 인 순환의 관점에서 평가한다면 많은 양의 인이 수입되고 있으며 이것이 우리나라 하천과 호수에서 부영양화를 일으키는 것입니다. 식량 증산을 위해서는 많은 비료와 사료가 필요한데, 맑은 상수원을 위해서는 인이 적을수록 좋으니 결국 식량 증산과 수질 개선은 상충하는 목표라고 할 수 있습니다. 세계적으로 1차산업과 환경보전이라는 목표가 상충하고 있으며 최적의 절충점을 찾는 노력이 필요한 시점입니다.

유기성 폐기물의 처리

분뇨와 음식물 쓰레기는 가장 대표적인 유기성 폐기물입니다. 지금까지 분뇨, 퇴비, 농업, 축산 등을 중심으로 우리나라 생태계에서의 유기성 폐기물의 발생과 이용, 문제점 등을 살펴보았습니다. 오늘날 그 양이 한껏 늘어난 유기성 폐기물은 자연 환경으로 유입되기 전에 반드시 처리하여, 자연이 감내할 수 있는 적정 수준까지 양과 농도를 줄여야 합니다. 가장 좋은 방법은 발생량을 절대적으로 줄이는 방법입니다. 특히 우리나라의 독특한 식문화로 매우 많은 양의 음식물 쓰레기가 발생하고 이의 처리 과정에 상당한 경비가 들며, 또 다른 오염을 일으키고 있습니다. 현재 유기성 폐기물의 처리 방법으로는 소각, 혐기성 소화 및 자원화의 방법이 있고, 그 외에 매립과 해양 투기가 있으나 우리나라에서는 금지하고 있습니다.

소각

앞에서 몽골의 가축분뇨를 조리와 난방에 사용하는 경우를 보면 유기성 폐기물은 상당한 에너지를 가지고 있음을 알 수 있습니다. 하수종말처리장에서는 모든 처리가 끝나면 처리된 물과 유기물질이 대부분인 하수 슬러지sludge가 남게 됩니다. 처리된 물은 인근 하천 또는 바다로 배출하고 슬러지는 탈수 과정을 거쳐 소각하기도 합니다. 이 과정에서 많은 열이 나와 난방과 발전에 사용하기도 합니다. 시멘트 공장에서는 이 슬러지를 시멘트 소성로에 넣어 에너지원으로 사용합니다. 낮은 온도에서 소각할 경우에는 유해물질인 다이옥신이 발생할 수 있습니다.

음식물 쓰레기는 열량이 높아 소각으로 에너지를 얻을 수 있으나 우리나라 음식물에는 수분이 많아 소각 과정에서 유해물질이 나올 수도 있습니다. 또 탈수과정에서 많은 에너지를 사용하므로 실제로 얻을 수 있는 에너지는 많지 않습니다.

그러나 소각은 높은 온도에서 이루어지므로 병원성 미생물을 제거하고 부피를 줄이는 효과가 커서 여러나라에서 사용하고 있습니다.

혐기성 소화-바이오가스

부영양 상태인 호수의 바닥, 물이 가득 찬 논 바닥, 소의 되새김 위 그리고 쓰레기 매립장의 내부는 혐기성 상태입니다. 혐기성 상태란 산소가 전혀 없거나 매우 낮은 농도인 상태를 말합니다. 산소가 없는 상태에서는 물질이 환원되면서 메탄 CH_4, 암모니아 NH_3, 황화수소 H_2S, 수소 H_2 등이 만들어집니다. 이들은 기체이고 가벼워 쉽게 대기 중으로 확산됩니다. 근래에는 이들 물질들이 지구온난화에 기여할 물질로 작용한다고 알려져 있습니다(3장 참고).

유기물을 고농도로 함유한 음식물 쓰레기, 하수 슬러지, 가축분뇨, 위생처리장 반입 폐기물, 식품 공장의 폐기물 등에 포함된 유기물은 이 혐기성 소화 방법으로 제거합니다. 우리나라 농촌에서 가축분뇨, 짚, 나무 조각, 톱밥 등을 섞어 쌓아 둔 두엄은 바로 이 혐기성 소화의 좋은 예입니다. 두엄 중 유기물을 미생물들이 고온에서 분해하여 부숙 과정을 거치면서 질소와 인, 그리고 칼슘, 포타슘, 마그네슘 등의 금속 이온들이 남아 퇴비로 활용됩니다.

또 대기 중으로 날아가는 메탄 가스는 연료로 활용이 가능하므로 소화조에서 나오는 가스를 포집하여 정제하면 난방, 조리 및 발전의 원료로 충분히 사용 가능합니다. 이를 바이오가스biogas라고 하며 독일 등 유럽에서는 마을 단위로 바이오가스를 만들고 발전하는 모듈이 발전하고 있습니다.

바이오가스 생성은 크게 두 가지 과정을 거칩니다. 첫 번째는 유기물이 유기산organic acid으로 변환되는 과정입니다. 유기산 때문에 pH는 약 5.5 정도로 낮아집니다. 이 과정에는 다양한 미생물이 관여하여 전분, 지방 및 단백질을 분해합니다. 두 번째 과정에서는 메탄 생성 세균이 작용하여 유기산이 메탄으로 변환되는 과정입니다. 이때에는 50℃ 이상으로 온도가 올라가기도 합니다. 부산물로 이산화탄소, 암모니아, 황화수소, 수소가 함께 발생하므로, 바이오가스로 사용하려면 정제 과정이 필요합니다.

자원화

유기성 폐기물에서 처리 과정을 거치면서 탄소C가 대기 중으로 방출되면 질소N와 인P의 비율이 커집니다. 특히 인은 기체 상태가 없어 점점 그 비율이 커지게 됩니다. 이러한 이유로 유기성 폐기물은 비료로서의 가치를 갖고 있습니다. 그러나 비료로 활용되려면 식물의 성장에 알맞은 C : N : P의 비율을 가지고 있어야 하지만, 이를 맞추기는 너무 어렵습니다. 또 음식물 쓰레기의 경우 함유된 염분은 처리가 쉽지 않아 혐기성 소화를 거친 것을 농경지에 살포할 경우 농작물이 염해를 입을 수도 있습니다. 이렇게 만든 비료퇴비 포함는 토양의 통기성을 좋게 하고 산성화를 막아주는 순기능이 있지만 많은 양을 살포하면 토양과 식물이 흡수하고 남은 양은 하천, 호수와 바다로 흘러 부영양화를 일으킵니다(12장 참고).

또 다른 자원화는 사료로 만드는 것입니다. 제품의 수분 함량에 따라 건식 사료와 습식 사료로 구분됩니다. 유기성 폐기물, 특히 음식물 쓰레기가 발효 과정을 거치면 미생물이 성장하면서 가축이 먹을 수 있는 사료가 됩니다. 이 발효 과정이 50℃ 이상에서 일어나면서 병원성 세균이 사멸합니다. 그러나 원료의 보관과 운반과정에서 부패하면서 나오는 독소와 독소의 전구물질들은 제거할 수 없어, 이 사료를 먹은 가축의 안전을 보장할 수 없다는 단점이 있고, 이러한 이유로 가축 사육 농가에서는 이렇게 만든 사료의 사용을 꺼리고 있습니다.

가정에서 나오는 음식물 쓰레기와는 달리 유통 기한이 지난 통조림, 과, 빵, 과일 등은 수거 과정을 개선하여 발효 과정을 거치면 좋은 사료가 될 수 있습니다.

19세기 산업혁명 이전의 수질오염 문제는 주로 인구 밀집의 문제였습니다. 다량의 분뇨, 생활하수와 관련한 도시와 도시 인근에 국한된 문제였습니다. 하지만 산업화의 시작과 함께 다량의 폐기물이 등장하여 하천, 호수 및 지하수의 오염이 광범위한 규모로 진행되었습니다. 여기에 20세기 농업혁명은 비료와 살충제의 다량 살포로 수질오염에 기여하였고, 우리의 생활을 편리하게 해준 합성수지는 미세 플라스틱 등 새로운 수질 문제를 유발하게 됩니다. 이것이 바로 다음 이야기들의 주제입니다.

14
녹색혁명의 딜레마

김희갑

인류는 지금으로부터 약 1만 년 전에 자연에서 식량을 채집하던 구석기 단계에서 벗어나, 신석기 시대에 접어들면서 자연을 이용하고 개발하는 단계로 발전하였습니다. 이때부터 인류는 특정한 장소에 정착하여 촌락 생활을 하면서 문명 형성의 기틀을 마련하게 됩니다. 식량을 저장하거나 익혀 먹기 위해 토기를 개발했고 다양한 농경 도구를 개발하여 본격적으로 농업을 시작했습니다. 호미를 이용해 풀잡초을 뽑고, 작물을 일일이 살펴서 손으로 벌레를 잡아가며 농사를 지었습니다.

그러다가 한껏 인구가 늘어난 20세기에 들어와 농업 생산성을 증가시킬 목적으로 전통적인 농법을 지양하고 새로운 농법을 도입하게 되었는데, 이를 소위 녹색혁명green revolution이라고 부릅니다. 이는 품종 개량, 수자원 공급 시설 개발, 기계화, 화학 비료 및 농약의 사용 등과 같은 새로운 기술을 농업에 적용해, 작물 생산성을 높이는 것이었습니다. 이 과정에서 예상치 못했던 일들이 벌어지며, 환경 문제를 넘어 사회 문제로까지 확산되었습니다.

농업이 야기한 환경 문제들

오늘날 산업화와 도시화가 진행되면서 농촌 인구는 계속해서 감소하고 있습니다. 농업인들 중 노령층이 차지하는 비율이 매우 높아졌습니다. 게다가, 도시 지역이 증가함에 따라 경작지와 산림 면적은 점차 줄어들고 있습니다. 생산량 증대를 위해 농약과 비료를 과다하게 사용하면서 토양과 인근 하천, 그리고 호수의 오염을 유발하고 있습니다. 또한 환경 저항성이 약해 더 많은 농약을 사용해야 하는 다수확 품종을 재배함으로써, 경작 비용의 상승뿐만 아니라 농경지의 황폐화를 초래하고 있습니다.

이상적인 농약은 표적이 되는 해충이나 병원균만을 죽이는 선택성이 강하고, 작물이나 환경에서의 잔류성이 낮으며, 사용 후 무해한 물질로 분해되고, 유전적인 저항성이 없어 해충에 내성이 생기지 않아야 합니다. 하지만, 이러한 농약은 아주 극소수입니다. 농약의 남용은 농경지 오염뿐만 아니라 인근 수계의 오염으로도 나타날 수 있습니다.

우리나라의 경우 쌀의 소비가 감소함에 따라 점차 줄어드는 추세이지만, 벼를 재배하는 논의 면적이 밭의 면적보다 약간 많은 편으로, 2019년 기준 전체 경작지 158만 헥타르ha, 가로세로 100 m 넓이 중 논 면적이 83만 ha로 53%를 차지하고 있습니다. 벼 작물이 밭 작물에 비해 농약을 치는 횟수나 양이 더 많은 편입니다. 우리나라의 농약 사용량은 타 국가에 비해 많아 농법의 체질 개선이 필요하다고 봅니다. 오늘날 농약 사용은 병충해를 막기 위해 필요하지만, 많은 경우에 소비자의 선호 기준인, 소위 때깔을 좋게 하려는 문화적 요인이 크다는 점도 되짚어 볼 필요가 있습니다. 오히려 이로 인해 농작물에 농약이 잔류하여 건강에 위협이 되고 있다는 점을 들여다볼 때가 되었습니다.

화학 비료의 남용은 어떨까요? 정부의 지원 정책에 힘입어 농민들은 저렴한 비용으로 화학 비료를 구입하고 있습니다. 이는 필요 이상의 화학 비료 사용을 부추겼고, 농토의 영양염은 과다한 수준으로 높아지게 되었습니다. 작물이 사용하고 남는 영양분은 결국 빗물과 함께 인근의 하천이나 호수 혹은 지하수로 흘러 들어가 수질 오염의 원인 물질이 되었습니다. 또한, 가장 흔히 사용하는 질소, 인산 및 칼륨(포타슘) 비료를 과다 투여함에 따라 토양의 산도가 낮아져산성화 작물의 성장을 방해하기 때문에, 석회질 비료를 추가 사용하여 토양의 산도를 중화하는 과정이 필요하게 되었습니다.

농약과 화학 비료의 사용이 증가하고 그 폐해가 조금씩 알려지면서, 새로운 개념의 친환경 농법, 소위 유기 농업이라는 것이 도입되었습니다. 이는 기존에 사용해오던 단일 성분 위주의 화학 농약 대신에 식물의 잎이나 뿌리의 추출액을 사용하거나, 황, 오일, 계면활성제 등의 성분들을 개별적 또는 복합적으로 사용하는 것입니다. 그리고 화학 비료 대신 유기질 비료를 사용합니다.

유기질 비료는 어분, 골분, 대두분, 깻묵, 계분, 돈분, 우분, 맥주오니 등의 동·식물성 원료를 이용해 만듭니다. 화학 비료와 달리 인, 질소 등 비료 성분의 함량이 낮고 토양 중에서 미생물의 작용에 의해 분해되는 과정을 거친 후에야 식물이 흡수해 사용할 수 있습니다. 따라서 투여 후 빠르게 식물 흡수가 가능한 화학 비료에 비해 더 오랫동안 천천히 비료 성분을 식물에 제공하는 성질, 즉 지효성이 있다고 할 수 있습니다. 또한 유기질 비료는 유기물이 주성분이다 보니 접착제 역할을 하여 토양의 모래, 미사, 또는 진흙 광물 입자들이 작은 알갱이로 뭉쳐지는 입단화를 촉진합니다. 또한 토양의 통기성과 보수성을 좋게 하고, 비료 성분이 쉽게 쓸려가지 않고 흙에 잘 남아 있게 하는 장점을 가지고 있습니다.

하지만 유기질 비료를 과도하게 사용할 경우 악취가 발생하고, 빗물을 따라 인근 수계로 채 분해되지 않은 유기질 비료가 유출되어 수질오염의 원인이 되고 있습니다. 또한 과잉 상태의 질소가 분해되면서 온실가스 중의 하나인 아산화질소 N_2O가 생성되어 지구온난화에 기여한다는 것도 눈여겨볼 부분입니다.

축사를 지어 소, 돼지, 닭 등의 가축을 키우는 집약적 축산 또한 문제가 되고 있습니다. 대량으로 발생하는 가축 분뇨가 제대로 처리되지 않은 채 빗물과 함께 인근 하천으로 유출되어 물 오염을 유발합니다. 또는 인접 토양을 오염시키고, 암모니아와 같은 악취 물질이 발생하여 인근 주민들의 주요 민원 거리가 되고 있습니다. 게다가 밀집 사육 환경이다 보니 가축들이 질병에 취약해 항생물질을 많이 사용하게 되고, 이들이 축산물에 잔류하거나 가축 분뇨로 배출될 경우 수계를 통해 수생태계 및 인체에까지 유입될 수 있습니다.

밭에 가 보면 검은 비닐을 덮은 것을 흔히 볼 수 있습니다. 잡초 방제와 도양 수분 유지를 위해서입니다. 그런데 사용한 비닐을 수거하지 않고 밭에 방치할 경우 토양 내에서 수분의 이동을 저해하고, 토양의 통기성을 떨어뜨리며, 토양 내 미생물의 활동을 방해하여 토양 생태계를 크게 훼손할 수 있습니다. 하지만 재활용 손익의 문제로 폐비닐 수거가 잘 안 됨에 따라, 농업인들이 폐비닐을 소각하는 경우가 많습니다. 따라서 폐비닐 소각은 농촌 지역의 새로운 대기 오염원으로 떠오르고 있습니다. 이외에도 폐농약병을 농경지나 하천변에 방치하는 것도 농촌 지역의 주요 환경 현안입니다.

앞서 언급한 여러 문제들 중에서 농약에 대한 얘기를 좀 더 나눠보겠습니다. 비료 얘기는 다음 장의 이야기 꼭지에서, 그리고 현대적 축산과 관련한 이슈는 18장의 '육류 섭취와 환경' 이야기에서 다뤄보겠습니다.

농약이란 무엇일까?

우리말로 농약의 의미는 농사를 짓는 일에 필요한 약이라고 할 수 있습니다. 사람에게는 질병 치료를 위해 의약이 필요한 것처럼, 농업에도 작물의 질병을 치료하기 위해 농약이 필요합니다. 우리네 약처럼 농약도 그 종류가 매우 다양합니다.

농약의 영어 표기는 pesticide인데, 여기에서 pest는 '유해물' 또는

'해충'이란 뜻입니다 중세 유럽의 흑사병인 Black Death도 페스트라 부릅니다. 그래서 이 영어 단어는 유해물을 퇴치 제어 하기 위해 사용되는 물질이라고 할 수 있습니다. 따라서 농약은 비단 농업의 농약뿐만 아니라 우리가 늘 사용하는 바퀴벌레나 모기약도 포함하는 넓은 의미를 가지고 있습니다. 다만 이 글에서는 농업에서 사용되는 농약을 중심으로 다루겠습니다.

농약에는 어떠한 종류의 것들이 있을까요? 우선 목적에 따라 분류해 보겠습니다. 가장 대표적인 것은 살충제 insecticide 입니다. 이는 진딧물, 응애, 노린재, 총채벌레, 미국선녀벌레, 갈색매미충 등등 농업에 해를 끼치는 곤충, 즉 해충을 퇴치하는 데 사용하는 농약입니다. 다음으로 살균제 germicide 가 있습니다. 이는 퇴치 대상이 곰팡이냐, 세균이냐, 바이러스냐에 따라 더 자세히 나눌 수 있습니다. 이 책에서는 편의상 이 세 가지를 모두 살균제로 통칭하여 부르겠습니다. 살균제는 탄저병, 흰가루병, 역병, 장미 검은무늬병, 잿빛곰팡이병, 잎도열병, 문고병 잎집무늬마름병, 노균병, 무름병, 흑색썩음균핵병, 담배모자이크병, 벼오갈병 등을 일으키는 미생물들을 죽이는 데 사용합니다. 마지막으로 제초제 herbicide 가 있습니다. 흔히 잡초라고도 불리는 풀들을 죽이는 데에 사용됩니다. 제초제는 잡초와 작물 간의 생장점의 차이, 생리적인 차이, 또는 생화학적인 성질의 차이를 이용하여 선택적으로 잡초만 죽이도록 개발한 농약입니다.

살충제, 살균제 및 제초제 외에도 물속의 조류를 죽이는 살조제 algicide, 새를 퇴치하는 살조제 avicide, 잔드기와 같은 응애류를 죽이는 살비제 acaricide, miticide, 민달팽이를 퇴치하는 데 사용하는 연체동물살충제

molluscicide, 선충류를 죽이는 데 사용하는 살선충제nematicide, 쥐 잡을 때 사용하는 살서제rodenticide 등 다양한 종류의 농약이 있습니다. 하지만 이런 기타 농약은 특정한 목적에 아주 소량으로 사용하므로, 환경과 인간에 미치는 영향은 미미한 편입니다.

2020년 9월 기준으로 우리나라에 등록된 농약 제품의 개수는 3,375개나 됩니다. 이 중에서 살충제가 1,086개, 살균제가 1,214개, 제초제가 835개, 살균·살충제가 101개 등으로 전체 농약의 95.9%인 대부분을 차지합니다. 이들 농약의 주요 성분 등 농약에 대한 상세한 정보는 농촌진흥청 국립농업과학원의 웹 사이트에서 확인할 수 있습니다http://pis.rda.go.kr[46].

농약은 생태계에 어떤 영향을 미칠까?

1962년에 출간된 후 환경 분야의 고전이 된 레이첼 카슨Rachel Carson의 저서 '침묵의 봄Silent Spring'은 합성 농약의 폐해를 알리고 경각심을 불러 일으켰습니다[47]. 이 책은 미국뿐만 아니라 전 세계 국가에서 환경에 대한 관심을 유발하였고, 특히 유기염소계 살충제에 속하는 DDT의 사용금지를 이끌어냈습니다.

그가 이 책을 쓰게 된 동기는 친구인 허킨스가 1958년에 보스턴 헤럴드지에 기고한 글을 카슨에 보낸 것으로부터 시작합니다. 허킨스는 모기를 죽이기 위해 DDT를 공기 중으로 살포한 결과, 본인 소유지 주변의 땅에서 새들이 죽어있는 것을 발견했다고 합니다. 이후 카슨은 화학 농약으로 인한 환경 문제를 본격적으로 연구하였고, 화학산업계뿐만 아니라 미국농무성과도 충돌을 피할 수 없었습니다. 마침내 4년 후인 1962년에 '침묵의 봄'을 출간하게 됩니다. 그리고 당시 미국 대통령인 J. F. 케네디는 독극물 규제법, 먹는 물 법, 농약 규제법 등을 제정하기에 이르렀고, 이는 미국 환경보호청U.S. EPA이 탄생하게 된 계기가 되었습니다.

이 책은 농약이 환경에 유해한 영향을 끼치고 있다는 것을 이야기합니다. 카슨은 농약이 목표로 하는 해충뿐만 아니라 다른 생물에도 영향을 주기 때문에, pesticide가 아닌 biocide라고 이야기합니다. DDT처럼 염소Cl를 함유한 농약은 환경뿐만 아니라 생물체 내에 잘 축적됩니다. 특히 새들의 체내에 축적되면, 새가 낳은 알의 껍질이 얇아져 새끼들이 정상적으로 부화하지 못하거나 생체시계bioclock에도 영향을 미쳐서, 새들의 개체 수가 눈에 띄게 줄어들게 된다고 말하고 있습니다. 여러 유기염소계 살충제는 급성 독성뿐만 아니라 생물축적과 내분비 교란 독성을 갖고 있어, 현재에는 대부분 사용이 금지되었습니다.

2017년 유럽에서 달걀 등 식품에 사용되어서는 안 되는 맹독성 화학물질의 일종인 피프로닐fipronil이 검출됨에 따라, 국내에서도 전국의 모든 양계 농장을 대상으로 달걀의 살충제 함유 여부를 조사한 적이 있습니다. 조사 결과 국내 양계 농장의 달걀에서도 피프로닐과 비펜트린bifenthrin이 검출되었습니다. 이 두 가지 농약은 살충제로 진드기나 벼룩을 죽이는 용도로 사용되던 것입니다. 그런데 이 조사 과정에서 두 곳의 농장에서 이미 40여년 전에 사용이 금지된 살충제인 DDT가 검출되어, 한동안 세상을 떠들썩하게 한 적이 있었습니다. 그만큼 DDT는 환경에서 오랫동안 잔류할 뿐만 아니라 DDD나 DDE 형태로 분해되어 여전히 독성 영향을 끼치고 있습니다.

농약에 의한 생태계 폐해는 농장에서 농약을 사용하는 과정에서 해충만을 선택적으로 죽이지 않고 유익한 익충까지도 함께 죽이는 데서 발생합니다. 또한 농약을 사용한 후, 빈 통을 수거하지 않고 하천 인근에 버림으로써, 하천에 서식하는 수생생물들에게 피해를 입히기도 합니다. 과다하게 뿌려진 농약이 빗물을 타고 인근 하천에 유입되어 물고기의 떼죽음을 유발한 사례들이 매년 보고되고 있습니다. 이런 폐해는 비단 살충제만이 아니라 제초제에도 해당됩니다. 공원 인근의 하천가에 모기 발생이 많다는 민원을 해결하기 위해 종종 스프레이용 모기약 성분인 클로로피리포스chlorpyrifos를 살포하곤 합니다. 이는 유기인산계 농약으로 급성 독성이 매우 강해 생태계뿐만 아니라 사람에 대한 독성도 우려되고 있습니다.

사람에게 미치는 영향들

농약의 사용이 인간에 미치는 영향은 크게 두 가지로 나누어 볼 수 있습니다. 하나는 현장에서 직접 농약을 사용하는 농민들에게 미치는 건강 영향입니다. 계절적으로 볼 때 농약은 기온이 한창 오른 여름철에 가장 많이 사용합니다. 특히 장마철이 지난 후 바이러스 관련 질병이 증가하고 해충의 번식이 급격하게 증가할 때, 농민들은 집중적으로 농약을 살포합니다. 대부분의 농약은 물에 희석하여 분무기로 살포하는데, 바람의 방향을 잘못 고려할 경우, 직접 얼굴이나 피부에 접촉하게 됩니다. 뜨거운 한낮에 농약을 살포할 경우에는 수분이 잘 증발하여 단시간에 고용량의 농약 성분이 작물에 닿아 피해를 입힐 수도 있습니다. 따라서 농약은 이른 아침이나 저녁 시간에, 바람이 거의 없는 때를 이용하여 살포하는 것이 작물의 병해충 방제뿐만 아니라 사용자의 건강 보호 측면에서 바람직하다고 할 수 있습니다.

다른 하나는 식품을 통해 사람에게 전달되는 경우입니다. 농약은 우리가 섭취하는 식품채소, 과일 등을 통해서도 우리 몸에 들어올 수 있습니다. 사용 금지된 DDT와 같은 유기염소계 농약은 반감기원래의 물질이 반으로 줄어드는 데 걸리는 시간가 수년에서 수십 년까지로 매우 깁니다. 하지만 최근에 사용하는 농약은 분해 속도가 빨라서 사용 후 장기간 잔류하는 경우는 별로 없다고 합니다. 그럼에도 불구하고 여전히 농약에 오염된 농산물을 섭취하여 중독되는 사고들이 발생하곤 합니다.

2016년 미국에서 발표한 결과에 따르면, 채소와 과일 중에서 딸기에 농약 잔류량이 가장 많았습니다. 딸기는 특히 유아를 포함해 어린이들이 좋아하는데, 잘 씻지 않은 딸기를 한꺼번에 많이 먹을 경우에 종종 농약 중독 사고를 유발할 수 있습니다. 병해충에 약한 딸기를 상품성 있게 키우자면 많은 농약을 사용할 수밖에 없기 때문입니다. 또한 딸기는 조직이 물러서 농약 성분이 내부로 잘 침투해 들어가는 것으로 보입니다. 단지 흐르는 물에 세척하는 것만으론 잔류 농약을 제거하기에 충분하지 못할 수 있습니다. 상하지 않을 정도로 얼마간 물에 담갔다가 씻으면 좋을 듯합니다. 어린아이들에게 딸기를 줄 경우엔 처음부터 먹을 양을 정해서 주는 것도 좋은 방안입니다.

딸기 다음으로는 사과, 넥타린, 복숭아, 셀러리, 포도, 체리, 시금치, 토마토, 파프리카, 방울토마토, 오이의 순으로 농약 잔류량이 많은 것으로 나타났습니다. 따라서 과채류를 섭취할 경우에는 충분히 씻는 게 중요합니다. 대부분의 농약 성분이 유기화합물인 것을 감안하고 인체에 대한 위해성을 고려할 때 가장 추천할만한 세척 방법은 식초를 이용하는 것입니다. 식초는 농약과 같은 유기화합물을 어느 정도 녹여 내고, 물에도 잘 씻겨 나가기 때문에 가장 널리 사용되고 있습니다.

천연 또는 친환경 농약?

요즘은 합성 농약의 독성을 우려하여 자연에서 추출한 물질을 농약 대용으로 사용하는 사례가 늘어나고 있습니다. 예를 들면, 세제, 식초, 에탄올, 난황계란노른자위, 식용유, 마요네즈, 커피 찌꺼기 등 식자재에서부터 목초액, 은행잎, 고삼, 제충국 등의 추출물, 그리고 여기에 유황이나 유용 미생물 등을 혼합한 제제에 이르기까지 다양하게 이용하고 있습니다. 이러한 방법은 분명히 단일 성분의 농약에 비해 독성이 낮지만, 미지의 자연독소가 존재할 수도 있고 원하는 살충이나 살균 효과를 충분히 갖지 못하는 단점이 있습니다. 그래서 비교적 높은 농도로 자주 살포해야 어느 정도의 효과를 거둘 수 있습니다.

하지만 천연 농약은 과연 안전할지 장담하기 어려운 측면이 있습니다. 근본적으로 '모든 화학물질은 독성물질'이라는 걸 염두에 두고 사용에 주의를 기울일 필요가 있습니다. 예를 들어, 국화의 일종인 제충국은 꽃 주변에 벌레가 죽어나갈 정도로 탁월한 살충 효과를 가진 것으로 알려져 있습니다. 이점을 착안하여 천연 농약인 제충국 추출물을 사람과 가축에 전혀 해를 주지 않는 친환경 농약이라고 광고하는 것을 볼 수 있습니다. 하지만 제충국의 주요 살충 성분은 '피레쓰린pyrethrin'으로 해충뿐만 아니라 사람과 가축에도 영향을 주는 것으로 알려져 있습니다.

기계화, 단일 경작, 대규모 경작, 정밀 농업precision agriculture을 표방하는 현대의 농업에서 농약의 사용은 피할 수 없는 선택이 되었습니다. 비록 과거에 비해 농약의 잔류성과 독성은 많이 개선되었다고 하지만, 여전히 여러 종류의 농약 하나하나에 대해 생태계와 인간에 미치는 영향을 충분히 알지 못하고 있습니다. 따라서 필요 이상으로 과다하게 농약을 사용할 경우, 어떠한 피해가 일어날지는 모를 일입니다. 관계 기관뿐만 아니라 농약을 사용하는 사람과, 그러한 농약이 사용된 농산물을 섭취하는 소비자 모두에게 각별한 '주의attention'를 요하는 바입니다.

15
꿀벌 실종 사건

안태석

꿀벌은 꽃가루받이를 통해 생태계를 유지하고, 사람에게는 꿀을 줍니다. 꽃가루받이를 통해 꿀벌이 제공하는 경제적 가치는 전세계적으로 50조 원이 넘는 것으로 평가됩니다. 경제적 가치뿐만 아니라 벌은 식물의 꽃가루받이pollination를 담당하므로 벌이 없다면 대부분의 식물은 사라지고 더불어 우리의 식탁도 초라해지고 맙니다. 전 세계 식물 종의 87.5%가 벌에게 자신들의 꽃가루받이를 맡기고 있습니다. 야채와 과일 그리고 가축의 먹이가 되는 목초의 일부도 벌이 없으면 번식이 안 됩니다. 따라서 벌이 없으면 식량 위기가 오고 사람과 가축의 영양 부족 사태를 맞이할 것이 확실합니다. 이러한 벌을 기억하고자 세계식량농업기구FAO: Food and Agriculture Organization는 5월 20일을 벌의 날World Bee Day로 정하고 있습니다.

벌의 특징

전 세계에는 2만 종 가량의 벌이 있지만, 그 중에서 밀랍wax으로 벌집hive을 짓고 꿀을 모으는 꿀벌은 아피스*Apis* 속의 10여 종뿐입니다. 사람이 기르는 꿀벌로는 동양의 꿀벌인 토종벌*Apis cerana*과 서양벌*Apis mellifera*이 대표적입니다.

벌은 사회적 동물로 정교한 정보 유통망neural network을 구성하고 있습니다. 대표적인 예가 꿀이 있는 위치를 동료들에게 알려주는 방법입니다. 8자 춤으로 알려진 이 춤으로 태양과의 방위각과 거리를 동료에게 알려주고 이 정보를 받은 다른 벌이 확인한 후 같은 정보를 알려주는 춤을 주면 대규모로 꿀을 채취하러 갑니다. 또 사회적 분업이 이루어져 일벌 중에서도 보초병, 전투병, 애벌레 돌봄이, 벌집을 짓고 수리하는 수선 벌 등의 기능을 맡고 있습니다. 여왕벌과 수벌만이 생식 기능을 담당하고 있습니다.

꽃들이 화려하고 꿀의 양과 향기가 식물마다 다른 것은 벌을 유인하는 식물의 진화 결과입니다. 계절별로 피는 꽃의 종류가 다른 것도 같은 이치입니다.

벌에게 찾아온 위기: 단일종의 작물

최근 20~30년 사이에 양봉벌과 자연에 사는 벌들이 집단적으로 사라지는 현상이 전 세계적으로 나타나고 있습니다. 미국과 유럽에서는 이미 벌 종류의 50%에서 개체수가 감소하고 있고 그 이유는 여러 가지 환경 스트레스가 복합적으로 작용한 것으로 보고 있습니다[54].

그 첫 번째 스트레스는 단일종의 작물입니다. 벌의 개체수가 줄어들기 시작한 것은 1940년대이며, 바로 대규모 농업이 시작되던 시기입니다. 단일종을 경작monoculture하면서 농지에서 식물 다양성이 낮아졌고, 대규모로 비료와 농약을 살포하면서 벌들은 그 서식지를 떠나게 되었습니다.

단일종의 작물을 키우면, 벌이 자신의 식량인 꿀을 따는 시간이 그 작물의 꽃이 피어있는 기간으로만 한정됩니다. 원래 자연 상태에서는 다양한 식물이 자라면서 꽃이 피는 시기가 다릅니다. 이는 경쟁을 피하려는 식물의 진화 결과입니다. 봄, 여름과 가을에 걸쳐 식물들은 꽃 피는 시기를 조절하여 벌의 도움으로 꽃가루받이를 하고 벌은 그 대가로 다양한 종류의 꿀을 수확합니다. 시장에 가면 아카시아 꿀, 밤꽃 꿀, 잡화 꿀 등 그 꿀의 근원을 설명하고 있습니다.

그런데 단일 종을 키우게 되면 꽃이 피는 시기에는 엄청나게 많은 꿀을 얻을 수 있으나, 그 꽃이 지면 꿀을 구할 수 없는 상황이 됩니다. 벌의 입장에서는 '풍요 또는 기근feast or famine'의 상태가 반복적으로 일어납니다. 또 단일종의 식물만 있으면 꿀에 들어있는 영양분이 충분하지 못하게 되고 영양분의 부족은 면역력 약화를 초래하여 벌들이 질병에 취약한 상태가 됩니다.

최근에는 벌이 날아갈 수 있는 범위를 한참 벗어나는 넓은 면적에 단일종을 키웁니다. 대표적인 것이 아몬드*Prunus dulcis*: Almond인데, 이른 봄철에 분홍색을 띄는 아몬드 꽃은 아름답고 평화롭기 그지 없습니다. 타가 수분을 하는 아몬드는 벌이 없으면 가을에 수확이 불가능합니다.

아몬드 업자와 양봉업자는 이러한 사정을 잘 알고 벌을 보전하고 이용하려고 합니다. 아몬드 재배 농가는 양봉업자에게 자기 재배 지역으로 오도록 협력하고 있습니다. 아몬드 나무는 나무 한 그루당 꽃의 수분을 위하여 벌통 2개가 필요할 정도로 많은 수의 꽃을 피웁니다. 아몬드 꽃이 지면 양봉업자는 사과, 체리, 복숭아, 귤 등 다른 꽃을 찾아 다른 지역으로 떠납니다. 그러나 자연의 벌은 자기의 행동 범위를 넘는 이 아몬드 과수원에서 '풍요 아니면 기근'의 상태를 겪게 됩니다.

벌에게 찾아온 위기: 농약

두 번째 스트레스는 농약입니다. 한 연구에 따르면 제초제로 널리 사용되는 글리포세이트glyphosate는 벌의 장내 세균 집단균총의 변화를 초래합니다. 이 제초제는 특정 장내 세균을 사멸시켜 장내의 산소 농도를 변화시키고 그 결과 세균 균총이 변화하며 대사산물이 독성물질로 변하도록 유도합니다. 그 결과는 기회적 감염, 세균에 의한 감염, 영양 결핍과 사망률 증가로 이어집니다. 또 이 제초제는 벌의 유충 발생 과정에서 기형을 유발하기도 합니다.

네오니코티노이드Neonicotinoid는 니코틴 계열의 살충제입니다. 현재 유럽에서는 이 살충제를 사용하지 못하도록 규제하고 있습니다. 이 살충제가 꿀벌 실종 사건의 원인 중 하나로 인정되고 있기 때문입니다. 또 다른 이미다클로프리드Imidacloprid 계열의 살충제는 꿀벌의 기억력 손상, 여왕벌의 개체수 감소 등의 원인이 된다고 합니다.

벌에게 찾아온 위기: 기생충

세 번째 스트레스는 기생충입니다. Varroa 진드기응애는 벌의 몸에 들러붙어 영영분을 강탈해가며 벌을 서서히 약하게 만듭니다. 동양벌은 이 진드기와 공동 진화하면서 이 진드기에 의한 피해가 크지 않습니다. 그러나 이 진드기는 서쪽으로 퍼져 나가면서 서양벌*Apis mellifera*과 만나면서 엄청난 피해를 입혔습니다. 서양벌은 이 진드기에 적응되어 있지 않았기 때문입니다. 또 이 진드기는 벌에 치명적인 바이러스인 날개 기형 바이러스DWV, deforming wing virus를 전파합니다[55]. 이 바이러스에 감염되면 벌은 날개의 형태가 망가져 제대로 날지 못하고 방향 감각이 훼손되어 다른 벌집으로 들어가 기생충과 바이러스를 전파합니다. 현재 유전공학의 방법으로 이 바이러스를 퇴치할 수 있는 방법을 개발하기도 하였습니다.

우리나라 토종벌도 응애 때문에 개체수가 엄청나게 줄었습니다. 또한 2008년부터 낭춘봉아부패병이 토종벌에 퍼지기 시작하여 이제는 전국적으로 퍼졌습니다. 그 결과 토종벌 양봉 농가는 엄청 줄었고 과거

2만 가구에서 2018년 현재 300가구 정도만 남았습니다. 토종벌 대신에 서양벌을 도입하여 토종벌의 빈자리를 메꾸고자 하지만 작은 싸리꽃 등 일부 꽃은 토종벌이 아니면 수분이 불가능합니다.

기생충 외에 세균과 바이러스도 꿀벌 실종 사건의 주범이 될 수도 있습니다. 벌집을 살균한 후에는 벌 실종 사건이 발생하지 않아 이런 연구 결과를 뒷받침하고 있습니다.

벌에게 찾아온 위기: 천적

네 번째는 천적에 의한 스트레스입니다. 말벌*Vespa crabro*: hornet은 벌의 천적입니다. 벌집에 말벌이 침투하면 수백 마리의 꿀벌들이 말벌을 둘러싸고 날개 근육을 움직여 열을 발산해 주변 온도와 이산화탄소의 농도를 높여 침입자인 말벌을 죽이거나 퇴치합니다. 이 방법은 꿀벌 집단이 25,000마리 이상은 돼야 사용할 수 있는 방법입니다. 그러나 여러 가지 스트레스로 군집colony의 크기가 15,000마리 정도인 현 상황에서는 침입한 말벌을 퇴치하기 어렵게 되었습니다. 더구나 서양벌에서는 이러한 방어 기작조차 없어 말벌의 습격에 무방비 상태입니다.

벌에게 찾아온 위기: 기후변화

기후변화도 또 다른 위협입니다. 대기 중의 이산화탄소 농도가 높아지면 꽃가루에 포함된 단백질 구성과 함량이 달라집니다. 그 결과 벌은 영양 결핍이 되고 질병에 취약하게 됩니다. 기후변화로 천적의 서식지 범위가 달라지고 벌의 행동 반경도 변화하며, 꽃들이 온도에 적응하면서 빨리 자라거나 새로운 식물이 들어오는 등의 혼란이 있게 됩니다.

기후변화의 가장 큰 문제는 벌의 생활사와 식물의 개화 시기가 달라진다는 것입니다. 기온이 올라가면서 개화 시기는 점점 빨라지는데, 벌이 활동하는 시기는 개화 시기보다 늦어져 제대로 꿀을 확보하지 못하게 됩니다. 이 문제는 벌의 문제이기도 하지만 식물의 꽃가루받이가 제대로 안 된다는 더 큰 문제를 유발합니다. 농가에서는 벌이 없으므로 외국에서 꽃가루받이용 벌을 수입하던가 아니면 꽃가루를 많이 수확하여 보전한 후에 인공적으로 꽃가루받이를 할 수밖에 없습니다. 인공 꽃가루받이는 이미 사과, 배, 복숭아 등 과수원에서 사용하는 방법입니다. 그러나 야생의 꽃은 해결 방안이 없습니다[56].

벌에게 찾아온 위기: 대기 오염, 휴대전화, GMO

대기 오염도 또 다른 스트레스입니다. 대기오염으로 벌이 꽃의 향기를 맡는 감각기관이 제 기능을 다하지 못하여 꽃을 제대로 찾지 못한다는 것입니다. 미세먼지도 꿀벌 군집 붕괴에 영향을 준다는 연구 결과가 있습니다. 벌은 자기 집과 꽃이 있는 위치를 태양과의 방위각으로 위치를 정하는데 태양 빛이 미세먼지로 인하여 흐릿해지면서 제 위치를 제대로 찾지 못한다는 것입니다. 실제로 미세먼지가 심한 날에 벌이 자기 집을 찾아오는 시간이 맑은 날보다 2배 정도 더 걸렸다고 합니다.

그 외에도 현대 생활에 필수 불가결한 휴대전화도 스트레스 중의 하나라 보고 있습니다. 휴대전화는 무선 통신으로 정보를 주고받는데, 이때 사용하는 전자파가 벌의 신경계에 영향을 준다는 이론입니다. 앞에서 설명한 대로 벌은 태양과의 방위각으로 방향을 잡는데, 무선전화의 전자파가 벌이 방향을 잡는 과정에 영향을 주어 벌이 제 위치를 못 잡고 집으로 돌아오지 못한다는 것입니다. 실제로 한 실험 결과 전자파에 노출된 꿀벌 집단은 자기 집으로 돌아오는 시간이 2배나 더 걸렸고, 귀환율도 28%에 불과하였습니다.

유전공학 식물 때문에 벌의 개체수가 감소한다는 사실도 확인되었습니다. 농약 성분인 화학물질을 생산하는 옥수수 등의 작물 때문에 꿀벌이 영향을 받았다는 학설입니다. 가능성은 있으나 완벽한 설명은 아닙니다.

그 외에 태양흑점, 고압선 등 여러 가지 이유들이 벌이 사라지는 원인으로 제시되고 있습니다. 하나의 스트레스 때문만이 아니고, 여러 스트레스가 복합적으로 작용하여 결국은 벌들이 사라진다는 논리입니다.

이러한 현상에 대한 대책으로는 벌에 치명적인 살충제의 사용을 금지하는 정도입니다. 또 새로운 벌의 품종을 개발하여 이러한 스트레스를 견디고 꽃가루받이를 충실하게 실행하는 개체를 개발하여 퍼뜨리려는 노력이 경주되고 있습니다.

우리나라도 질병에 강한 종을 개발하였습니다. 농촌진흥청 www.rda.go.kr 에서 개발한 벌의 품종은 장원벌과 한라벌입니다. 장원벌은 벌꿀 생산성이 높고 한라벌은 낭충봉아부패병에 저항성이 있는 품종입니다. 이 두 개의 품종으로 현재 벌꿀이 처한 상황을 어느 정도는 타개할 수 있다고 봅니다. 이외에는 아직 연구가 진행 중인 상태입니다.

꿀벌 실종 사건은 인류가 초래한 여러 야생 멸종 사건의 하나일 뿐입니다. 그럼 우리는 사라진 야생을 복원하기 위해 어떤 노력을 기울이고 있을까요? 그 몇몇 사례를 찾아보겠습니다.

16

야생 개체군의 인위적인 복원

안태석

인간은 여러 가지 이유로 다른 생물종을 멸종시켰습니다. 대표적인 멸종의 예는 도도새*Raphus cucullatus*, Dodo bird입니다. 인도양의 작은 섬에 살고 있던 이 새는 섬 내에 천적이 없어 날지 못하고 체구는 커지는 방향으로 진화하였습니다. 대항해 시대에 도도새는 선원들에게 좋은 식량이었지만, 선박을 통하여 들어온 쥐가 새 알과 어린 새끼를 잡아먹으면서 결국 멸종하였습니다(5장 참고).

이러한 멸종에 대한 대책의 하나로 인위적인 복원이 진행되고 있습니다. 동물원과 식물원은 생물을 가두어 두고 보여주는 역할만 할 뿐입니다. 진정한 생물 복원을 위해서는 그 생물종이 지속적으로 살아갈 수 있는 생태계가 구성되어야 합니다.

옐로우스톤의 늑대

미국 옐로우스톤Yellow Stone 국립공원에서 늑대*Canis lupus chanco*; wolf가 멸종된 것은 1920년대였습니다. 당시에 늑대는 가축을 해치는 아주 나쁜 악당으로 여겨졌습니다. 농부들은 총, 덫, 그물 등 여러 가지 방법으로 늑대를 죽였습니다. 하지만 늑대가 사라진 이후에 예상하지 못한 변화가 생겨났습니다.

당연히 순록 등 초식동물이 엄청나게 번성해 갔습니다. 이 초식동물들은 자라나는 풀의 새싹을 먹어치우고 점차 먹을 풀이 모자라자 굶어 죽거나 겨울에 얼어 죽는 상태가 되었습니다. 또 먹을 것이 모자라자 초식동물들은 개울가에 있는 나무와 풀을 먹었고 그 결과 강둑이 약해져 침식이 일어나 개울이 메워지는 일도 벌어졌습니다.

늑대의 중요성을 깨달은 공원 관리소는 1995년 14마리의 늑대를 캐나다에서 새로이 들여와 풀어 주었습니다. 이 늑대들은 그동안 증식하여 2014년에는 80마리가 넘게 불어났습니다. 이 늑대를 보는 것은 새로운 볼거리로 많은 관광객을 불러 모으고 있습니다. 생태관광ecotour의 한 예입니다.

늑대를 도입한 후에 가장 먼저 나타난 현상은 수목의 키가 커진 것입니다. 이는 초식동물들이 풀과 나뭇잎을 과도하게 먹지 못한다는 것을 의미합니다. 늑대의 위협에서 벗어나기 위하여 개울가에 초식동물들이 접근하는 일이 드물어지자 버드나무와 사시나무 등이 훌쩍 커지고, 자연스럽게 강둑의 침식이 줄어들고 개울에는 급류가 생기고 웅덩이가 만들어졌습니다. 이런 과정에서 야생의 댐 건설 꾼인 비버가 돌아와 곳곳에 댐을 만들고, 그 결과 습지가 만들어져 자연스럽게 생태계의 다양성이 높이졌습니다. 당연히 물속에는 물고기 다양성이 높아지고 개체수가 늘어났습니다. 특히 나무들이 햇빛을 차단하여 수온이 낮아지자, 송어, 곤돌메기 등 냉수 어족의 개체수가 늘었습니다[57].

순록의 개체수가 줄어들자 늑대들은 코요테 *Canis latrans*; Coyote를 공격하기 시작하였습니다. 코요테가 잡아먹던 다람쥐, 쥐, 토끼의 개체수가 늘어나고 이들을 먹고 사는 오소리, 독수리 등 다른 육식동물이 돌아오기 시작하여 생물 다양성이 높아졌습니다. 옐로우스톤 지역에서 늑대는 생태계를 유지에 중요한 역할을 담당하는 핵심 종의 역할을 한 셈입니다.

이처럼 포식자의 행동이 생태계에 연쇄적인 영향을 미친다는 설명을 '행동연쇄가설 behavioral-cascade hypothesis'이라 합니다. 또 생태계 먹이사슬에서 정점을 차지하고 있는 대형 포식자가 생태계의 균형을 조절한다는 이론이 '하향식 영양단계 조절 효과 top-down trophic cascade'입니다. 위에서 보듯이 포식자가 초식동물의 개체수를 조절해야 식물이 왕성히 번식한다는 이론입니다. 이 반대의 개념은 '상향식 영양단계 조절 효과 bottom-up trophic cascade'로 비옥하면 식물이 잘 자라서 더 많은 초식동물과 더 많은 포식자를 부양한다는 것입니다.

수질관리에서도 이런 이론들을 적용할 수 있습니다. 식물 플랑크톤을 잡아먹는 어류를 호수에 풀어 놓아 녹조류를 줄이는 방법은 전자이고, 식물 플랑크톤의 증식을 유발하는 영양 염류를 제거하는 방법으로 녹조류를 줄이는 것은 후자에 속합니다.

호주의 토끼와 여우

호주는 원래 토끼가 없던 곳이었습니다. 유럽인들이 정착하며 들여온 토끼는 야생에서 천적이 없는 상태에서 엄청나게 늘어났습니다. 그 결과 토끼가 풀을 다 먹어 치워 캥거루 등 호주 고유의 초식동물들이 굶어 죽었습니다[58].

이 토끼를 몰아내고자 광활한 호주의 땅에 철망을 쳐서 토끼의 이동을 막았습니다. 이런 노력을 비웃듯 토끼는 땅굴을 파서 철조망을 넘어가며 계속 확산해 갔습니다. 토끼의 피해가 커지자 이번엔 여우를 도입했습니다.

여우는 토끼를 잡아먹는 생물이므로 여우의 도입은 일견 타당해 보였습니다. 그러나 여우는 토끼를 잡기보다는 캥거루, 키위 등 호주의 자생 동물들을 공격하였고 천적이 없는 상태에서 여우의 개체수는 엄청나게 늘어났습니다. 과거에는 토끼 사냥을, 이제는 여우를 사냥하는 일이 호주에서 벌어지고 있습니다. 그래서 여우가 한 마리도 없었던 호주는 이제 여우 모피를 가장 많이 수출하는 국가가 되었습니다. 생태계 복원이란 이렇게 어려운 일입니다.

딩고를 아시나요?

호주는 생태계 변화와 복원을 연구하기 좋은 지역입니다. 또 다른 예로 호주의 딩고*Canis lupus dingo*; dingo에 대해 얘기하겠습니다. 딩고는 약

5,000년 전에 호주로 건너간 원주민이 데려간 개가 야생화한 동물입니다. 딩고는 의도하지 않았지만 최상위 포식자의 생태계 조절 기능을 대륙 규모로 실험한 동물이 되었습니다. 유럽 이주민들은 목축 지역에서 딩고의 피해를 막기 위해 무려 5,500 km 길이의 방대한 울타리를 세우기도 했습니다.

딩고를 박멸한 곳과 그렇지 않은 곳의 생태계 변화는 아주 큰 차이를 보였습니다. 딩고는 캥거루 등 토종 초식동물뿐 아니라 외부에서 들여온 토끼와 토끼를 사냥하기 위해 들여온 여우를 잡아먹어 그 수를 조절하였습니다. 또 야생 들고양이와 먹이가 80% 정도 일치하여 경쟁 관계에 있습니다. 딩고가 야생 들고양이 수를 줄여준 곳에서는 호주 고유의 식물과 소형 동물이 늘어났습니다. 반면에 딩고를 제거한 곳에선 외래종 토끼와 여우가 급격히 늘어나 소형 유대류가 멸종의 위기에 직면하였습니다.

퓨마와 해달

북미에 서식하는 육식동물인 퓨마*Puma concolor*, Puma는 강둑을 지켜줍니다. 그 과정은 이렇습니다. 퓨마는 북미 동부에서 대부분 사라졌는데, 그 결과 사슴이 급증하였습니다. 사슴은 어린 나무와 풀이 돋는 강변에 출몰했고, 큰 나무 뿌리가 지켜주던 강둑은 약해져 홍수에 쓸려 내려갔습니다. 퓨마가 출몰하는 지역에서는 사슴 수가 줄어들고 강둑의 나무들이 잘 자라 결국은 강둑의 침식을 막아주었습니다. 퓨마는 이밖에도 육상 및 수생 생물, 야생화, 양서류, 도마뱀, 나비 등의 개체수 조절에도 영향을 미치는 것으로 확인되었습니다.

바다에 사는 해달*Enhydra lutris, Sea otto*은 18~19세기에 모피 사냥으로 멸종 직전에 몰렸지만, 최근에는 개체수가 증가하고 있습니다. 그 과정에서 해달이 해양 생태계에 미치는 영향이 극명하게 드러났습니다. 해달이 줄어들어 그 먹이인 성게가 늘었고, 성게가 해초를 먹어치우면 해초의 현존량이 줄었습니다. 반대로 해달의 개체수가 늘면서 해초의 현존량도 늘었습니다. 방대한 연안의 해초 숲은 다량의 탄소를 가두어 기후변화를 억제하는 구실을 합니다.

맹수는 악당인가?

호랑이, 사자, 치타, 퓨마, 시라소니, 여우, 늑대 같은 생태계의 최상위 포식자는 그 개체 수는 적지만 넓은 지역을 배회하며 많은 양의 고기를 먹습니다. 가끔 가축을 습격하여 인간과 갈등을 빚는 경우도 있습니다. 그러나 맹수가 야생 초식동물을 솎아주어 풀의 생산성을 높여주고 초식동물의 질병이 가축으로 퍼지는 것을 막아 줘 오히려 목축의 지속가능성을 높여주고 있습니다. 또 앞에서 살펴본 바와 같이 맹수, 즉 생태계 최상위 포식자는 생물 다양성 증가, 하천의 유지, 탄소 저장 능력 향상 등 생태계의 기능을 좋은 방향으로 이끌고 있습니다.

그러나, 인간의 이기심으로 인하여 맹수의 대다수가 멸종 위기에 몰려 있습니다. 이제 자연계에는 최고 포식자가 사라지고 그 자리를 사람이 차지하였으나, 생태계 유지 등에는 전혀 기여하지 못하고 있습니다. 맹수는 악당이 아니고 생태계를 균형 있게 유지하는 중요한 생태계의 구성원입니다.

우리나라의 자연 생태계에서 최상위 포식자는 담비*Martes flavigul*; marten 입니다. 환경부 발표에 의하면, 멸종위기 Ⅱ급인 담비가 호랑이 같은 대형 맹수가 사라진 지금, 먹이사슬의 최상위에 있다는 것이 확인되었습니다.

담비는 삵 일명 시라소니, *Prionailurus bengalensis*, leopard 보다 크며, 쥐나 작은 새, 노루를 잡아먹으며 열매도 먹는다고 합니다. 1960년대만 해도 남한 전역에 널리 분포하였지만 쥐약 투약, 서식지 파괴와 모피를 목적으로 한 남획으로 그 개체수가 줄어들었습니다. 현재는 전국의 높은 산악 지대에서 발견되고 있으며 개체 밀도가 점차 높아지고 있는 상황입니다.

담비는 멧돼지와 고라니 등 농작물에 피해를 주는 포유류를 잡아먹습니다. 담비 1무리 3마리 정도 가 연간 고라니 성체 또는 멧돼지 새끼 9마리를 사냥하는 것으로 추정하고 있습니다. 또 잣이나 호두, 잣과 밤 등 견과류에 피해를 주는 청설모도 많이 사냥하며, 양봉에 큰 피해를 주는 말벌도 잡아먹는 것으로 나타났습니다.

즉, 담비는 초식동물과 잡식동물을 사냥하는 우리나라 야생 생태계의 최상위 포식자이자, 넓은 행동권 약 22~59 km^2 을 지닌 우산종 Umbrella species 으로서 생태계 보전에 활용 가치가 큰 동물입니다[59]. 우산종은 생태계에서 다른 종들을 보호하여 생물다양성을 유지하는 중요한 종으로 미국 옐로우스톤 국립공원의 늑대와 불곰, 인도와 러시아의 호랑이 등이 중요한 우산종입니다.

우리나라의 복원사업

반달가슴곰*Ursus thibetanus*, Asian balck bear은 우리나라 생물 복원사업의 첫 사례입니다. 2004년부터 지리산 반달가슴곰 복원이 본격적으로 시작되면서 현재 50개체가 넘는 곰이 서식하고 있습니다. 가끔 서식지인 지리산을 넘어 인근 산으로 넘어가는 등 우여곡절이 있었으나, 2020년 현재 '최소 생존 개체수'인 50개체보다 많은 개체수가 확인되었습니다.

여우*Vulpes vulpes*, fox의 복원도 시도되었습니다. 토종 여우의 감소와 멸종은 우리나라 산림 생태계에 악영향을 주고 있다고 추측되고 있습니다. 여우는 설치류, 멧토끼, 동물의 사체, 곤충, 조류, 파충류, 열매 등을 먹이로 삼고 있습니다. 특히 청설모, 다람쥐 등 설치류는 산림을 파괴하는 생물인데, 여우는 이들의 천적으로 설치류 개체수 조절에 큰 역할을 합니다. 또 멧돼지의 새끼를 사냥하여 멧돼지의 개체수도 줄여주고 있습니다.

멧돼지*Sus scrofa coreanus*, wild boar는 1970년대까지만 하여도 보호하여야 할 종이었고, 밀렵의 목표물이었습니다. 자연보호 운동이 벌어지고 천적이 없는 상태에서 야생동물에 대한 기호도가 떨어지면서 멧돼지의 개체수는 늘어났고, 도심에서도 출몰하여 피해를 입히기도 합니다. 이처럼 멧돼지가 서울 등 도심에 나타나게 된 것은 호랑이, 표범 등이 멸종된 뒤 천적이 감소하였기 때문입니다. 생후 1년이 지나면 적게는 서너 마리에서 많게는 12마리까지 새끼를 낳는 뛰어난 번식력도 개체수 증가에 한 몫을 하였습니다. 현재 멧돼지는 일부 지역에서 서식 밀도가 너무 높아 농림 산업에 큰 피해를 주는 '유해 야생동물'로 분류되어 있습니다.

최근에는 아프리카 돼지열병African swine fever이 집돼지와 야생 멧돼지에 퍼지면서, 같은 종이나 생태가 다른 이 멧돼지가 아프리카 돼지열병을 일으키는 바이러스를 퍼트려 골치를 앓고 있습니다. 철책으로 멧돼지를 분리하고, 발병지역에서는 몰살 수준의 포획을 시도하고 있습니다.

인류에게 야생동물의 의미는 부단히 변화해 왔습니다. 앞선 예에서 보듯이 보호의 대상이던 멧돼지는 유해동물이 되었고 증오의 대상이던 늑대는 다시 보호의 대상이 되었습니다. 인류의 선조는 맹수를 두려워하며 동굴과 나무 위에 보금자리를 마련했지만, 사냥 기술이 발달하면서 몸집이 수십 배나 더 큰 맘모스를 사냥하겠다고 달려들기도 했습니다. 심지어 기후변화로 이주하는 맘모스를 따라 부족 전체가 북방의 동토 시베리아로까지 이주해갔습니다.

동물의 단백질과 지방은 풀만으론 얻기 힘든 여러 필수 영양소와 에너지를 제공합니다. 과거 맹수들이 먹다 남긴 살점과 뼈의 골수로부터 고기에 맛을 들인 인류의 선조는 사냥 기술을 발전시켰고 점점 더 많은 고기를 섭취하면서 체구도 키워왔습니다. 고기에 대한 오랜 열망은 마침내 들과 숲에 살아가던 유순한 몇몇 동물들을 잡아다 길들여 함께 살아가게 만듭니다. 소, 돼지, 닭, 양, 염소, 말, 낙타, 순록 등의 가축화가 진행된 것입니다. 가축마다 장소와 시기가 다르지만 오랜 가축의 흔적은 1만 년 전 비옥한 초승달 지역으로 거슬러 오릅니다. 그리고는 마침내 오늘날의 대량 밀집 사육 기술로까지 변화했습니다. 오늘날 마트에 진열되어 눈길을 유혹하는 고기의 모습은 너무도 당연한 일상입니다. 이제 사냥은 여러분 지갑의 몫이 되었습니다.

17
육류 섭취와 환경

안태석

소득이 늘면서 사람들의 식성이 채식에서 육식으로 변하고 있으며 이에 따른 영양의 결핍, 건강상 위험은 널리 알려져 있습니다. 세상에 공짜는 없습니다. 이번 이야기 꼭지에선 많은 이의 군침을 돌게 하는 고기와 육식의 생태적 의미와 육식에 따른 여러 환경문제를 하나씩 살펴보겠습니다.

육식과 식량위기

우리가 음식을 섭취하는 이유는 '필요한 에너지'와 '필요한 생체 구성물질'을 얻기 위함입니다.

'필요한 에너지'는 궁극적으로 태양으로부터 온 것입니다. 태양의 에너지를 이용하여 광합성을 하면서 '생산자'인 식물이 자라고, 이 식물을 먹는 '1차 소비자', 이를 먹는 '2차, 3차, 4차 소비자'로 에너지가 넘어갑니다. 이런 '1차, 2차…'를 '영양단계trophic level'라고 합니다. 한 영양단계에서 다음 영양단계로 넘어갈 때에는 매우 적은 에너지만 넘어가고 대부분의 에너지는 쓸모없는 상태로 변환됩니다.

즉 태양에너지로 식물생산자이 광합성을 하고 이 식물이 1차 소비로 전달 될 때에는 99%의 태양에너지는 이용되지 못하거나 호흡 등으로 사라지고 단 1%정도만 1차 소비자인 동물에게 전달됩니다.

또 1차 소비자에서 2차 소비자로 에너지가 전달 될 때에는 10%만 전달되고 90%는 호흡, 체온 유지 등으로 없어집니다. 전달되는 에너지 양이 적기 때문에 1차 소비자인 동물은 엄청난 양의 풀을 먹고 있습니다. 소고기 1 kg을 얻기 위하여 곡물 8 kg과 물 2만 리터가 소모됩니다.

만일 10명의 사람이 먹을 옥수수를 소에게 먹인 후에 소고기를 먹을 경우에는 단 한 사람만 먹을 수 있습니다. 오늘날 '식량위기food crisis'의 한 측면은 식량 생산량이 절대적으로 부족한 것이 아니라 육식을 선호함으로써 곡물이 사료로 전용되기 때문에 사람이 먹을 곡물이 모자라는 것입니다.

대규모 목축이 초래한 숲의 파괴

숲은 건강한 생태계이므로 종다양성이 풍부합니다. 목축업자의 입장에서는 종다양성이 풍부하다는 것은 가축이 먹을 식물의 양이 적다는 것을 의미합니다. 이를 극복하는 한 가지 방법은 가축이 먹을 것만을 재배하는 것입니다. 이 목적으로 숲을 밀어 버리고, 불에 태우고 난 빈 공간에 가축용 사료목초, 콩, 옥수수 등를 단일 재배하게 됩니다. 그 결과 농약과 비료의 살포 등 새로운 환경문제가 발생하게 됩니다.

브라질 아마존 유역에서 2016년 불과 1년 사이에 약 8,000 km^2의 열대 우림이 파괴되었습니다. 이는 1시간마다 축구장 128개에 달하는 면적이 사라졌다는 것입니다. 아마존 열대 우림은 '지구의 허파'라고 불리면서 지구가 만들어 내는 산소의 20~25%를 담당하고 있습니다. 또 이 열대 우림은 지구 생물종의 30%가 살고 있는 생태계의 보고입니다. 숲이 사라지면서 이들 생물종들도 멸종하고 있는 상태입니다[60].

목축업자들은 열대우림을 불태우고 난 후에 땅이 일시적으로 비옥해지면, 여기에 소가 먹을 목초 등을 키우고, 몇 년 후에 이 영양분이 없어지면 또 다른 곳으로 이동하는 방법으로 이 열대우림을 파괴하고 있습니다. 이러한 이유로 환경론자들은 '햄버거가 아마존 열대우림을 파괴한다'고 주장하고 있습니다. 이 주장에 따르면 햄버거 하나에 약 5 m^2의 숲이 사라진다고 합니다. 즉 햄버거용 패티 하나에 일정 면적의 숲과 그 안에서 살고 있는 수많은 생물들이 사라지는 것입니다.

대규모 목축의 경우 가축들이 땅을 밟음으로써 땅이 딱딱해져 더 이상 풀이 자라지 못하는 현상이 나타납니다. 또 풀이 자라나는 속도보다 더 빨리 가축들이 풀을 먹어 치움으로써 점점 목초지가 사막화가 되어 갑니다. 이러한 예로 1930년대 미국 중부에서 모래폭풍dust bowl 현상으로 사막화가 진행되었고, 중국의 내몽골지역에서도 같은 현상이 나타나 중국 정부는 한 때 목축을 금지하기도 하였습니다.

풀이 아닌 곡물사료를 먹고 자란 가축들

가축은 본래 '1차 생산자'인 식물, 그중에서도 목초, 즉 풀을 먹습니다. 풀의 주성분은 섬유소cellulose이고 초식동물즉 1차 소비자은 이 섬유소를 세균의 도움으로 분해하여 포도당glucose으로 만들고 이 포도당은 생물이 필요로 하는 에너지와 생체물질로 사용됩니다. 사람에겐 섬유소 분해를 도와줄 세균이 없어서 풀을 먹어도 대부분 소화하지 못하고 배설물로 배출합니다. 섬유소 가득한 야채가 변비 해소에 좋은 이유입니다.

사람이 먹는 쌀밥, 옥수수 등은 녹말starch로 구성이 되어있습니다. 이 물질도 분해되면 포도당이 됩니다. 물질은 다르지만 분해되면 같은 물질이 만들어지므로 가축의 입장에서는 섬유소와 곡물은 서로 대체가 가능한 물질입니다. 옥수수와 콩 등 곡물을 대량으로 생산하고 이 곡물을 가축의 사료로 사용하면서 여러 환경문제와 건강문제가 대두되었습니다.

첫 번째가 가축 배설물의 성상 변화입니다. 풀에 풍부한 섬유소를 먹었을 때는 배설물이 반 고체상태이고 햇빛에 말리면 열량이 풍부한 땔감으로 사용이 됩니다. 몽골 초원지대, 사하라 사막, 중동 등 유목민들은 가축소, 말, 양 낙타 등의 배설물을 연료로 사용합니다. 또 말똥구리또는 소똥구리와 같은 곤충은 이 배설물을 동그랗게 말아 땅 밑으로 끌고 들어가 알의 부화에 사용합니다. 그 결과 가축의 배설물 대부분은 지상에서 지하로 묻혀 토양을 기름지게 하였습니다. 그러나 곡물을 먹은 가축의 배설물은 액체 상태로 곤충이 이용할 수 없고 그대로 지상에 남아 새로운 수질 오염원으로 작동하고 있습니다.

두 번째가 가축의 지방입니다. 육류에는 단백질뿐만 아니라 지방도 분포되어 있는데, 마블링marbling이라고 합니다. 그런데 곡물을 먹는 가축에서는 이 지방의 성분이 바뀌어 가축의 고기를 섭취하는 사람들에게 비만, 동맥 경화 등의 건강상의 문제를 일으키고 있습니다. 전통적인 목축을 하는 몽골 유목민들에게는 이 동맥 경화 현상이 잘 나타나지 않습니다. 곡물을 먹은 가축의 지방이 우리 인간에게 나쁘다는 직접적인 증거입니다. 우리나라에서는 소고기의 등급을 이 마블링으로 결정하여 최상급은 기름의 양이 많은데[61], 문제는 곡물을 먹은 소고기라 과다 섭취할 경우 건강에 해롭다는 것입니다.

세 번째가 장출혈성 대장균의 출현입니다(20장 참고). 풀을 먹은 소에 비하여 곡물을 먹은 소의 내부 산성도pH는 4.0 정도까지 낮아집니다. 사람 위의 pH는 2.0입니다. 소의 위에서 산성에 내성을 가진 세균은 사람의 위에서 살아남아 장으로 넘어가고 출혈을 일으키는 질병을 일으킵니다[62]. 바로 여러분도 한 번쯤 들어봤을 햄버거병입니다.

또 다른 심각한 문제는 항생제 내성 세균의 전파입니다. 가축을 밀집하여 사육하면서 나타나는 큰 문제는 바로 세균에 의한 질병입니다. 특히 가축들에게 곡물을 먹이면서 장내 미생물 생태계가 와해되어 질병에 자주 걸리기 때문에, 부르셀라*Brucella* 등 세균에 의한 질병을 예방하고 가축의 생장을 촉진하는 목적으로 항생제가 광범위하게 사용됩니다. 항생제는 가축의 장내세균에게 작용하면서 대부분의 세균을 죽이지만 일부 세균은 항생제에 적응하여 내성을 갖게 됩니다. 항생제 내성을 가진 세균이 고기와 달걀 등을 통하여 사람 몸에 들어와 같은 종류의 세균뿐만 아니라 다른 종류의 세균에 항생제 유전자를 전파합니다. 그 결과, 정작 사람이 감염되어 항생제를 사용해야 할 경우, 이미 내성을 가진 상태가 되어 치료가 불가능한 상태가 될 수 있습니다.

사료의 경제학

대규모 사육의 또 다른 문제는 경제적 측면입니다. 사람이 먹을 곡물을 가축도 먹어야 하니 곡물의 값이 인상되어 경제적으로 어려운 사람들에게 더욱 더 부담이 된다는 것입니다. 이러한 문제는 곡물로 알코올을 만들어 자동차 연료로 사용하는 경우에도 나타나는 현상입니다.

우리나라의 한우 고기와 미국, 호주에서 수입한 소고기의 가격을 보면 한우가 더 비쌉니다. 한국에서 나고 자란 소고기가 어째서 먼 바다 너머에 있는 미국과 호주에서 생산되고 운반된 고기보다 더 비쌀까요? 그 이유는 바로 사료의 문제입니다. 한우는 주위의 풀을 먹여 키울 수 없을 정도로 많은 수를 밀집하여 키우고 있습니다. 필연적으로 사료가 필요하고 국내에서는 이 사료를 공급할 만한 땅이 없으니 외국에서 수입하여야 합니다. 반면 외국에서는 넓은 풀밭에서 자연적으로 자란 목초를 먹고 자라거나, 현지에서 생산된 곡물을 먹음으로 사료 값이 안들거나 조금 들게 됩니다. 이 차이로 한우의 소고기 값이 외국의 소에 비하여 비싼 것입니다.

한편 사료로 사용하는 곡물은 주로 옥수수와 콩입니다. 이 작물들은 유전공학으로 쉽게 형질이 변형되어 병충해에 강한 품종, 가뭄에 강한 품종, 전분이나 당분의 농도가 높은 품종을 쉽게 만들어 가축의 생산성을 높이는데 큰 역할을 합니다. 문제는 유전공학으로 만들어진 작물의 안전성이 확보되지 않았다는 것입니다.

지구온난화와 수질오염

가축의 위는 무산소 상태입니다. 무산소 상태에서 유기물은 분해되면서 메탄 CH_4 을 만들어냅니다. 이 메탄은 이산화탄소와 더불어 지구온난화를 야기하는 온실가스입니다(3장 참고). 대규모로 가축을 사육하면서 나오는 메탄은 소 한 마리당 연간 85 kg에 달하고 전세계에서 사육되는 소는 약 13억 마리로 추산됩니다. 따라서 1년에 약 1,105억 kg의 메탄이 소에서 배출되고 이 가스는 지구온난화에 기여하게 됩니다. 특히 메탄은 이산화탄소보다 분자 하나당 열을 잡아두는 능력이 21배나 크므로 지구온난화에 기여하는 부분이 상당합니다. 메탄은 전지구적으로 이산화탄소 다음으로 중요한 온실가스입니다. 이러한 이유로 뉴질랜드와 에스토니아 정부에서는 가축의 방귀세를 부과하려고 검토하기도 하였습니다.

한편, 배설물 처리시설을 잘 갖추지 못한 목장에서는 가축이 배출하는 배설물의 양이 자연이 정화하는 능력보다 크므로 인접한 하천, 호수, 바다를 유기물과 영양염류로 오염시킵니다. 특히 부영양화는 가축 폐수에 의한 심각한 오염현상입니다. 또 가축 폐수로 오염된 지표수나 지하수는 질산염의 농도가 높기 때문에, 유아가 이를 마실 경우에는 혈액의 헤모글로빈이 질산염과 결합하고 분리되지 않아 산소 전달 능력이 떨어지는 청색 유아증blue baby syndrome, methemoglobinemia에 걸릴 수 있습니다. 이 병은 작물을 재배하며 질소비료를 과다하게 사용할 때에도 생겨납니다.

생태 발자국Ecological footprint

이 개념은 인간이 의식주 문제를 해결하기 위하여 사용하는 자원과 폐기되는 비용을 토지로 환산한 개념으로 1996년 캐나다 학자들이 제창하였습니다. 최근에는 탄소 발자국, 에너지 발자국, 물발자국 등 다양한 개념들이 만들어졌습니다[63]. 소고기를 만들기 위하여 많은 풀과 물이 필요하고 풀을 키울 토지와 물을 정화하고 품는 면적을 계산하여 필요한 토지 면적을 계산하는 방식입니다. 이를 통하여 환경의식을 좀 더 높일 수 있는 장점이 있습니다. 이 개념을 응용하여 축산과 토지의 환경용량 사이에 균형을 유지하는 정책이 개발되어 이미 미국 등 몇몇 선진국에서 시행되고 있습니다(13장 참고).

우리나라는 많은 식량과 대부분의 사료를 외국에서 수입하고 있습니다. 깨끗하고 쾌적한 국토환경을 유지하기 위하여, 좁은 국토면적에 쌓여가는 과다한 유기물과 여기에 담긴 영양염을 효과적으로 처리하는 어려운 숙제를 풀어야 합니다.

이제 농업과 환경에 대한 이야기를 마무리하고 20세기 들어 인류가 만들어낸 새로운 환경 구성체, 합성화학물질로 눈을 돌려 보겠습니다. 이 물질은 그간 없던 새로운 것이라 자연은 이 물질을 다루는 법을 알지 못합니다. 이들은 지구와 생명의 미래에 어떤 플레이어가 될까요?

18
바다 한가운데의 쓰레기섬

김범철, 안태석

플라스틱은 '성형하다'라는 뜻을 가진 그리스어 'plassein'에서 유래하였습니다. 1869년 오늘날 우리가 최초의 플라스틱이라고 부르는 물질이 개발됩니다. 그 출발점은 당시에 코끼리의 상아로 만들던 값비싼 당구공을 대체하려는 노력에서 비롯되었습니다.

바다 한가운데의 쓰레기섬

태평양 한가운데, 육지로부터 수천 킬로미터 떨어진 먼바다에 쓰레기가 수북한 거대한 해역이 있습니다. 1997년에 발견된 이곳을 쓰레기섬 Great Pacific garbage patch 이라 부릅니다. 크기가 우리나라의 14배 정도에 달하는 곳으로, 2011년 동일본 지진 쓰나미 때에 떠내려간 것들이 발견되는 등 여러 태평양 연안 국가의 온갖 쓰레기가 몰려 있는 곳입니다. 물론 우리나라 쓰레기도 볼 수 있습니다.

이곳에는 약 800만 톤에 달하는 플라스틱과 비닐 등이 쌓여있고 이들은 해양생물에게 치명적인 피해를 입히고 있습니다. 이런 쓰레기 섬은 대서양에서도 발견되는데 쓰레기의 대부분은 플라스틱과 비닐 제품이었습니다. 이 환경문제를 널리 알리고자 2017년에 이 지역을 The Trash Isle이라는 가상의 국가로 선포하였고, 국기와 화폐, 우표, 여권도 있습니다. 환경운동가들은 이곳 쓰레기를 수거하여 유명 스포츠용품의 제품으로 재활용하기도 합니다[49].

쓰레기섬이 만들어지는 과정

부유 쓰레기가 태평양의 한가운데에 몰려 있는 이유는 큰 바다에서 해류가 대양의 가장자리를 따라 회전하고 있고, 대양의 한가운데에 해류가 없는 정지한 해역이 형성되기 때문입니다. 오랜 세월 해류의 흐름을 따라 이동하던 부유물이 이곳에 모여듭니다. 참고로 북반구에서 대양의 바닷물은 시계 방향으로, 남반구에선 반시계 방향으로 회전합니다. 이런 해류의 흐름은 지구자전이 만들어낸 거대한 바람의 흐름, 즉 적도의 무역풍과 중위도의 편서풍 때문입니다. 무역풍은 동에서 서로, 편서풍은 서에서 동으로 불면서 해양의 거대한 원형 흐름을 만들어 냅니다. 이런 해류의 흐름은 태평양뿐만 아니라 대서양과 인도양에도 발생하여 여러 곳에 쓰레기 해역이 형성되어 있습니다. 그뿐만 아니라 작은 바다에서도 해류가 정체된 곳이면 쓰레기가 몰려듭니다. 우리나라의 서해에도 꽤 커다란 쓰레기 해역이 발견되고 있습니다. 전세계의 플라스틱 쓰레기 배출량이 늘다 보니 바다의 쓰레기 해역이 점점 커져가고 있습니다.

쓰레기섬의 주민들

이 해양 쓰레기 섬의 주민은 단연 플라스틱입니다. 이들은 양식장과 어선에서 유래했고, 홍수기에 육지로부터 흘러오기도 합니다. 양식장이 즐비한 해안에 많은 스티로폼 조각들이 떠다니는 것을 볼 수 있고 육지에서 버려진 쓰레기도 해변 어디에나 널려 있습니다. 전세계적으로 연간 수백만 톤의 플라스틱이 바다로 유출되고 있으며 현재 해양에는 약 9천만 톤의 플라스틱 쓰레기가 있는 것으로 추정하고 있습니다. 우리나라 전라남도에서만 해변 쓰레기를 연간 2만 톤 이상 수거하고 있습니다.

쓰레기 섬은 비단 바다만의 문제가 아닙니다. 대청댐, 충주댐 등 내륙의 큰 댐에서도 홍수 후에 지름 수백 미터에 이르는 쓰레기 섬이 둥둥 떠 있는 모습을 볼 수 있습니다. 댐마다 매년 수천 톤의 부유 쓰레기를 제거하느라 많은 돈을 쓰고 있지만, 사실 건져 내는 양은 극히 일부분이고 훨씬 더 많은 양이 가라앉거나 홍수에 휩쓸려 바다로 떠내려갑니다. 플라스틱 쓰레기의 절반은 물에 가라앉는 것들인데, 바다 밑에는 폐그물을 비롯하여 각종 플라스틱 폐기물이 엄청나게 쌓여 있습니다.

플라스틱은 우리의 생활을 편리하게 해주지만 문제는 자연에 배출되었을 때 분해가 잘 안되어 생태계에 많은 피해를 준다는 것입니다. 바다나 호수의 바닥에 가라앉은 쓰레기는 저질 표면을 덮어 저서동물이 살 수 있는 서식처가 줄어듭니다. 비닐이 덮이면 산소도 공급되지 않습니다. 바닥에 살아가는 저서동물은 어류의 먹이가 되므로 덩달아 어류도 연쇄적으로 피해를 받게 됩니다.

쓰레기로 인한 동물피해는 매우 심각합니다. 폐그물이나 쓰레기에 몸이 끼어서 죽어가는 해양동물의 사례는 매우 흔하여 자연보호 사진에 단골로 등장하는 주제가 되었습니다. 거북이는 비닐봉투를 해파리로 오인하여 삼키고, 물고기는 플라스틱 조각을 먹이로 알고 먹었다가 소화관이 막히거나 병약해져 죽기도 합니다. 태평양의 대형조류인 알바트로스의 사체를 조사해 보니 거의 대부분 위장에 플라스틱이 가득 들어차 있었습니다. 어린 새끼의 사망률이 높아졌는데 어미가 먹이로 오해하여 물어다준 플라스틱을 받아먹었기 때문이라는 보고도 있습니다.

새로운 환경이슈,
미세플라스틱

바다에 떠다니는 플라스틱은 파도에 부딪혀 부서지기도 하고, 강한 자외선을 받으면서 조금씩 분해되어 잘게 부서집니다. 이렇게 5 mm 이하의 크기로 부서진 것들을 미세플라스틱이라 부릅니다. 모양은 매우 불규칙하고 다양합니다. 미세플라스틱은 바다에만 있지는 않습니다. 우리 주변에서 밧줄, 부직포, 마대, 옷 등의 합성섬유가 부서지거나 타이어가 마모되거나 페인트가 벗겨져 잘게 부서지면 미세플라스틱이 되어 공기 중에 떠다니기도 하고 빗물을 따라 물속으로 들어가기도 합니다[50].

보통 자연 기원의 쓰레기는 수십 년 정도 지나면 분해되어 소멸하게 됩니다. 그런데 2004년, 플라스틱은 잘게 부서져도 소멸되지 않는 미세플라스틱이 되어 생태계에 남아 돌고 돈다는 연구결과가 발표되면서 세간의 큰 관심을 불러 일으켰습니다. 근래에는 치약이나 화장품에 인공 미세플라스틱인 마이크로비드microbead가 연마제로 첨가되는 사례가 있어 우리도 모르는 사이에 하수로 많은 양의 인공 미세플라스틱을 배출하고 있다는 것도 알게 되었습니다.

세탁과정에서도 미세한 섬유 파편들이 많이 발생하는데, 이러한 미세플라스틱은 하수처리 공정에서 제거하기가 어려우므로 미처 제거하지 못한 채 하천으로 배출되고 있습니다. 얼마 전 세계 대부분의 수돗물에서 미세플라스틱이 검출되고 있다는 보도가 있었고 심지어 생수병에 담긴 물에서도 검출되고 있습니다. 그래서 일부 선진국에서는 인공 마이크로비드의 사용을 금지하였습니다.

미세플라스틱은 생물에 농축될까?

거북이 코에 박힌 플라스틱 빨대, 물고기 목에 감긴 비닐, 고래 뱃속에서 발견된 비닐 뭉치, 갈매기 발에 감긴 마스크 줄 등은 제품 그 자체가 해양생물에게 피해를 주는 사례들입니다. 이보다 더 심각한 것은 매우 작게 분쇄된 미세플라스틱입니다.

새우젓은 새우를 염장하여 발효한 음식입니다. 새우는 연안에서 작은 그물코를 가진 그물로 잡는데, 이 그물에는 새우 외에도 다른 물고기의 알과 치어도 함께 잡힙니다[51]. 여기에 더하여 새우 크기만 한 쓰레기들이 함께 걸려 나오는데, 큰 쓰레기는 걸러내더라도 새우만 한 크기의 비닐 조각, 플라스틱 조각들이 남게 됩니다. 이것을 재료로 새우젓을 담그면 비닐과 플라스틱 조각들이 우리의 식탁에 올라오게 됩니다. 무심코 버린 비닐과 플라스틱이 돌고 돌아 다시 우리의 식탁으로 돌아오는 대표적인 예입니다. 최근 연구에 따르면 성인은 일주일에 신용 카드 한 장 정도인 약 5 g의 미세플라스틱을 물과 음식을 통하여 섭취한다고 합니다. 최근에는 나노 산업이 발달하면서 나노물질이 자연계에 유출되어 다시 우리에게 돌아오는 것을 우려하고 있습니다.

해양 생물 중 일부는 작게 쪼개진 미세플라스틱을 먹이로 인식하고 먹습니다. 그 결과 생체 손상, 생식 기능의 변화, 성장 저해 등 다양한 피해가 나타납니다. 이런 해양 생물은 천적으로부터 도망치는 회피 행동이 부자연스러워 쉽게 잡아먹히고, 먹이사슬을 따라 미세플라스틱은 점점 상위 영양 단계로 전달되고 농축됩니다. 조개, 새우, 동물플랑크톤 등은 물속의 유기물 입자를 걸러 먹는 여과섭식자filter feeder인데 먹이의 종류를 선별하지 못한 채로 자신이 먹기에 적당한 크기의 입자를 걸러서 먹습니다. 주로 식물플랑크톤, 박테리아, 작은 동물플랑크톤 등을 먹는데 비슷한 크기의 미세플라스틱도 먹이로 오인합니다. 이를 먹은 어패류의 체내에 미세플라스틱이 축적되고 먹이연쇄를 따라 상위의 동물에게 먹히면서 점점 더 농축되어 상위 포식자가 더 많은 피해를 받을 수 있습니다.

미세플라스틱 자체도 문제지만 플라스틱은 물에 녹아 있는 살충제와 다이옥신 등을 표면에 농축하기 때문에 그 심각성을 가벼이 볼 수 없습니다. 플라스틱은 소수성hydrophobic인 고분자 물질이고, 이런 물질은 주위의 용존 또는 미세 입자 상태의 다른 유기물을 흡착합니다. 입자의 크기가 작을수록 더 표면적이 커지므로 유기물질은 더 많이 흡착되어 무게 당 위험성은 더 커집니다. 또 플라스틱 자체에 포함된 가소제 등의 환경호르몬이 분해과정에서 자연 생태계로 유출되면서 수중 생태계 생물체에 독성물질로 작용합니다.

미세플라스틱의 영향은 아직 밝혀지지 않은 부분이 많지만 생태계에 악영향을 끼칠 우려가 충분히 있습니다.

플라스틱 줄이기

이렇게 위험한 미세플라스틱은 발생원부터 차단하여야 합니다. 상업용으로 만드는 1차 미세플라스틱은 세계 각국이 규제를 통하여 더 이상 사용하지 못하게 하고 있습니다. 문제는 자연상태에서 분해, 변형된 2차 미세플라스틱은 다양한 종류가 있고 성질도 다양하므로 적절한 처리 방법을 찾기 어렵다는 점입니다. 가장 쉬운 방법은 발생지에서 바로 분류하여 땅에 묻거나 태우는 방법입니다. 하지만 땅에 묻는 매립 방법은 플라스틱이 분해가 매우 느리므로 토양오염의 문제가 나타납니다.

또 태우는 방법은 열에너지를 얻을 수 있으므로 선호하는 방법이지만, 연소과정에서 다이옥신dioxin 등의 유독 물질이 발생하기 때문에 대기 오염의 문제로부터 자유롭지 못합니다.

바다와 하천에 흩어져 있는 미세플라스틱의 처리는 매우 어렵습니다. 물리적인 처리 방법으로는 원심분리가 하나의 방법입니다. 물을 원심분리를 하면 비중이 가벼운 것은 물에 뜨고 비중이 큰 것은 가라앉습니다. 이를 이용하여 미세플라스틱을 제거할 수 있습니다. 또 다른 물리적 방법은 여과입니다. 미세플라스틱보다 작은 여과 크기를 가진 여과지에 강제로 물을 여과하면 입자는 걸러집니다. 전자기를 띠는 물질을 첨가하여 입자의 전자기성을 높여 입자가 서로 당겨 붙게 하여 입자의 크기를 크게 만들 수도 있습니다. 입자가 커지면 침전 속도가 커지므로 쉽게 입자를 제거할 수 있습니다. 고주파를 이용하여 미세플라스틱을 녹여 서로 엉겨 붙게 만드는 방법도 소개되고 있습니다.

화학적 방법으로는 응집제를 첨가하여 입자의 크기를 크게 만드는 방법이 있습니다. 미생물의 분해 작용 기작을 이용하는 방법도 있으나, 미세플라스틱 성분이 자연계에 존재하지 않았던 물질이므로 분해과정은 매우 더딥니다. 특히 미생물의 분해과정 전에 자외선에 의한 광분해photodegradation 과정이 필요한데, 자외선이 닿지 않는 곳에 위치한 입자들은 분해 속도가 매우 느려지게 됩니다. 하수처럼 미세플라스틱의 밀도가 높은 곳과 호수와 바다처럼 밀도가 낮은 경우를 구분하여 처리 방법을 적용하여야 합니다[52].

지난 2019년에 구글Google이 주최한 과학경시대회에서 19세 소년

이 제안한 액체자석을 이용한 미세플라스틱 제거 방법이 대상을 받았습니다. 이 방법으로 대부분의 미세플라스틱은 평균 95% 제거가 가능하였고 가장 낮은 제거율을 보인 폴리스티렌도 92%가 제거되었다고 합니다.

가장 좋은 방법은 발생 자체를 차단하는 것입니다. 플라스틱은 가볍고 튼튼하여 상품의 포장재, 운반재로 널리 사용됩니다. 대표적인 것이 생수병입니다. 먹는샘물을 운반하는 이 생수병은 사용 후에는 이불과 옷의 재료로 재활용이 됩니다. 플라스틱은 석유 등 화석연료에서 만들어지므로 다시 분해하여 연료로 사용하기도 합니다. 그러나 수많은 종류의 플라스틱은 모두 재활용되기 어렵고 사용 과정, 회수 과정에서 오염이 일어나면 재활용은 불가능합니다.

일부 국가에서는 플라스틱의 사용을 금지하거나 예치금을 비싸게 하여 사용을 억제하고 재활용율을 높이고 있습니다. 우리나라에서는 분리수거가 생활화되어 초기 분리수거는 잘되고 있으나, 재활용 산업이 발달하지 않아 주로 해외로 수출하고 있었습니다. 중국이 주요 수입국이었는데, 이제는 폐플라스틱을 수입하지 않아 마땅한 처리방안이 없는 상태입니다.

선진국은 플라스틱 등의 폐기물을 후진국으로 수출하는 방법으로 쓰레기 문제를 해결하려고 합니다. 이러한 문제는 1989년에 체결된 바젤협약(25장 참고)으로 해결되는 듯하였으나 지구 곳곳에서 넘쳐나는 플라스틱 폐기물의 국가 간 이동을 방지하기에는 아직도 부족합니다. 우리나라는 1994년에 이 조약에 서명하였습니다.

커피점과 패스트푸드 매장에서는 최근에 일회용 플라스틱 대신 종이나 전분으로 만든 것을 사용합니다. 하지만 전분으로 대용 플라스틱을 만들면서 전세계 곡물값이 인상되는 것은 새로운 문제입니다[53]. 햇빛과 미생물에 의해 쉽게 분해가 되는 비닐도 이미 개발이 되었는데, 문제는 사용도 하기 전에 분해가 시작된다는 단점이 있었습니다. 국내 기업이 세계 최초로 일정 시간이 지나야 분해가 시작되는 분해성 플라스틱과 비닐을 개발하여 이 단점을 해소하고 상용화하고 있습니다. 가장 큰 문제는 이런 새로운 제품의 가격이 기존의 것보다 비싸 소비자들의 선택을 잘 받지 못한다는 점입니다.

우리가 편안한 생활을 즐기고 있을 때에 자연 어디에서는 그 대가로 고통을 받는 생태계가 있다는 점을 항상 생각하여야 합니다.

19
한국인의 높은 체내 수은 농도

한영지

우리는 모두 수은이 위험한 중금속인 것을 은연중에 알고 있습니다. 그리고 아마 많은 분들이 수은 중독 사건인 일본의 미나마타병에 대해 들어보았을 겁니다. 이제 비극의 이야기 속으로 들어가 보겠습니다.

일본 미나마타현

우리가 흔히 보는 온도계 속의 동글동글한 은색 방울을 이루는 것이 수은입니다. 물론 이것도 위험하지만, 다른 종류의 수은 즉 메틸수은은 이보다 훨씬 더 위험합니다. 1932년부터 1968년까지 일본의 칫소Chisso 화학 공장에서 약 600톤의 메틸수은이 미나마타현의 바다로 흘러들었습니다. 메틸수은은 먹이연쇄에 따라 엄청난 배율로 생물에 축적되는, 즉 생물농축이 일어나는 물질이기 때문에, 플랑크톤에서 조개로, 정어리로, 고등어로, 그리고 점점 더 큰 물고기인 갈치와 돔으로 고농도로 농축되어 갔고, 최종적으로는 사람들의 식탁에까지 올라가게 되었습니다.

그 당시 미나마타 만에 살고 있던 리미꼬 요시나가Rimiko Yoshinaga의 할아버지는 어부였고, 매일 잡은 고기 중 일부를 집으로 가지고 왔습니다. 리미꼬의 아버지는 칫소공장에서 일하는 직원이었으나 밤에 귀가하면 다시 낚시를 나갔습니다. 리미코의 오빠는 해안가에서 조개와 게들을 잡았습니다. 그녀의 아버지는 1956년에 사망했습니다. 리미꼬가 결혼하고 그녀의 남편이 병원에서 집으로 퇴원했을 때 그녀는 남편을 회복시키려고 미나마타 만에서 잡은 영양가 많은 물고기를 그에게 먹였고, 그 해에 역시 어부였던 그녀의 시아버지가 사망했습니다.

리미꼬의 가족들과 이웃들이 아프기 전에, 사람들은 이상한 일들을 많이 목격했습니다. 물고기들이 물 위에 둥둥 떠다니며 괴로워하고, 손으로도 쉽게 잡혔습니다. 수백 마리의 고양이가 이상한 춤을 추는 것처럼 걷다가 죽어 나갔고, 까마귀들이 하늘에서 갑자기 떨어져 죽었습니다. 리미꼬는 너무 어려서 아버지의 일을 잘 기억하지 못하지만, 미리꼬의 어머니는 뚜렷하게 기억하고 있습니다. 그녀의 남편이 말을 잘 할 수 없었으며 말을 하려고 해도 입 밖으로 말을 전달할 수 없었다는 것을요.

몸 속으로 들어간 메틸수은의 일부는 간에 흡수되지만, 실제 손상은 뇌로 들어가는 수은 때문에 나타납니다. 뇌로 침투한 수은은 다양한 신경학적 혼란을 초래합니다. 그 당시의 미나마타 만의 의사들은 신경학적으로 손상된 환자를 너무 많이 보게 됩니다. 그러나 그 중에서도 가장 끔찍한 일은 엄마와 태아와의 관계였습니다. 그 당시 태어난 아이들이 뇌성마비와 같은 증상을 나타냈으나, 그 엄마들은 큰 손상은 입지 않았습니다. 왜냐하면, 메틸수은이 임산부에게서 태아로 흘러 들어가서 태아가 대부분의 독성을 흡수하며 희생되었고 엄마들은 안전하게 있을 수 있었던 것입니다. 나이가 어릴수록 신경계에 미치는 독성은 더 크게 나타나고 특히 태아의 뇌는 가장 큰 영향을 받게 됩니다.

여러분, 인터넷 검색기에서 '유진 스미스 미나마타'를 찾아보세요. 미나마타병을 나타내는 몇 개의 사진들을 볼 수 있는데, 그 중에는 엄마가 욕조에서 뇌성마비의 자식을 안고 고통에 찬 얼굴로 바라보는 유진 스미스의 사진이 있습니다. 그 사진을 보는 우리는 모두 그 고통의 일부를 같이 느끼게 됩니다. 리미꼬는 살아남았습니다. 그러나 공식적으로 2,265명의 환자가 확인되었으며(비공식 집계의 희생자는 2만 명에 가까움), 이 중 314명이 사망하였습니다.

수은은 어디서 배출될까?

칫소공장은 아세트알데하이드acetaldehyde를 생산하는 화학반응을 촉진시키고자 독성이 높은 메틸수은을 사용했습니다. 그렇다면 메틸수은을 사용하지 않으면 괜찮은 걸까요? 1969년에 제르네뢰프Jernelöv는 Nature 저널에 논문을 출판하였는데, 화학공장에서 메틸수은이 아닌 무기수은을 배출함에도 불구하고 인근 바다에 사는 스웨덴 창고기

Swedish Pike가 고농도의 메틸수은으로 오염되었다는 사실을 보고하였습니다. 즉, 상대적으로 독성이 덜한 무기수은도 살아있는 생물체 내에서 메틸화될 수 있습니다. 그 생물체는 쉽게 발견할 수 있는 박테리아였습니다. 따라서 상대적으로 독성이 덜한 무기수은을 배출하더라도 조건만 맞으면 언제든지 독성이 높은 메틸수은으로 변환되어 먹이연쇄를 따라 농축될 수 있다는 것입니다.

그렇다면 독성이 덜한 수은, 즉 무기수은은 어디에서 배출된 것일까요? 수은은 애초부터 지각에 존재하는 물질입니다. 따라서 석탄과 석유를 연소하면 수은이 자연스럽게 배출됩니다. 그런데 배출되는 수은 중 대부분을 차지하는 가스 형태가스상의 무기수은은 물에 대한 용해도가 낮으며, 파괴가 가능한 연소온도는 매우 높고 흡착이 잘 안 되어서 제어장치로 처리하기가 까다롭습니다. 기억하세요, 수은은 모든 중금속 중에서 상온에서 가스상으로 존재할 수 있는 유일한 중금속입니다. 다른 중금속들은 공기 중에 모두 고체로 존재합니다.

따라서, 석탄과 석유의 연소를 통해 수은은 대기 중으로 방출되고 마음껏 이동하다가 강과 호수 등 수체나 토양에 떨어진 후 급격히 메틸수은으로 변형되어 독성을 발휘하게 됩니다. 한편 대기에 존재하는 무기수은은 용해도가 낮고 반응성도 낮아서 공기 중에 오랫동안 체류하며 먼 거리를 여행할 수 있습니다. 따라서 중국에서 나온 수은이 우리나라는 물론 태평양을 건너 미국에까지 날아갑니다. 종종 이런 장거리 이동 오염물질은 국가 간 분쟁의 원인이 되기도 합니다. 우리는 우리나라에서 배출되는 수은 외에도 다른 나라에서 배출되는 수은까지도 신경써야 하는 것입니다.

그렇다면 세계에서 수은을 가장 많이 배출하는 국가는 어디일까요? 아쉽게도 우리나라의 서쪽에 위치해 편서풍 바람을 타고 온갖 물질들이 불어오는 곳, 바로 중국입니다. 동아시아는 세계 수은 배출량의 2/3를 차지하고 중국은 이 중 절반이 넘는 양을 배출하고 있습니다.

생선을 통한 수은 섭취

공기, 땅, 물 등으로 배출된 수은은 메틸수은으로 바뀐 후 생물농축 과정을 거쳐 상위 영양단계의 생물체에 고농도로 축적됩니다. 그리고 그 상위 영양단계의 생물체주로 어패류를 섭취함으로써 우리 인간은 수은에 노출되고, 한번 우리 몸속에 들어온 수은은 잘 배출되지 않고 체내에 축적됩니다. 우리나라 국민은 어류 섭취량이 상당히 높은 편입니다. 그러니 우리나라에 서식하는 물고기가 저 멀리 미국 뉴욕 옆의 대서양에 서식하는 물고기와 동일한 수은 농도를 가지고 있다 하더라도, 우리나라 국민의 체내 수은 농도가 미국인보다 높을 것으로 추정할 수 있습니다. 실제로 그럴까요?

한국인의 어류 섭취량은 2017년 전세계 1위일 정도로 높습니다. 그리고 우리나라 성인의 혈중 수은농도는 미국이나 캐나다, 독일의 성인 혈중 수은 농도와 비교하면 2~3배나 높습니다. 국민환경보건 기초조사 보고서에 따르면 19세 이상 성인 남성의 체내 수은 농도는 평균 3.7 μg/L이고, 성인 여성의 평균값은 2.6 μg/L로 남성이 여성에 비해 높은 수은 농도를 보였습니다. 지역적으로 살펴보면, 울산과 제주에서 가장 높고 충남과 충북에서 가장 낮아서 역시 어패류 섭취빈도가 중요한 영향인자임을 알 수 있습니다. 이런 사실로부터 알 수 있듯이, 한국인의 어류 섭취량이 매우 높기 때문에, 다른 나라에 비해 어류 내 수은 농도 기준이 더 엄격히 관리해야 한다고도 말할 수 있습니다.

생선은 성장 발달에 좋은 영양소를 갖고 있지만 반면에 메틸수은 등의 오염물질도 같이 가지고 있어 적정량을 섭취하도록 권장하고 있습니다. 우리나라 식품의약품안전처 www.mfds.go.kr 는 2017년에 임신, 수유 여성과 어린이를 대상으로 생선의 권장 섭취량을 제시하였습니다. 먼저 임신 수유 여성은 참치의 경우 통조림으로 일주일에 400 g 이하로 섭취하기를 권장하였습니다. 일주일 동안 일반어류와 다랑어 등 다양하게 생선을 먹을 때는 일반어류 200 g과 다랑어 50 g 또는 일반어류 100 g과 다랑어 75 g 등으로 그 양을 고려하면 된다고 하였습니다. 또 유아등 어린이는 나이에 따라 섭취량을 제한 할 것을 권장하고 있습니다.

금광제련 과정에서

화력발전소, 시멘트공장, 제철소 등 수은을 배출하는 점오염원은 많이 있습니다. 그러나 우리나라를 비롯한 대부분의 국가에서는 배출기준을 엄격하게 설정하기 때문에, 이들 배출원 공장들은 여러 가지 제어장치를 사용하여 수은을 최대한 많이 제거한 후 환경으로 배출합니다. 하지만 수은을 직접 사용하면서 전혀 제어장치를 거치지 않는 배출원도 있습니다. 무엇일까요?

인터넷 검색 사이트에서 global mercury emission을 검색하면 전 세계의 수은 배출량 지도가 나옵니다. 들여다보면, 아시아 외에도 아프리카와 남아메리카 대륙에서 군데군데 수은을 다량 방출하는 핫스팟 hotspot 지점들을 볼 수 있습니다. 이곳에 무슨 배출원이 있을까요? 바로 작은 규모의 금 광산 gold mine 입니다. 금은 토양 등의 불순물과 혼합된 상태로 채굴되기 때문에 이 혼합물에서 금을 추출해야 하는데, 여기에 사용되는 것이 수은입니다. 수은과 금은 서로 결합해서 아말감 amalgam 을 형성하게 되고, 아말감을 높은 온도로 가열하면 수은은 휘발되고 금만 남게 됩니다. 휘발된 수은은 어디로 갈까요? 대부분은 공기 중으로 훨훨 날아가고, 일부는 수은을 만지고 아말감을 가열하는 작업자의 숨을 따라 몸속으로 들어갑니다.

전세계에는 이런 소규모 광산에서 일하는 작업자가 천오백만 명이나 되고 이들 중에는 어린이들도 많이 있습니다. 이들은 지속적으로 수은에 노출되어, 신경계, 소화계, 그리고 면역체계에 해를 입습니다. 소규모 금 광산에서 발생하는 수은은 메틸수은이 아니라 상대적으로 독성이 덜한 원소수은입니다. 하지만 원소수은에 고농도로 급성노출되면 호흡기관이 크게 자극받아 기침, 호흡 곤란, 가슴 압박 등의 증상이 나타납니다. 원소수은에 만성 노출되면 폐기능이 감소되고 기도 폐색, 폐활량 감소 등의 증상이 나타나며, 신장과 면역체계에 독성을 일으킬 수 있습니다.

우리나라에서도 2014년 전구를 만드는 공장에서 원소 수은 유출 사고가 발생하였습니다. 형광등 등 조명을 생산하는 전구회사는 공장의 일부를 물류창고로 개조하기 위해 철거작업을 진행했는데, 철거작업을 하던 노동자들이 손발 저림, 구토, 한기 등 원인을 알 수 없는 증상에 시달리다 수은 중독 판정을 받았습니다. 원인을 살펴보니, 공장에서 형광등을 제조하면서 수은을 사용해왔는데 철거 노동자들에게 이를 설명하지 않았고, 수은을 제대로 처리하지 않고 불법으로 다른 폐기물과 함께 지하에 묻어버렸습니다. 그 결과 철거과정에서 3 kg을 초과하는 수은이 유출되었으며, 인근 토양의 수은 농도는 기준치의 85배에 이르렀습니다. 이 수은은 주변 하천으로 흘러 들어갔습니다.

다시 미나마타로: 미나마타 협약

소규모 금광이나 공장에서의 유출사고로 인한 피해 등 수은으로 인한 환경의 위해를 줄이기 위한 미나마타 협약이 2013년에 채택되었습니다(25장 참고). 미나마타 협약은 수은으로 인한 환경의 위해를 줄이기 위해 생산부터 저장, 사용, 배출, 폐기까지를 관리하는 단일 화학물질에 대한 세계 최초의 협약이며, 수은 공급과 교역, 수은첨가제품, 대기-물-토양에의 배출, 저장과 폐기 등을 주요 내용으로 하고 있습니다.

수은에 관한 미나마타 협약Minamata Convention on Mercury은 2017년 8월에 국제적으로 발효되었고, 현재 미국, 유럽연합, 일본, 중국 등 114개국이 비준했습니다. 이 협약은 신규 수은 채광을 금지하고 기존 수은 광산은 15년 이내에 폐쇄하도록 하고 있습니다. 또한 수은의 의도적 사용, 예를 들면 치과용 아말감 사용의 저감 여러분 치아에 아말감이 있나요? 예전에는 대부분 충치치료 후 아말감으로 충전하였습니다, 수은 전지와 램프의 신규 제조 및 수출입 금지, 수은을 사용한 염소-알칼리 생산공정 금지, 수은 배출시설 파악, 친환경적 수은 폐기물 처리 등에 관한 내용을 담고 있습니다.

우리나라도 2014년에 협약에 서명한 이후, 2019년 유엔에 비준서를 접수했고, 90일 이후인 2020년 2월부터 국내에서 효력이 발생 중입니다. 미나마타 협약은 이행 의무 규정이 포함된 국제조약으로, 국내에 관리체계가 없거나 관리규정이 서로 다른 사항에 대하여 정비하는 과정에서 시일이 장기간 소요되었기 때문에, 비준이 다소 늦어졌습니다. 2020년부터 협약에서 정한 수은첨가제품 8종 전지, 형광등, 화장품, 체온계 등 포함의 제조와 수출입이 금지되고 치과용 아말감에 대한 사용 저감 조치를 시행하게 됩니다. 미나마타협약을 계기로 수은과 수은화합물의 노출로부터 국민건강과 환경을 보호하고, 우리나라 국민이 수은에 노출되는 사고가 더 이상 없게 되기를 기대해봅니다.

지금까지 에너지, 대기, 물, 농업, 생물다양성, 쓰레기, 중금속과 질병 등 다양한 현대환경의 이슈들을 살펴보았습니다. 이제 두 가지 이야기 꼭지를 더하며 2부의 문을 닫아가겠습니다. 우리는 아직도 2020년 세계를 잠시 멈추게 하였던 판데믹 pandemic의 여파를 경험하고 있습니다. 역사 속에서 우리 인류가 맞이했던 여러 질병과 환경과의 관계를 살펴보겠습니다. 그리고 어찌할 수 없는 또 하나의 공포, 전쟁이 환경에 어떤 영향을 주어 왔는지를 알아 보겠습니다.

20
질병

안태석

빌 게이츠는 2015년에 '전염병 확산은 전시상황이다. 우리가 경계해야 할 것은 미사일이 아니라 미생물이다'라고 하였습니다. 2019년 말 전세계를 강타한 코로나 바이러스로 인한 경제적 피해를 생각하면 이해가 됩니다. 앞으로 벌어질 인류의 대량 살상은 전쟁이 아니라 미생물에 의한 질병이라는 의미입니다. 전쟁은 국가 간의 이해관계에 따라 이루어지고 핵전쟁은 그 마지막 단계이지만 그 확률은 매우 낮습니다. 그러나 인플루에자influenza와 같은 전세계적인 유행병pandemic은 한번 유행으로 수천만에서 수억 명을 사망에 이르게 할 수 있기 때문입니다. 실제로 1차 세계대전 당시 전쟁으로 사망한 사람은 2,500만 명이지만, 당시에 유행한 스페인 독감으로 사망한 사람은 무려 5,000만 명에서 1억 명이었습니다.

질병은 인간과 동물, 식물들이 보이는 생리적, 구조적 그리고 기능적인 변화 가운데, 의학적인 변화를 말합니다. 여기에는 고혈압처럼 환자 개인의 문제로도 발생할 수 있으나, 여기서는 감염성 질환 또는 질병을 중심으로 얘기하겠습니다.

감염병 infectious disease은 '어떤 특정 병원체 혹은 병원체의 독성물질 때문에 일어나는 질병으로 이 병원체 혹은 독성물질에 감염된 사람, 동물 혹은 기타 병원소로부터 감수성 있는 숙주 사람에게 전파되는 질환'을 말합니다. 숙주 host는 병원체가 질병을 일으키는 개체를 말합니다. 사람이 숙주가 되는 경우 보건 위생학적 측면에서 주의를 하여야 합니다. 감염 infection은 병원체가 숙주 내에서 분열 증식하는 과정이고 그 결과 사람에게는 질병이나 면역 반응이 나타나게 됩니다.

병원체는 세균, 바이러스 virus, 균류 곰팡이, 리켓챠 Richettia, 원생동물 등 질병을 일으키는 생물체를 말합니다. 이들 감염성 질환은 발병자 질환이 발생한 사람나 보균자 질환의 발현은 없으나 병원체를 옮김가 다른 개체에게 질병을 옮기므로 큰 피해를 남기고 때때로 역사를 바꾸기도 합니다.

병원체의 전파는 ❶ 사람 사이의 직접, 간접 접촉 홍역, 인플루엔자, 감기, 결핵, 성 질환, AIDS 등, ❷ 물과 음식 이질, 장테푸스, 콜레라, 햄버거병, A 형간염 등, ❸ 곤충 말라리아, 활열병, 댕기열, 일본뇌염 등, ❹ 동물 광경병, 탄저병 등에 의하여 이루어집니다.

발병과정에서 병원체, 숙주의 면역상태, 그리고 환경조건에 따라 전염병 발생과 전파 상태가 달라집니다. 즉, 병원체의 독성 virulence과 개체수에 의하여 발병이 결정됩니다. 또 감염된 사람의 건강상태와 면역상태에 따라서 발병하기도 하고 안하기도 합니다. 겨울철에는 바이러스

생존기간이 길어지므로 질병의 전파가 더 커집니다. 환경조건에 따른 감염력 변화의 한 예입니다.

감염성 질병은 초기 농경사회 때부터 시작되었습니다. 농경사회로 진입하면서 사람들이 모여 살고, 배설물과 잉여 농산물의 처리가 불완전하면서 질병 원인균의 서식처가 만들어졌고 인구가 밀접하니 발병과 전파가 쉽게 일어났습니다. 초기 도시국가인 그리스 시대에 장티푸스로 추정되는 질병 등이 창궐하였다는 기록이 있습니다.

질병의 역사

감염성 질병에 의한 세계적인 사건은 다음과 같습니다.

로마의 멸망

지중해 지역을 장악한 로마Roma, BC27~AD1453는 당시 거대한 제국이었고, 수도인 로마는 국제도시였습니다. 찬란한 문명과 부의 뒤편에는 주기적인 질병의 창궐이 있었습니다. 천연두, 선페스트, 장티프스 등의 전염병이 주기적으로 발병하고 전파되어 제국의 존립이 위협받을 때가 여러 번 있었습니다.

천연두로 추정되는 병은 AD170년 경 시리아에 수눈한 군대가 귀국하면서 로마제국에 퍼졌고 이 질병으로 많은 사람들이 희생되었습니다. 천연두small pox는 바이러스*Variola major* 또는 *Variola minor*로 전파되는 질병으로, 공기 중으로 전파됩니다. 유럽에서는 18세기 이전에 매년 40만 명이 이 질환으로 사망하였고, 천연두의 면역력이 없었던 남미에서는 유럽인이 전파한 이 질병으로 마야, 잉카 그리고 아즈텍 문명이 사라졌습니다. WHO는 1979년 공식적으로 천연두의 박멸을 선언하였습니다. 인류가 박멸한 최초의 전염병입니다.

또 선페스트로 추정되는 질병은 AD540년경 시작되어 200년간 로마를 비롯한 유럽을 괴롭혔습니다. 심할 때는 하루에 1만 명이 사망하였다 하니 그 위력을 짐작할 만합니다. 선페스트pest 또는 plague는 세균*Yersinia pestis*이 일으키는 전염병입니다. 공기, 음식, 접촉, 벼룩 등 곤충에 의하여 전파되며 감염 부위에 따라 림프절에 감염되는 선페스트, 혈액에 감염되는 패혈페스트, 허파에 감염되는 폐페스트 등이 있습니다. 감염력과 사망률이 높아 생물무기로도 개발되었습니다. 지금은 항생제 등으로 치료가 잘되는 질병입니다. 한편 페스트는 흑사병black death라고도 합니다. 혈액이 파괴되어 색소가 피부에 침착되면서 검은색을 띠므로 이런 이름이 붙었습니다.

로마제국은 AD330년 수도를 동쪽으로 옮깁니다. 지금의 터키 이스탄불당시에는 비잔티움, 나중에 콘스탄티노폴리스입니다. 로마에서 동쪽으로 수도를 옮긴 이유는 여러 가지이지만 질병도 하나의 이유입니다. 세계 최초의 하수도 시설을 보유했던 로마였지만, 이는 귀족과 부유층이 사는 동네에 국한되었고, 서민이 밀집한 거주지에는 마땅한 하수시설이 없었습니다. 비누가 없었던 당시, 소변은 세탁과 염색, 피혁업자에게 매우 중요한 재료였습니다. 길거리 화장실에서 소변을 받아 거두는 직업이 있을 정도였습니다. 오늘날 서울의 인구밀도는 1 km^{2}당 1만6천 명 정도인데,

당시 로마는 무려 11만 명에 달했습니다. 이런 고밀도 사회에 변변한 하수시설을 갖추지 못한 로마는 악취가 코를 찔렀을 것입니다. 물론 로마의 하수시설은 매우 선진적인 도시 인프라였습니다. 하수도는 로마제국 이후 길고 긴 중세시대를 지나고 1800년대에 이르러야 다시 역사에 등장하게 됩니다. 하지만 살인적인 인구밀도와 제한적인 하수시설로 인해 이 도시는 위생적으로 안전하지 못하였고 점차 활력을 잃어갔습니다.

중세 유럽 페스트

중세의 유럽을 휩쓴 것은 몽골제국이었습니다. 서기 1347년 몽골제국의 군대와 더불어 유럽에 전해진 것이 페스트입니다. 페스트로 사망한 시신을 투석기로 성내로 쏘아 던진 것은 생물학전의 하나였습니다. 당시 유럽은 농경국가로 수확한 농산물을 보관하고 있었고, 당연히 쥐가 많았습니다. 페스트는 쥐에 기생하는 쥐벼룩이 옮기기도 하는데, 몽골군이 옮겨온 페스트균이 쥐벼록과 만나 페스트가 폭발적으로 전파되었습니다. 당시 유럽 인구의 30~60%가 이 질병으로 사망하였다고 추정하고 있습니다.

페스트의 여파로 중세 유럽인들에게 절대적인 정신적 지주였던 기독교 사상이 의심받으면서 인간 본위의 철학으로 변화합니다[65]. 또 경제적으로도 인구가 줄어들어 노동력을 제공하는 농노의 경제적 지위가 상승하고 봉건제도가 붕괴합니다. 페스트가 창궐할 당시에 이탈리아의 보카치오Boccaciao는 페스트를 주제로 데카메론Decameron이라는 소설을, 1942년에는 프랑스의 카뮈Camus가 페스트La peste라는 소설을 발표합니다.

페스트는 중세 이후에도 주기적으로 창궐하였고, 최근에는 1866년부터 중국, 인도를 중심으로 발생하여 100년간 진행되었습니다. 당시에 질병의 원인을 모르니 희생양이 필요하였고 이때에 희생된 사람들 중에 유대인이 다수를 차지했습니다.

신대륙 문명의 멸망

유럽인들이 신대륙 북미, 중남미 및 오세아니아를 발견할 당시에 신대륙에는 이미 원주민들이 살고 있었습니다. 이들은 마야, 잉카 및 아즈텍 문명으로 구대륙과는 다른 독특한 문명을 이루고 있었습니다. 콜럼버스 Columbus가 발견한 신대륙에 사는 사람들은 수렵과 채집경제 상태였고 인구밀도도 낮았고 전염병은 없었습니다.

이러한 상태에 유럽인이 가지고 간 홍역, 천연두, 인플루엔자는 이들에게는 새로운 질병이었고 많은 원주민이 이 질병들로 인해 사망하였습니다. 약 800명의 스페인 군대가 1520년경에 남미를 점령할 수 있었던 것은 특히 천연두의 전파이고 이 병으로 남미에서만 약 15만 명이 사망하였다고 추정합니다. 호주 오세아니아에서도 마찬가지였습니다. 이 질병 덕분에 유럽인들은 아주 작은 인원으로도 그 넓은 남미와 호주 대륙을 점령할 수 있었습니다.

황열병 Yellow fever

아이티 Haiti는 서인도 제도의 섬나라입니다. 지금은 가난한 나라이지만 한때는 사탕수수와 커피 생산으로 부자인 적도 있었습니다.

이 지역에 살던 원주민들은 유럽인이 가져온 천연두 등 질병으로 몰살하였고 그 빈자리를 채워 노동력을 제공한 사람들은 아프리카 노예들이었습니다. 지금은 신대륙 국가 중 흑인의 비율이 가장 높은 국가입니다.

아프리카 흑인들은 이 지역에 아프리카의 풍토병인 황열병 바이러스를 퍼트렸습니다. 이 바이러스는 모기가 매개하여 다른 사람에게 전파가 됩니다. 치명율은 매우 높지만 아프리카인들에게는 이미 면역체계가 갖추어져 있었습니다.

프랑스 식민지이었던 이 지역은 프랑스 혁명의 영향을 받아 1803년에 독립을 선언하고 무장 투쟁에 나섭니다. 당시 프랑스 황제인 나폴레옹은 1825년에 약 25,000여 명의 프랑스군을 아이티에 파견해 점령하려고 하였습니다. 그러나 이 지역에 퍼진 황열병에 대한 면역체계가 없던 프랑스군은 맥없이 패퇴하고 맙니다. 그 결과 프랑스는 이 지역에서 물러나고 아이티는 신대륙에서 미국 다음으로 독립을 쟁취합니다.

대서양과 태평양을 연결하는 파나마 운하도 처음에는 이 황열병과 말라리아 때문에 건설을 포기하였습니다. 모기가 이 두 질병을 전파한다는 것을 알고 습지를 메우고 치료제를 공급하여 노동자들을 보호한 다음에야 파나마 운하는 완성되었습니다.

유럽인이 퍼트린 천연두 등으로 신대륙 원주민은 몰살하였고 아프리카에서 노예로 끌고 온 아프리카인들은 황열병을 퍼트려 유럽인을 쫓아낸 일들을 보면 인간의 역사는 질병에 의하여 결정되었습니다[66].

콜레라 Cholera

박경리의 장편 소설 '토지'에 구한말에 유행한 콜레라 이야기가 나옵니다. 호열자라는 돌림병이 바로 이 콜레라입니다. 콜레라는 인도에서는 풍토병으로 지역적인 돌림병이었습니다. 그러나 18세기 초에 영국이 인도에 대한 영향력을 키우면서 이 풍토병은 전세계로 전파되었고, 특히 1817년에는 갠지스강 유역에서 발생한 콜레라가 무역로를 따라 전 세계로 퍼져 나갔습니다. 주기적으로 발생한 콜레라는 1831년 영국에 상륙하여 런던에서 첫 사망자가 나왔습니다.

당시 런던은 산업혁명으로 수많은 노동자가 몰려들었습니다. 인구 250만 명의 대도시에서 마실 물은 동네마다 있는 우물이나 펌프 물에 의존하였고 하수도는 개념조차 없던 시절이었습니다. 즉 쓰레기와 배설물로 넘쳐나는 도시에 사람들은 창밖으로 배설물을 내다 버리고 그 배설물은 우물과 강으로 흘러 들어갔습니다.

이 오염된 물을 마시고 하루 만에 70여 명이 콜레라 증세로 사망하였고 원인을 모르는 사람들은 계속 오염된 물을 마셨습니다. 한 의사에 의하여 오염원이 우물임을 확인하였고 물에 의하여 전파된다는 사실을 확인하였습니다. 우물을 폐쇄하자 발병율이 급감하였고 이 당시의 감염자 분포를 확인하는 '감염지도'의 작성은 현대 역학조사에서 중요한 과정이 되었습니다[67]. 우리나라에도 1921~22년에 압록강 유역에서 시작되고 제주도까지 퍼진 이 질병으로 수십만 명이 사망하였습니다.

콜레라는 콜레라균 *Vibrio cholerae*이 원인균입니다. 코흐 Koch는 1884년에 콜레라 증세로 숨진 환자의 몸에서 쉼표(,) 모양의 세균을 현미경으로 확인하였고 다른 지역의 환자에서도 이 균을 확인하였습니다. 물론 건강한 사람에게서는 보이지 않았습니다. 코흐는 이 균을 배양하여 같은 모양임을 확인하고 균의 성질을 파악하여 습기가 있는 수건이 이 세균을 전파한다는 것을 확인하였습니다. 이 결과를 토대로 '코흐의 질병 진단법'이 탄생하였습니다.

도시 기반 시설인 상수도와 하수도가 완비되면서 이 질병의 유행은 사그라 들었으나, 지금도 전쟁, 지진, 해일 등으로 도시 기능이 마비되면 다시 창궐하곤 합니다. 예로 2010년 아이티 대지진 후에는 이 질병이 창궐하여 1,300여 명이 사망하였습니다.

박경리의 소설 '토지'에서 이 돌림병을 피했던 인물은 끓인 물과 익힌 음식만 먹음으로서 이 질병에서 살아남습니다. 현대에도 이와 다르지 않고 더하여 손을 깨끗이 하면 많은 질병을 예방할 수 있습니다. 우리나라에서는 법정 전염병 1종으로 관리하고 있습니다. 콜레라에 감염되면 급속한 탈수가 진행되고 이로 인한 전해질의 불균형이 진행되어 구토, 설사를 동반한 쇼크로 사망에 이르게 됩니다. 항생제로 원인균을 제거하고 전해질의 균형을 맞추어 주면 치료가 됩니다.

근현대사의 질병

근현대사에서 질병의 특징은 전세계적으로 확산pandemic이 된다는 점입니다. 중세에서도 세계적인 확산이 있었으나 전쟁 경로와 무역로를 따라 국지적 혹은 지역적 규모로 확산되었던 반면에 근현대사에서는 교통수단의 발달로 아래의 사례들처럼 전세계로 급속하게 퍼져 나갔습니다.

스페인 독감

제1차 세계대전이 한창이던 1918년 봄 영국에서 발생한 이 독감은 1919년 가을 대유행이 종식될 때까지 약 5천만 명이 사망할 정도로 어마어마한 위세를 떨쳤습니다. 당시 인구의 15명 중 1명이 이 독감으로 사망했다고 보고 있습니다. 한반도도 이 질병에서 자유롭지 못하였고 당시 통계로 인구 약 1,700만 명 중 약 740만 명이 이 독감에 감염되었고, 이 중 약 14만 명이 사망한 것으로 기록되어 있습니다.

당시 이 질병은 북극지방에서 사는 에스키모인에게도 전파되어 1918년경에 많은 사망자가 발생하였습니다. 에스키모인들은 시신을 땅에 묻는 풍습이 있습니다. 2005년에 이 질병으로 사망한 에스키모의 시신을 영구동토에서 수습하고 이 시신의 허파에서 분리한 스페인 독감 바이러스를 분리하였습니다. 추가 조사에서 이 바이러스는 H1N1 형으로 밝혀졌고, 이 형은 현재에도 유행하는 바이러스 형입니다.

여기에서 H와 N은 바이러스의 항원이고 뒤의 숫자는 종류를 말합니다. H는 바이러스가 숙주의 세포에 붙는 데에 중요한 물질이며, 16종의 변형이 확인되었습니다. N는 감염된 세포에서 증식된 바이러스와 숙주 체세포 간의 연결을 끊어주는 효소이며 9종의 변형이 있습니다. 신종 플루의 병원체 바이러스는 H와 N이 다양하게 변화하면서 나타나며 이론적으로 총 144(16 × 9)개의 변형이 존재할 수 있습니다. 편리상 H

와 N의 종류에 따라 H1N1와 H5N1 등으로 표기합니다. 여기에서 숫자는 발견된 순서에 따라 붙입니다. 인플루엔자 바이러스는 항원 변이라는 독특한 특징을 가지고 있는데, 크고 작은 항원 변이는 거의 매년 일어나며 이러한 특징 때문에 독감 예방 백신을 만들기가 어렵습니다.

지난 2000년대에 2~4년 간격으로 독감이 유행하였는데, 대부분이 H1N1과 H5N1 이었습니다. 한편 이 독감 바이러스의 유전물질은 RNA입니다. 세균부터 포유류까지 모든 생물체의 유전물질은 DNA 입니다. 하지만 바이러스는 DNA가 유전물질인 것과 RNA가 유전물질인 것의 두 종류로 구분됩니다. 이중 RNA 바이러스는 유전자 변형이 잘 일어나고 숙주를 바꾸기도 합니다. 신종플루도 본래 새들에게 감염되던 바이러스가 RNA 유전자 변이로 돼지와 사람에게도 감염되어 질병을 일으키는 것입니다.

스페인 독감, 신종 플루, 조류 독감은 유사한 바이러스에 의하여 발병하는 질환입니다. H5N1은 새들끼리 전염되는 것이 일반적이지만 이 바이러스가 1997년 홍콩에서 발병하여 6명이 사망한 '홍콩조류독감'의 원인병원체였다는 것이 판명됨으로써 사람으로의 전파 가능성이 확인되었습니다.

바이러스에 감염된 폐 세포는 사이토카인을 과량으로 분비하고 이 물질은 면역계를 자극합니다. 이 자극으로 많은 백혈구가 폐로 이동하여 폐 세포를 파괴함으로써 출혈과 폐부종을 일으키며 호흡곤란이 동반되어 사망에 이르게 됩니다. 이를 사이토카인 폭풍Cytokine storm이라고 합니다.

신종플루와 조류 독감 avian flu

조류독감은 A형 인플루엔자에 속하며 새들에게 감염이 됩니다. 닭과 오리가 감염이 되고 야생조류도 감염이 됩니다. 특히 철새에 의하여 병원체가 전파되는데, 중국의 칭하이호 청해호 는 각종 철새가 모였다 흩어지는 곳으로 바이러스의 전파에 중요한 역할을 한다고 알려져 있습니다. 우리나라에는 철새가 날아오는 겨울철에 발생할 가능성이 높습니다.

감염된 새들은 섭식을 하지 못하고 죽고 맙니다. 조류 독감은 고병원성과 저병원성으로 구분이 됩니다. 2009년 인플루엔자 대유행 때에 H1N1 형이었는데, H1은 스페인 독감 환자에서 분리한 바이러스와 동일한 유전자를, N1은 조류 독감의 유전자와 동일한 것임을 확인하였습니다. 즉, 사람 인플루엔자와 조류 인플루엔자의 유전자가 섞여 인간에게 새로운 인플루엔자 질환을 일으킨 것이었습니다. 바이러스의 숙주가 하나가 아니라 유전자에 따라 여럿이라는 의미입니다.

RNA 바이러스의 변종이 나타날 확률은 DNA 바이러스보다 10만배 이상으로, 예방 백신 만들기는 매우 어렵지만 신종 인플루엔자를 예방하기 위한 팬뎀릭스 등의 백신이 개발되었습니다. 우리나라도 그린프루 에스라는 백신을 개발하였습니다. 치료제로는 타미플루 등이 있습니다. 타미플루 Tamiflu 는 동양에서 향신료로 사용하는 팔각 *Illicium verum* star anise 이라는 식물에서 유래된 물질입니다. 이 물질은 N 항원에 작용하여 그 기능을 억제하는 물질입니다.

에볼라 Ebola

서아프라카와 중앙아프리카에서 1976년부터 지금까지 6~10년 간격으로 반복적으로 에볼라가 집단 발병하고 있습니다. 초기 발병 때에는 치사율이 100%에 이르고 발병 증세가 끔찍하여 공포의 질병이었습니다. 또 이 질병의 발병지역이 의료 시스템이 미비한 지역으로 치료와 예방이 불가능하였습니다.

질병의 병원체는 에볼라바이러스*Evolavirus* 속으로 몇 개의 종이 있습니다. 이들은 깊은 정글에 사는 박쥐류로부터 인간에게 전염된 것으로 파악하고 있습니다. 다국적 기업들이 목재와 지하자원을 개발하면서 황폐화된 생태계, 그 안에서 살던 야생 생물이 잃어버린 서식처를 떠나 인간과 접촉하여 전파된 것으로 추정합니다. 사람 간의 전염은 혈액 또는 체액과 직접 접촉함으로써 진행이 됩니다. 잠복기는 10일 정도이고 증세는 고열, 두통, 안구충혈, 설사, 구토, 출혈 등이 나타나며 저혈압으로 인한 쇼크나 다혈성 장기 부전으로 사망합니다. 또 사이토카인 폭풍도 사망원인의 하나입니다. 평균 사망률은 50% 정도이며 치료방법은 정맥에 수액을 주사하여 전해질의 농도와 산소의 농도를 유지하는 방법이 있고, 백신은 아직 개발되지 않았습니다. 발생지역이 아프리카의 가난한 국가들이라는 점과 간헐적으로 발생하고 있어 경제적 이득이 없기 때문에 제약회사들이 백신 등 예방과 치료제를 개발하지 않는 것이라는 국제적인 비난을 받고 있습니다.

운송 수단의 발달로 아무리 깊은 오지라 하여도 48시간 안에 문명의 세계로 나올 수 있기 때문에 새로운 질병에 감염이 되었으나 증세가 없는 보균자에 의해 인구밀도가 높은 지역으로 전파가 가능합니다. 다행히 우리나라에는 유입되지 않았으나 주의하여야 할 질병입니다.

햄버거병 hamburger disease

햄버거는 미국에서 개발되고 전세계로 퍼져 나간 많은 사람들이 좋아하는 음식으로 빵 두 쪽 사이에 야채와 다진 소고기, 즉 패티를 넣어 만든 음식입니다. 음식의 특성상 패티는 익히고 야채는 날 것으로 사용하여야 하므로 늘 미생물학적 오염이 일어날 가능성이 있습니다.

흔히 햄버거병이라 불리는 용혈성 요독증후군HUS, Hemolytic uretic syndrome은 1982년 미국에서 수십 명의 아이들이 덜 익힌 패티가 포함된 햄버거를 먹고 감염되어 알려진 병입니다. 이 병에 감염되면 신장 기능이 저하되어 요독증이 발생하고 심할 경우 사망에 이르는데 치사율은 5~10%나 됩니다. 원인균은 장출혈성 대장균Enterohemorrhagic *E. coli*입니다.

대장균*Escherichia coli*은 원래 정상적인 사람과 온혈동물의 대장과 소장에 분포하는 세균으로 대장균 자체는 해롭지 않습니다. 오히려 다른 세균의 증식을 억제하고 숙주에게 비타민 K를 제공하는 등의 활동으로 이익을 주기도 합니다. 대변을 통하여 체외로 배출이 되므로 분변 오염의 지표로 대장균이 사용되고 있습니다. 즉 대장균이 검출된 물과 음식물에는 이질균, 콜레라균, 장티푸스균, 녹농균 등 각종 식중독 균이 있을 수 있다는 것입니다. 또 실험실에서 쉽게 자라며 각종 생물학적, 분자생물학적 실험에도 사용이 됩니다.

그런데 햄버거병을 일으키는 장출혈성 대장균은 정상적인 대장균과 달리 장내 출혈과 설사를 유발하거나, 신장계통에 독소가 침투하여 신장 출혈을 유발하고 이로 인한 빈혈과 혈소판 감소 현상을 유발합니다. 이 장출혈성 대장균은 여러 종류가 있으나 가장 흔히 알려진 것은 O-157 : H7입니다. O와 H는 대장균의 항원이고 숫자는 발견된 순서입니다. 감염의 원인은 완전히 익지 않은 축산물과 살균되지 않은 유제품을 섭취하였을 때에 발생합니다. 또 오염된 야채와 소세지 등 감염원은 매우 다양합니다. 우리나라에서는 1994년 최초 발생이 보고되었습니다.

햄버거가 등장한 것은 20세기 초인데 그때에는 발생하지 않고 왜 시간이 한참 흘러 1982년경부터 발생하였을까요? 그 이유는 소가 먹는 사료가 변화했기 때문입니다.

소는 초식동물로 풀을 먹는 가축입니다. 풀은 섬유소가 주를 이루는 식물체로 사람은 섬유소를 분해하는 효소가 없습니다. 소도 이 섬유소를 분해하기가 어려워 세균의 도움을 받습니다. 소의 위는 되새김위라 하는데, 위로 내려간 풀을 한가할 때에 다시 게워내어 씹어 삼킵니다. 번거롭게 다시 씹는 이유는 풀을 갈아 잘게 부수어서 표면적을 크게 만들어 세균의 부착과 성장이 잘 일어나도록 만드는 것입니다. 그래도 섬유소는 완전히 분해되지 않아 대변으로 배출됩니다. 이 배설물은 마르면 강력한 화력을 내는 연료가 됩니다. 몽골의 유목민은 마른 소똥을 음식조리와 난방에 사용합니다. 한편 이 배설물은 말똥구리 또는 소똥구리라는 곤충이 땅 밑으로 끌고 들어가 알을 부화하는 데에 사용하므로 땅 위의 배설물은 깨끗이 없어지게 됩니다.

그런데, 잉여 생산된 옥수수와 콩을 소에게 사료로 제공하게 되면서 환경문제와 위생적인 문제가 나타났습니다. 첫 번째 문제는 소의 배설물이 액상으로 배출되어 말똥구리가 이용할 수가 없게 되었습니다. 그 결과 말똥구리는 사라졌고, 땅 위에 널린 배설물은 비에 씻겨 호수로 강으로 바다로 흘러 들어가 유기물 오염과 부영양화를 유발합니다. 두 번째 문제는 소의 물질대사가 변화되어 소의 지방 성분이 바뀐다는 것입니다. 풀을 먹은 가축을 먹는 몽골인들은 심혈관 관련 질병이 거의 없으나 콩과 옥수수를 먹은 소를 섭취한 서구인들은 심혈관 관련 질병의 비율이 높습니다. 즉 곡물을 먹은 소의 기름은 사람의 건강에 나쁜 성분이 많이 들어있습니다.

가장 큰 문제는 바로 장출혈성 대장균의 출현입니다. 풀을 먹었을 때에 소 위의 산성도pH는 중성인 7.0입니다. 하지만 옥수수 등을 먹었을 때는 pH가 4.0 정도가 됩니다. 우리 사람의 위액은 pH 2.0 정도의 강산성이며, 음식에 딸려 들어오는 미생물을 죽이는 살균작용이 이 위액의 중요한 기능입니다. 그런데 이미 pH 4.0에 적응된 세균의 경우, 이 pH 2.0의 강산성에 저항성을 가지고 일부가 살아남아 장으로 넘어가 출혈성 대장염을 일으키게 됩니다. 이러한 문제 때문에 패스트푸드 업체에서는 엄격한 품질관리와 조리 과정을 시행하고 있습니다.

지카바이러스 Zika virus

지난 2016년 브라질 리우 올림픽을 개최하느냐 마느냐의 논쟁이 있었습니다. 바로 이 지카바이러스 때문이었습니다. 아프리카에서 발병한 이 질병은 숲모기가 전파하는 것으로 알려졌으며 열대 우림이 있는 중남미, 동남아시아 등에 전파가 되었고, 모기 외에 사람 간 직접 접촉을 통해서도 전염되고, 특히 산모와 태아 간에 수직 감염이 일어나기 때문에 이 바이러스에 감염된 산모의 태아는 선천적 소두증작은 머리를 가지고 태어날 수 있다는 사실이 확인되었습니다. 올림픽에 참가하려는 선수들, 특히 여성 선수들은 이 바이러스의 감염증을 염려하여 올림픽 참가를 주저하였던 것입니다.

지카바이러스는 RNA 바이러스인 플라비바이러스Flavivirus 계열로서 감염이 되면 열이 나고 관절통, 안구충혈 등의 증상이 나타나고 휴식을 취하면 스스로 치료가 되는 특징이 있습니다. 가장 큰 문제는 임신 초기에 태아의 선천성 소두증과 두뇌 손상의 위험이 증가한다는 점입니다. 치료제와 예방 백신이 없어 모기에 물리지 않는 것이 가장 좋은 방법입니다.

우리나라에서는 숲모기가 매우 적은 비율로 존재하기 때문에 지카바이러스의 전파는 우려할 만한 수준은 아닙니다. 하지만 해외여행이 잦은 요즈음 해외에서의 감염이 우려되고 있습니다.

코로나-19 covid-19

이 질병은 2021년 지금에도 진행 중입니다. 지난 2019년 11월 중국 우한에서 발생하였고 이후 전세계로 퍼져 나갔습니다. 전세계적으로 감염 확진자가 1억 명, 사망자가 200만 명2022년 1월 15일 기준에 달합니다. 인간이 박쥐와 천산갑을 거치면서 진화한 바이러스를 보유한 야생동물과 접촉함으로써 이 질병이 시작되었다는 설이 있지만 아직 정확한 경로는 파악하지 못하였습니다. 다만 앞에서 언급한대로 인간이 자연 생태계를 과도하게 파괴함으로써 야생동물과의 접촉이 많아져 예전에는 없던 인수공통 질병이 점점 많아지고 있다는 것은 사실입니다.

코로나-19 때문에 2020년에 개최했어야 할 도쿄 올림픽을 2021년으로 연기할 정도로 전세계에 충격을 주었습니다. 2021년부터 전세계적으로 백신을 접종하고 있습니다. 원인균은 RNA 바이러스로 변이가 쉽게 일어납니다.

아프리카 돼지열병 African swine fever; ASF

이 질병은 이중나선 DNA 바이러스가 원인균이며 돼지에게 감염이 되고 사람에게는 영향이 없습니다. DNA 바이러스는 RNA 바이러스와 달리 변이가 심하지 않습니다. 아프리카 사하라 이남에서는 풍토병이고 유럽을 거쳐 전세계적으로 퍼져 나갔습니다. 감염된 돼지는 출혈, 고열, 내장의 파괴 등이 나타나고 치사율이 100%인 무서운 질병입니다.

감염된 돼지고기를 통하여 전파될 수 있어 음식물 쓰레기를 사료로 쓰는 것을 금지하고 있습니다. 직접 전파도 가능하고 배설물, 사체를 통하여도 전파가 됩니다. 멧돼지도 감염이 되는데, 우리나라에서 2019년 발생된 경우를 보면 휴전선 일대에서 죽은 멧돼지에서 이 바이러스가 검출이 되었고, 더 이상 남하를 막기 위하여 방어 철책을 설치하고 광범위한 멧돼지 수렵을 진행하였습니다.

생물학적 테러bioterrorism와 질병의 방어

지난 2001년 미국의 무역 센터가 납치된 항공기로 파괴된 사건 이후 미국의 주요 기관과 인사들에게 탄저균*Bacillus anthracis*이 들어있는 우편물이 배달되었습니다. 이 균은 탄저병anthrax의 원인균입니다. 탄저병은 가축과 사람에게 전염되는 인수공통 감염병이며, 1 kg의 탄저균은 10만명을 사망케 할 수 있는 무시무시한 세균입니다.

탄저병은 이 균에 감염된 고기를 먹거나 접촉하였을 경우, 또는 호흡기를 통하여 포자가 침투된 경우 고열, 기침, 두통, 오한이 나타나고 더 진행되면 호흡곤란, 쇼크로 인한 사망에 이르게 됩니다. 피부로 침투한 경우, 감염된 부위가 부풀고 물집이 생기며 림프절이 붓게 됩니다. 소화기로 감염된 경우에는 메스꺼움, 구토, 복통, 고열이 나타나고 더 진행되면 피가 섞인 구토, 설사의 증상이 나타납니다. 다행인 것은 사람끼리의 접촉에서는 감염되지 않는다는 점입니다.

탄저균은 포자를 형성하므로 오랜 시간 생존이 가능합니다. 바로 이 점이 생물학적 무기로 이 균을 사용하는 이유입니다. 제2차 세계대전 때에 일본군이 만주에서 자행한 생체실험 중 하나도 바로 이 탄저병입니다. 치료는 항생제로 원인균의 활동을 억제하는 것입니다.

코로나-19에서 보듯이 이제 질병의 문제는 국제적인 문제이며 국제적인 협력을 통하여 조기에 극복할 수 있습니다. 이러한 목적으로 설립된 국제기구가 WHOWorld health Organization; www.who.int입니다. WHO는

1948년 UN의 산하 기구로 설립되었습니다. 우리나라에서는 질병관리청www.cdc.go.kr이 유행성 감염성 질병을 통제하고 있습니다. 또 법정 전염병을 지정하여 질병의 발견 즉시 국가가 질병을 차단하는 역할을 맡도록 하였습니다.

늘어난 인구와 잦은 여행, 막대한 물류의 유통, 인위적인 생태계 먹이망의 변화, 줄어드는 야생동물 서식처, 그리고 변화하는 지구기후를 따라 적합한 서식처를 찾아 이동할 수밖에 없는 생물들. 그 길목에서 인류의 거주지와 맞부딪혀 침투하고 사멸하고 진화하는 야생의 생물들. 이 모든 것이 오랜 질병의 생태계를 변화시켜왔고 오늘날 인류는 점점 빠른 빈도로 새로운 야생의 질병에 노출되어 가고 있습니다. 코로나-19의 다음엔 무엇이 찾아올까요? 과연 인류는 세균, 바이러스와의 전쟁에서 승리할 수 있을까요? 그 어느 때보다도 '자연보호'의 구호가 감성과 도덕을 넘어 생존의 문제로 각인되는 시절입니다.

21
전쟁과 환경

안태석

전쟁은 모든 자원을 투입하여 상대방을 제압하려고 합니다. 이 과정에서 많은 자연과 환경의 파괴가 나타납니다. 전쟁의 원인은 자원, 정치, 종교, 인종, 사회적 이유가 있으나 전쟁의 결과는 많은 사람들의 죽음과 엄청난 자연과 환경의 파괴입니다.

포에니전쟁

이 전쟁은 지중해의 무역을 장악하는 패권을 놓고 페니키아와 로마제국간의 3번에 걸친 전쟁으로, 알프스산맥을 넘어 이탈리아 반도로 침입한 한니발 장군이, 부력의 원리를 개발한 아르키메데스가 등장하는 전쟁입니다. BC150년경 마지막 전쟁에서 패한 카르타고는 로마의 무자비한 보복으로 도시와 농경지가 완전히 폐허로 변하였습니다. 땅에 소금을 뿌리는 등 철저한 파괴로 자연과 환경이 무참히 파괴되었습니다.

몽골의 유럽 침입

몽골은 중국의 북부 초원지대에 사는 민족으로, 징기스칸이 이끄는 몽골군은 13세기 초에 서쪽으로 진출하여 지금의 중동을 거쳐 폴란드 지역까지 진출했습니다. 몽골의 유럽 침입은 큰 후유증을 남겼습니다. 대표적인 것이 페스트의 창궐입니다. 유목민족과 농경민족이 부딪친 전쟁의 와중에서 몽골군대의 페스트균이 쥐떼와 만나 폭발적으로 페스트가 퍼져 나갔습니다.

제1, 2차 세계 대전

제1차 세계대전은 그 이전의 전쟁과는 사뭇 다른 양상을 보였습니다. 이 전쟁에서는 새로운 과학기술로 개발된 무기들, 즉, 탱크, 잠수함, 비행기비행선 포함와 더불어 독가스가 사용되었고, 참호전을 수행하면서 전쟁터는 황폐해졌습니다.

제2차 세계대전에서 가장 큰 사건은 원자폭탄의 투하입니다. 일본의 히로시마와 나가사키에 투하된 원자폭탄으로 일본은 무조건 항복을 하였습니다. 중성자가 우라늄 235에 부딪치면 원자 붕괴가 일어나고 질량 감소가 나타나는데, 감소된 질량은 에너지로 변환되어 한순간에 엄청난 양의 열과 복사를 발생시키고 곧 이어 핵폭풍이 일어납니다. 사상자는 바로 이 일차 열과 폭풍에 이은 잔류된 방사성 물질 때문에 발생합니다. 핵폭발 때 나온 중성자 등이 다른 원소에 부딪치면 새로운 방사성 물질을 만들어내고 체내로 흡수되면 장기에 직접 영향을 미치게 됩니다. 또 염색체 이상을 유발하여 유전적 이상이 2세에게도 전달됩니다.

강대국들은 개발한 핵무기를 여러 곳에서 실험하였습니다. 이중 가장 대표적인 지역이 미국이 실험한 비키니제도입니다. 비키니제도는 남태평양에 떠 있는 아름다운 환초섬입니다. 여기에 1946년부터 1958년까지 수소폭탄을 비롯한 23번의 핵실험이 있었습니다. 당시에 이 지역에 살던 원주민은 다른 지역으로 이주하였으며 실험 이후에 잠시 섬으로 돌아왔으나 너무 위험하여 다시 이주합니다. 75년이 지난 지금도 방사능이 검출되는 위험한 지역입니다. 바다도 영향을 받았을 것인데, 희석되어 바다에서는 그 흔적을 찾기 어렵습니다[68].

원자폭탄은 개량을 거듭하고 위력이 더 센 수소폭탄도 개발되었습니다. 핵분열을 이용한 원자폭탄과 달리 핵융합을 이용하는 수소폭탄은 더 큰 위력을 가지고 있습니다. 최근에는 '더러운 폭탄dirty bomb'이라는 소형 핵폭탄을 테러집단이 개발해 사용할 가능성이 제기되었습니다. 이 폭탄은 방사성 물질을 소형 배낭 또는 가방에 넣어 폭약과 함께 터트려 폭발 지역을 오염시킵니다. 반감기가 긴 물질을 사용할 경우 오염된 지역을 사용하지 못하는 상태가 됩니다. 북한군은 핵 배낭 부대의 운영을 공개하였습니다.

핵무기의 중성자 파괴가 천천히 일어나게 만들고 이 과정에 나오는 에너지를 이용하는 것이 바로 원자로입니다. 소형으로는 함선과 우주선에 장착하여 이용할 수 있으며, 원자력 발전소에서는 전기를 생산하여 생활의 편리함을 주지만, 체르노빌 사건과 후쿠시마 사건처럼 사고로 인한 방사능 오염의 우려도 있습니다.

헤이그 협정과 제네바 협정

전쟁에 대한 공포와 이에 대한 대책으로 국제협약이 생겨났습니다. 헤이그 협정은 1907년에 공포되었고, 주요 내용은 군사 행동과정에서 불필요한 군사 행동, 민간인 살해와 환경 파괴 방지를 규정하고 있습니다. 제4차 제네바 협정은 1949년에 공포되었고, 포로의 인간적 대우, 민간인 보호, 환경파괴 방지 등을 규정하고 있습니다. 그러나 이후의 전쟁에서 일부 규정은 지켜졌지만 환경파괴는 더욱더 심해져 갔습니다.

베트남전의 다이옥신

베트남전1955~1975 때에 미군의 어려움 중 하나는 정글이었습니다. 헬리콥터로 이동하는 미군의 입장에서는 정글 속에 숨은 적을 확인하기 어렵기 때문에 미군은 나무들을 고사시켜 잎을 떨어뜨리는 고엽제 defoliant를 뿌렸습니다. 또 이 물질로 적의 경작지를 파괴함으로서 경제적 피해를 입히는 것도 또 다른 목적이었습니다. 일명 에이젠트 오렌지

agent orange인 고엽제는 2, 4-D와 2, 4, 5-T의 제초제를 섞은 것입니다. 이 제초제를 제조하는 과정에서 고온이 필요하고, 적정 온도보다 낮으면 불순물이 생성되는데, 이 불순물이 바로 다이옥신dioxin입니다. 이 다이옥신은 쓰레기 소각과정에서도 발생하는 것으로 알려졌고 화학 공정 과정에서도 발생합니다. 이탈리아의 세베소Seveso시, 인도 보팔Bopal시의 산업재해 대량 사망 사건도 바로 이 다이옥신에 오염된 것이었습니다. 베트남전에서는 1964년부터 1970년까지 약 84,000톤의 고엽제가 살포되었습니다.

이 고엽제는 비행기에서 살포하였고 비행기 조종사, 고엽제를 관리하던 병사와 살포한 병사, 그리고 이 고엽제를 맞은 지상의 병사와 주민 그리고 이 화학물질이 흘러 들어간 지표수와 지하수를 마신 주민들에게서 폐암, 후두암 등 각종 암, 중추신경계 손상, 생식계 이상, 피부 질환, 면역체계 이상, 호흡기 이상 등이 나타났습니다. 더 가혹한 것은 자녀들에게도 선천성 구개파열 등 기형의 피해가 유전되어 나타난 것입니다[69]. 조사결과 베트남인 약 400만 명이 이 고엽제에 노출되었다고 보고 있습니다. 우리나라 참전 군인들도 고엽제의 피해를 입었고 국가보훈처에서 25,000여 명을 고엽제 후유증 환자로 결정하였습니다.

또한, 육상 식물이 고사하여 정글이 사라지고, 그 자리는 사막화가 되었습니다. 물로 흘러들어간 고엽제는 수중 생물을 죽였고 먹이연쇄를 따라 다시 사람에게 전달되었습니다.

아프카니스탄 전쟁의 노란 비

소련군은 1979년 아프카니스탄을 침공하여 9년간 전쟁을 벌였습니다. 이 와중에 소련군에 대항하는 '무자헤딘'과 민간인에 대한 공격 과정에서 '노란 비yellow rain'이라는 신무기가 등장합니다. 이 생물학적 무기는 1970년대 후반에 라오스 정부가 반군에게 사용한 적이 있습니다. 이 '노란 비'는 곰팡이 독소mycotoxin로 아주 작은 양으로도 치사율이 높은 맹독성 독소입니다. 피부, 점막, 안구에 작용하여 각종 염증, 시력 상실과 죽음까지 이르게 합니다[70].

걸프전과 환경파괴

걸프전은 1990년 8월부터 1991년 2월까지 쿠웨이트와 이라크에서 펼쳐진 국제전입니다. 우리나라도 다국적군의 일원으로 참전한 바 있습니다. 이 전쟁에서 많은 신무기가 등장하였으며 열화우라늄depleted Uranium탄도 그중 하나입니다.

핵원료인 우라늄 235를 사용하고 난 후에는 폐기물로 우라늄 238이 나옵니다. 이 방사능 폐기물을 플로토늄으로 전환하여 핵무기를 만들 수 있으며, 핵무기 외에 군사무기로 이용하는 것이 바로 열화우라늄입니다. 우라늄은 밀도가 높아 작은 부피에 무거운 탄두를 만들 수 있습니다. 이를 이용한 공격무기로는 열화우라늄 포탄과 총알이 있고, 걸프전 때에는 전차 포탄으로 사용하였습니다.

열화 우라늄탄은 포탄에 낮은 농도의 우라늄을 장착한 포탄입니다. 이 포탄은 두꺼운 장갑과 콘크리트를 뚫고 내부로 작약화약을 집어넣어 폭발력을 극대화할 수 있습니다. 방어무기로 사용할 때에는 장갑판에 사용해 같은 두께로 더 높은 차단 능력을 보여줍니다.

그런데 낮은 농도라 하더라도 방사능이 있는 물질이므로 폭발 후에 흩어지는 산화 우라늄은 위험한 물질입니다. 이 전쟁에서 미군은 백만 발 이상의 열화우라늄탄을 사용한 것으로 알려졌으며, 이후에 참전군인 특히 전차병의 경우 정신이상, 기형아의 출산 등의 이상 사례가 나타났으나, 인과관계는 증명되지는 않았습니다. 그러나 이라크 한 지역에서는 암 발생자가 전쟁 전에 연간 34명에서 전쟁 후에 연간 600명으로 증가하여 이 포탄에 의한 것으로 추정하고 있습니다. 우라늄의 반감기는 45억 년이므로 이 포탄을 사용한 지역은 영원히 오염된 지역으로 남게 됩니다.

이 걸프전에서 이라크군은 쿠웨이트에서 퇴각하면서 유전에 방화를 하고 약 6억 배럴의 원유를 페르시아 만으로 흘려보냈습니다. 그 결과 바다에 원유는 3 km 넓이에 수십 km 길이로 퍼져 나갔고, 이 기름으로 바다에 사는 듀공, 돌고래 등 포유류, 어류, 거북이 등 파충류, 갑각류가 피해를 입었으며 수달류는 멸종되었습니다. 페르시아 만의 1만5천 km^2 습지는 90% 이상이 파괴되었습니다. 인근 사우디아라비아에서는 바닷물을 탈염화하여 식수로 사용하는데, 이 바닷물이 오염되어 상당 기간 식수의 공급이 중단되었습니다.

세계기상기구WMO가 추산한 바에 따르면 유전의 방화로 아황산

가스가 하루 40만 톤, 질소산화물이 하루 3천 톤, 일산화탄소가 하루 50만 톤씩 그리고 기타 각종 대기 오염물질이 방출되었다고 합니다. 이 오염물질은 쿠웨이트인들에게 천식 등 호흡기 질환, 알레르기를 유발하였고 이 대기 오염물질은 비를 타고 지표면, 지하수를 오염시켰습니다.

콩고내전

한때 벨기에의 식민지이었고 아프리카 중앙부에 위치한 콩고에서는 1996년부터 2003년까지 2번에 걸쳐 일어난 국제전이 있었고 이로 인한 공식 사망자 수는 500만 명에 달합니다. 이 전쟁에는 지하자원, 인종갈등 등의 이유가 있고 이 갈등은 지금도 해결되지 않아 종전 이후에도 전쟁은 계속되고 있습니다. 인종 청소genocide는 일상적이었습니다.

이 전쟁으로 야생동물, 특히 코끼리와 고릴라 등 멸종위기종들의 피해가 컸습니다. 유네스코 자연 유산인 콩고 북동부 가람바 공원에서는 수단 반군이 점령했던 1995년과 1999년 사이에 12,000마리의 코끼리 가운데 30%인 4,000마리 이상의 코끼리가 단지 상아를 빼내기 위하여 살해되었습니다. 이 상아는 국제사회에서 거래 금지 물품이지만 밀수출로 외국으로 팔려나갔습니다. 상아는 희귀성 때문에 밀무역 시장에서 환영받았고 세계 각지 호사가들의 장식품으로 팔려나갔습니다. 상아를 팔고 받은 대금은 전쟁을 수행하는 데에 필요한 무기구입에 사용되었습니다. 즉 코끼리를 죽여서 인간을 죽이는 과정을 되풀이 하였습니다.

이러한 멸종위기종 동식물의 거래를 금지하는 것이 바로 '멸종위기에 처한 동식물의 국제거래에 관한 협약Convention on International Trade in Endangered Species of Wild Flora and Fauna, CITES'이고 UN 산하기구인 국제자연보호연맹International Union of Conservation of Nature: IUCN 회의에서 1973년 체결되었습니다. 이 조약의 목적은 야생동식물종의 국제적인 거래가 동식물의 생존을 위협하지 않게끔 하고 여러 보호 단계를 적용하여 33,000 생물 종의 보호를 보장하는 데 있습니다. 우리나라는 1993년에 가입했습니다.

기타

이스라엘과 아랍국가들은 몇 번의 전쟁을 벌였습니다. 2006년에 이스라엘이 베이루트의 한 발전소를 폭격, 3만5천 톤의 석유가 쏟아지는 바람에 물고기들이 떼죽음 당하고 130 km에 이르는 지중해변이 오염됐습니다. 해양 생태계가 파괴된 것은 물론이고 원상회복까지는 기나긴 시간을 필요로 합니다.

발칸 반도에서 벌어진 코소보 전쟁은 1999년 구 유고슬라비아 연방의 코소보와 알바니아 사이에 벌어진 전쟁입니다. 사회기반시설과 화학공장지대에 대한 무차별적인 폭격으로 많은 환경피해가 발생하였습니다. 나토NATO가 유고슬라비아의 석유화학공장과 석유비료 복합난지를 폭격하여 8만 톤의 기름과 2백50톤의 암모니아가 유출됐습니다. 파괴된 정유시설에서 유출된 기름은 다뉴브강으로 흘러들어 수 킬로미터에 달하는 기름띠를 만들었습니다. 포격으로 파괴된 공장에서는 다이옥신 등 유해 화학물질들이 이웃한 헝가리와 오스트리아까지 날아갔고 식수원을 오염시켜 안전한 식수를 구할 수 없었습니다.

냉전의 역설

역설적이지만 전쟁 때문에 자연이 보전되는 경우도 있습니다. 주로 갈등이 있는 지역의 경계선인데, 대표적인 곳이 우리나라의 휴전선입니다. 6.25전쟁 이후 남북한 간의 인위적인 경계선으로 민간인의 출입이 차단되어 자연환경이 그대로 보전되고 자연 천이가 일어나는 등 생태계가 잘 보전되어 있습니다. 환경부의 'DMZ 일원의 생물다양성 종합보고서2016'에 따르면 식물은 1,854종, 포유류는 43종, 조류새는 266종, 양서·파충류는 34종, 육상 곤충은 2,189종, 어류는 136종, 저서 무척추동물은 351종으로 총 4,873종이 서식하고 있음을 확인했습니다. 이 중 천연기념물은 43종에 달합니다. 그러나 일부지역에서는 군사 작전을 위한 벌목 때문에 생태적 가치가 크지 않다는 지적도 있습니다.

또 다른 지역은 옛날의 서독일과 동독일 간의 경계선으로 1960년대 초부터 사람의 왕래가 완전히 차단된 지역입니다. 통일 독일이 태동한 이후 이 지역의 생태학적 가치가 높아졌고. 독일 연방정부와 민간 환경단체가 이 지역의 자연환경을 지키려고 노력하여 생태관광ecotourism이 활발히 전개되는 지역으로 그륀 귀르텔Grün Gürtel, 영어로 green belt이라고 합니다. 길이 약 1,400 km, 면적은 177 km^{2}이며, 엘베Elbe강 유역과 하르츠Harz 산맥 등이 위치한 좋은 생태관광지입니다. 1개 국립공원, 3개

생물권보전지역, 136개 자연보전지역이 있으며 여기에는 약 5,200종의 동식물이 서식하고 있습니다. 냉전 시대가 만들어 놓은 아름다운 자연환경입니다.

6장 1900년대 초, 위 클로드 모네가 그린 영국 런던의 국회의사당, 아래 워털루 다리[23]

6장 영국 TV 드라마 셜록홈즈의 한 장면을 촬영하기 위해 빅토리아시대의 스모그를 재현한 모습2004년 9월 19일. 빅토리아시대에 산업혁명의 시작과 함께 석탄 사용량이 증가하면서 런던을 비롯한 유럽 주요 대도시의 대기질이 크게 악화되었습니다. 출처: Wikipedia[24]

7장 1986년 4월 26일 발생한 체르노빌 원자력 발전소 사고 장소. 폭발 수개월 후에 헬리콥터에서 촬영한 사진입니다. 출처: Wikipedia[25]

7장 2011년 3월 11일 토호쿠 대지진 및 쓰나미 직후 후쿠시마 제1 원자력발전소오른쪽에서 왼쪽으로 1호기에서 4호기 사진2011년 3월 16일. 이 사고로 원자로 1-3호기의 방호벽이 녹아 내리면서 구멍이 뚫렸고, 핵연료가 공기 중에 확산되기 시작했습니다. 아울러 1호기, 3호기, 4호기에서 수소폭발이 발생해 격납용기가 손상되어 방사능 물질이 대기로 유출되었습니다. 후쿠시마 원자로 사고는 체르노빌 사고와 같은 등급인 레벨 7로 지정되었습니다. 출처: Wikipedia[26]

8장 위 카자흐스탄 알마티시의 기온역전에 의한 스모그2014년 1월 12일. 아래 스모그 대기와 청명한 대기의 비교 사진. 10일 간격의 스모그 전 후 사진으로 중국 판허시에서 촬영함. 출처: Wikipedia[27,28]

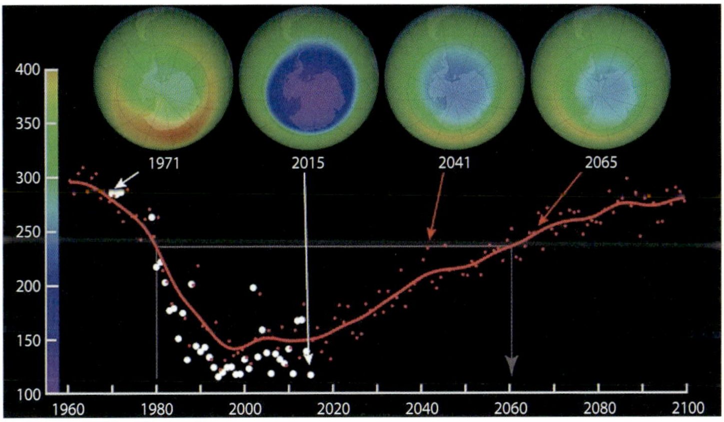

9장 1960-2100년 간의 남극 오존홀 파괴와 회복 전망. 흰색 점은 관측값이며 빨간색 점은 전망값입니다. 현재 지구의 평균 성층권 오존 농도가 300 DU인데 반하여 남극 주변의 오존 농도는 100~150 DU에 머물러 지구 평균치에 비하여 상당히 낮은 것을 알 수 있습니다. 1980년 수준으로 회복하는 시기는 약 2075년 정도로 예상하고 있습니다. 몬트리올 의정서 이후 오존 농도의 감소가 줄어 안정화 되었고 최근엔 회복세를 보이고 있습니다. 다만 최근의 회복경향은 지구온난화로 인해 남극 대기의 기온이 상승한 것과도 연관이 있어 CFCs의 오존 파괴 문제가 해결되었다고 보기 어려운 측면도 있습니다.

출처: NASA, Wikipedia[29]

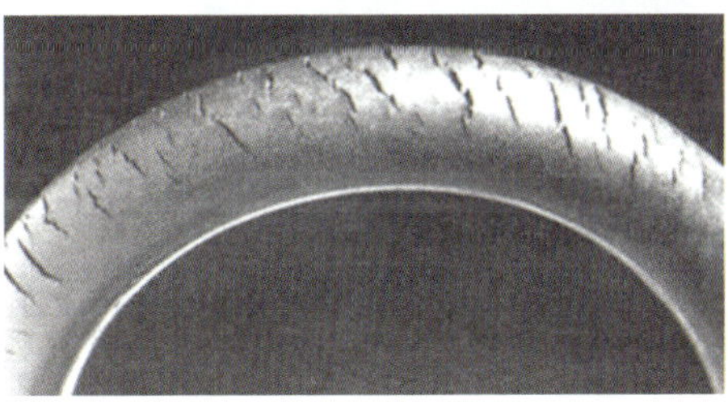

9장 위 오존 피해를 당해 색이 하얗게 바랜 나뭇잎입니다. 아래 오존은 자연 고무를 함유한 여러 물질을 경화시키고 갈라져 부서뜨리는 등의 손상을 입히고 있습니다. 출처: Wikipedia[30,31]

10장 대륙에서 불어온 황사. 2001년 3월 21일의 씨위프스SeaWiFS 위성영상 이미지로 한반도는 물론 서해와 동해까지 넓은 지역에 짙은 먼지가 끼어 있는 모습을 볼 수 있습니다. 구름과 먼지 양상으로 보아 우리나라를 중심으로 발달한 서쪽에서 불어온 먼지를 큰 원 모양으로 시계방향으로 휘감아 이동시키는 것으로 보입니다.

출처: Wikipedia[32]

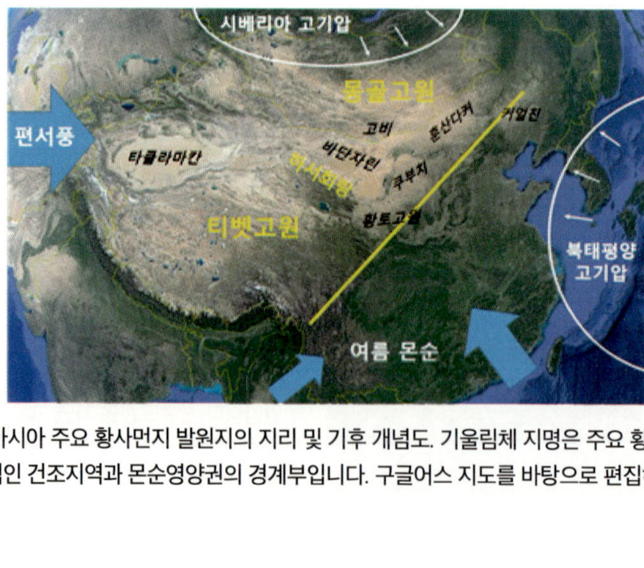

10장 동북아시아 주요 황사먼지 발원지의 지리 및 기후 개념도. 기울림체 지명은 주요 황사 발원지이고 직선은 대략적인 건조지역과 몬순영향권의 경계부입니다. 구글어스 지도를 바탕으로 편집하였습니다.

11장 아랄해의 인공위성 사진입니다. 좌 1989년과 우 2014년 사진을 비교하면 호수 대부분이 사라졌음을 확인할 수 있습니다. 북쪽의 호수는 인공댐으로 조성된 것입니다.

출처: Wikipedia[33]

11장 목화입니다. 목화는 물을 엄청나게 요구하는 작물입니다. 아랄해 유역에 조성된 목화밭에 물을 공급하면서 아랄해 수위는 낮아지고 결국은 말라 버렸습니다.

출처: Wikipedia[34]

11장 미국 캘리포니아주의 살톤해. 출처: 구글어스

11장 살톤해 동쪽 해안의 소금기 덮힌 유령마을. 출처: Wikipedia[35]

12장 부상성 남조류의 증식에 의한 녹조현상.

12장 남조류의 스컴이 수면에 떠올라 바람에 밀려온 모습2012년 팔당호

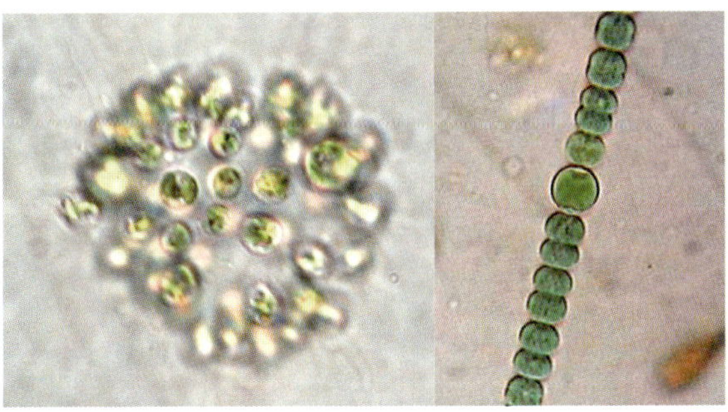

12장 녹조현상을 일으키는 주요 원인생물남조류:
좌 *Microcystis aeruginosa*,
우 *Anabaena sphaerica*.
출처: Wikipedia[36]

12장 녹조현상 저감을 위해 알루미늄염을 살포하여 인을 불활성화하는 장면미국 NALMS[37]

13장 위 경사지의 퇴비는 폭우 시 쉽게 유출되며, 퇴비의 과다 사용은 부영양화의 원인이 됩니다. 아래 농경지의 폭우 시 침식 현장북한강 상류.

14장 1955년 7월 미국 오레곤주의 Powder River 산림에서의 방제용 DDT 항공살포 장면.

출처: Wikipedia[38]

14장 DDT 살포 시범 중인 미군병사. DDT는 2차세계대전 이후에 말라리아와 발진티푸스를 옮기는 모기와 이를 박멸하는 데에 널리 사용되었습니다.

출처: Wikipedia[39]

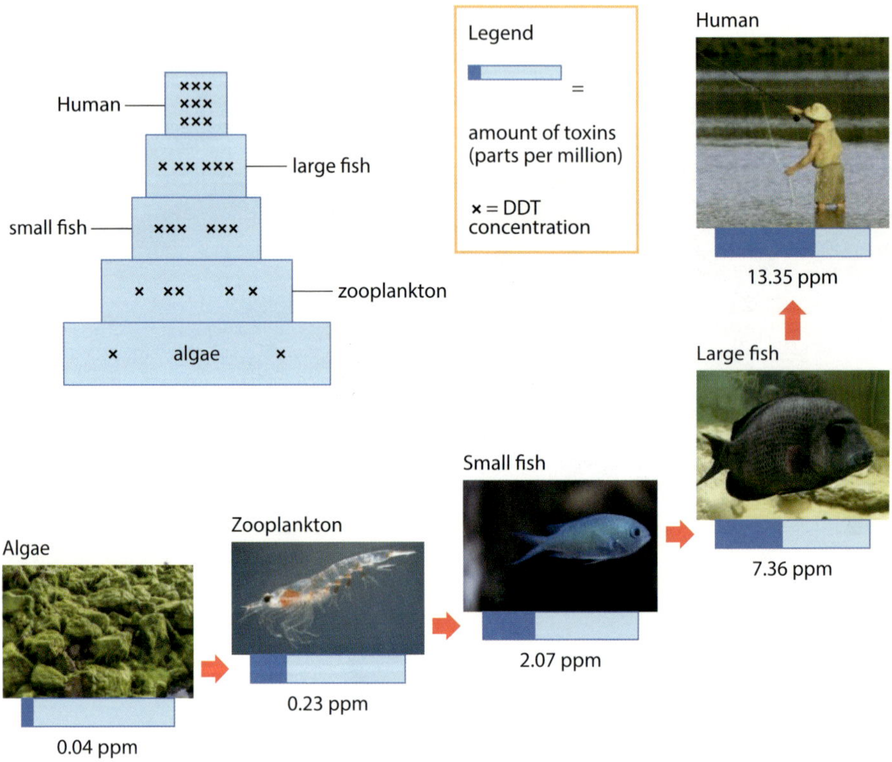

14장 먹이사슬을 통한 생물농축 과정. DDT 농도가 수중 조류에서 0.04 ppm이던 것이 사람에 이르러 340배나 높은 13.55 ppm까지 치솟는 예를 보여줍니다.

출처: Wikipedia[40]

15장 쓰레기를 먹고 죽은 알바트로스의 위장 내 플라스틱 쓰레기 출처: Wikipedia[41]

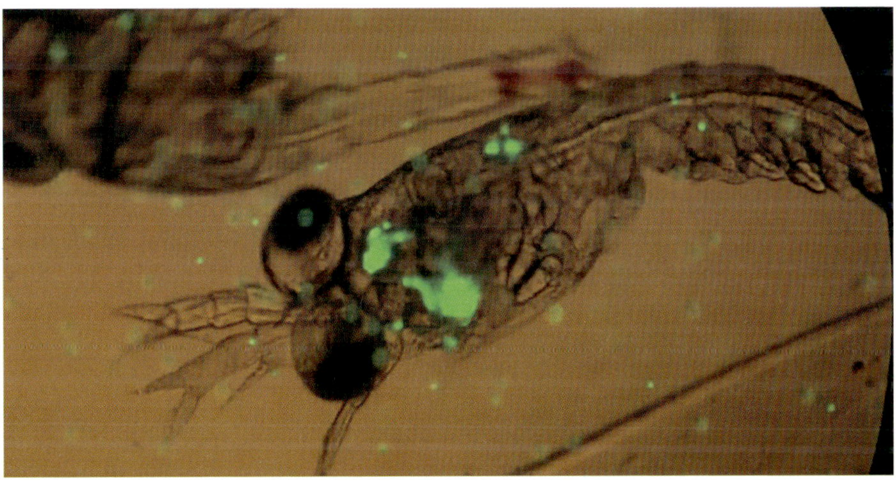

15장 해양의 동물플랑크톤이 미세 플라스틱을 먹이로 오인하고 섭식하여 체내에 들어가는 실험의 현미경 사진. 밝은 형광이 미세 플라스틱 알갱이입니다. 출처: Youtube

16장 꽃가루를 따는 벌입니다. 이 벌로 각종 식물들은 꽃가루 받이를 하고 생명의 영속성을 유지합니다. 근래에 이 꿀벌이 사라지거나 죽어 개체군이 줄어드는 현상이 나타나고 있습니다. 출처: Pixabay[42]

15장 미국 캘리포니아에 펼쳐진 아몬드 농장입니다. 벌이 날아다니는 면적보다 훨씬 더 넓어 벌들은 계절에 따라 '풍요 아니면 기근'에 시달리게 됩니다. 대규모 농업도 꿀벌 개체군이 줄어드는 원인의 하나로 지적되고 있습니다. 출처: Wikipedia[43]

17장 복원에 성공한 미국 옐로우스톤의 늑대 무리가 버펄로를 사냥하고 있습니다. 늑대는 이 지역의 핵심종으로 초식동물의 개체수를 조절하여 전체 생태계가 균형을 유지하는 역할을 하고 있습니다. 이 늑대는 '생태관광'이라는 새로운 관광자원으로 자리를 잡고 있습니다. 출처: Pixabay[44]

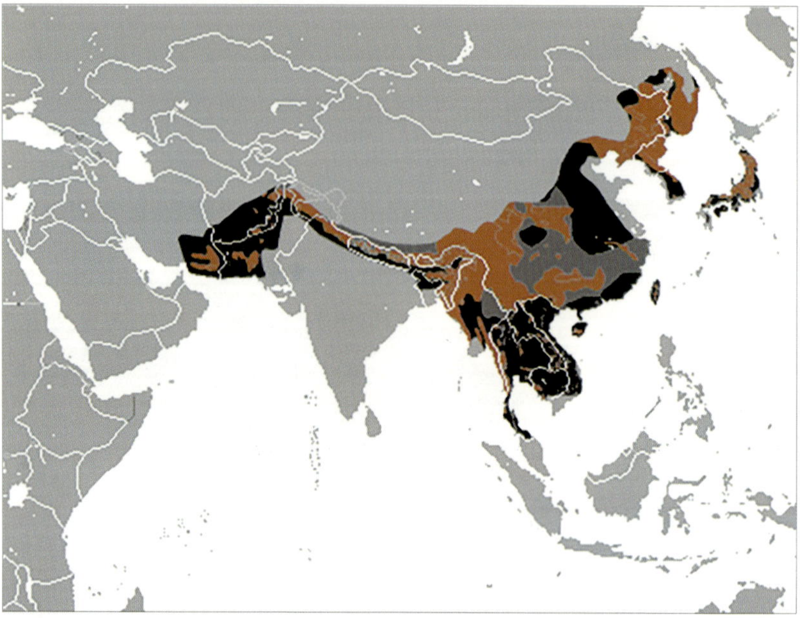

17장 위 반달가슴곰*Asian Black Bear, Ursus thibetanus* 분포지. 갈색은 현존 분포지이며 검은색은 멸종지역입니다. 아래 포유 중인 어미와 어린 새끼. 출처: Wikipedia[45, 46]

18장 진열중인 고기덩어리입니다. 육식은 채식에 비하여 여러 가지 환경문제와 건강문제를 가지고 있습니다.

18장 몽골 초원은 풀-가축-사람으로 이어지는 단순한 생태계입니다. 고기를 주식으로 하는 몽골인에게는 현대인에게 흔한 혈관, 심장 질환 발병률이 매우 낮습니다. 이는 몽골의 가축들이 곡물이 아닌 풀을 먹기 때문입니다.

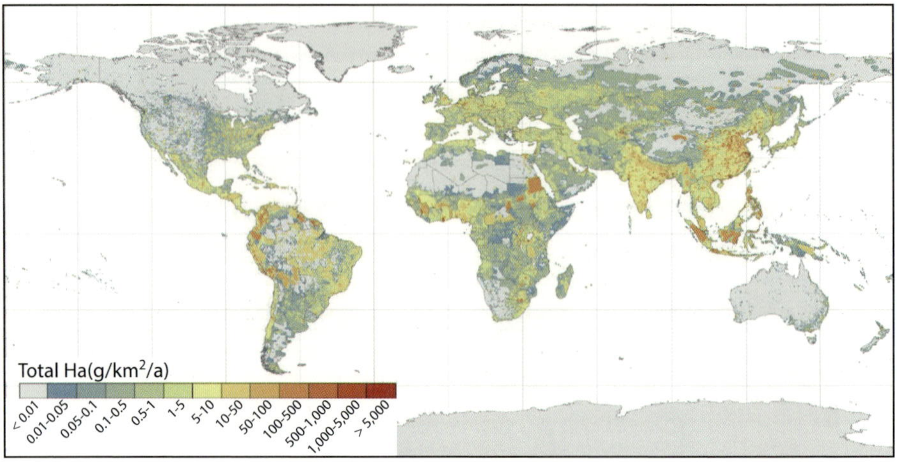

18장 2015년 한해에 인간활동에 의해 대기로 방출된 총수은배출량의 분포지도단위: g/km^2/yr.

출처: 2018 Global Mercury Assessment 기술배경보고서의 그림 3

19장 소규모 금광은 전 세계 금 생산량의 15%를 차지하고 있습니다. 약 천만에서 천오백만 명이 종사하고 있으며 이중 여성이 1/3을 차지합니다. 흙에 담긴 미세한 금조각을 추출해내기 위해 수은아말감 방법을 사용합니다. 흙에 수은을 넣어 끓이는 과정에서 수은이 증발하여 대기로 방출됩니다.

출처: UN 유튜브 영상, “ASGM: Eliminating the worst practices”

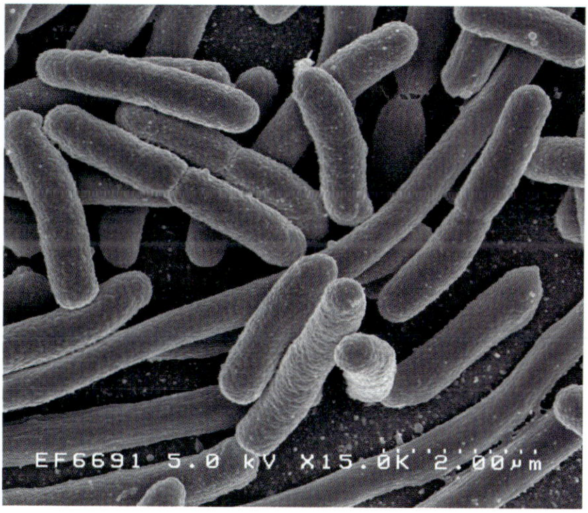

20장 대장균의 전자현미경 사진입니다. 대장균은 사람의 대장에 정상적으로 분포하는 세균입니다. 근래에 독소를 분비하여 사람에게 치명적인 장출혈성 대장균 변이가 나타나고 있습니다.

출처: Wikipedia[47]

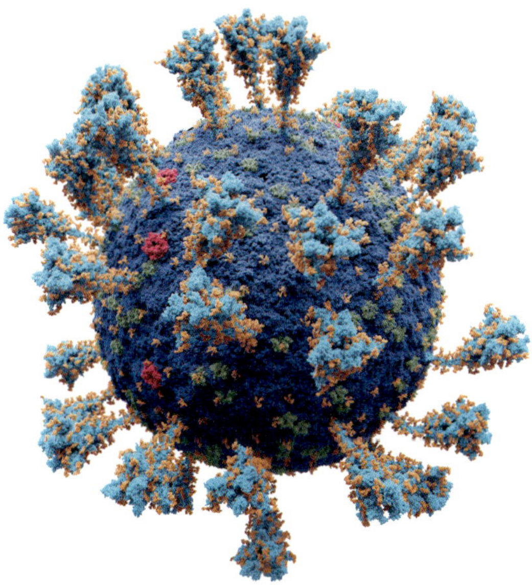

20장 COVID19 바이러스SARS-CoV-2의 정밀 외부구조 원자모형.

출처: Wikipedia[48]

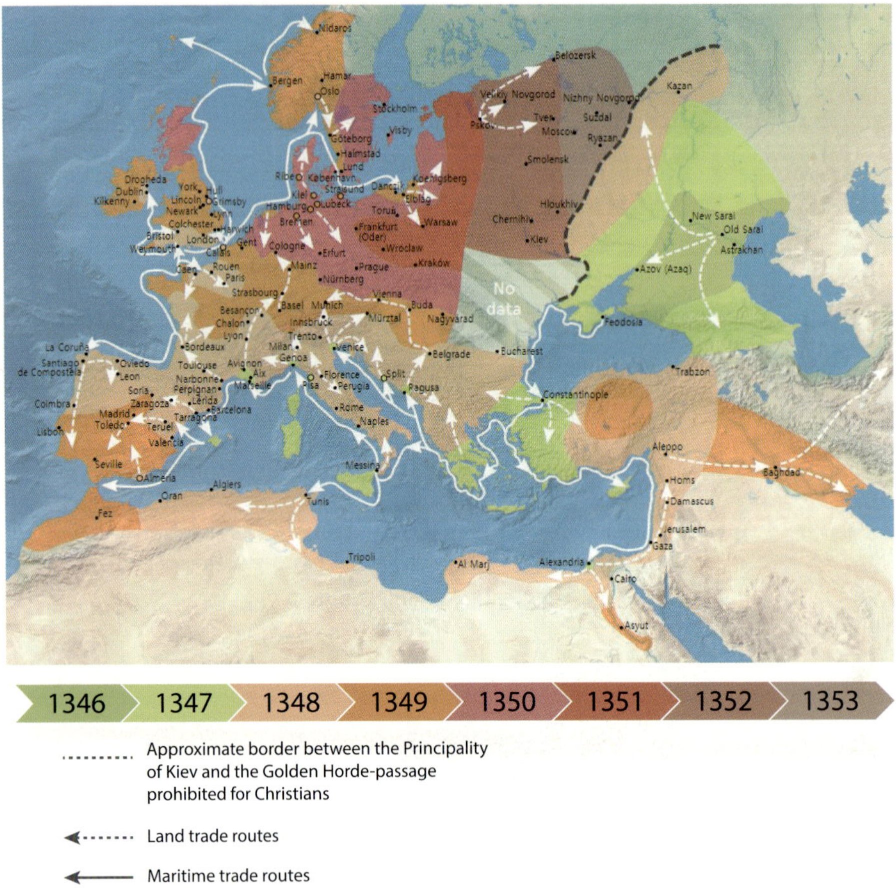

20장 페스트의 전파경로. 1346년부터 1353년간에 페스트가 유럽대륙을 가로질러 발병하였습니다. 육상 및 해상 무역로가 페스트 전파의 통로가 되었습니다. 출처: Wikipedia[49]

21장 제2차 세계대전 막바지에 일본 나가사키에 투하된 원자폭탄플루토늄형이 만든 버섯구름입니다. 폭발 때에 생긴 열, 폭풍, 방사성 낙진 등으로 수 많은 사람들이 고통을 받았습니다. 이후에 여러 국가들이 태평양의 섬들, 지하 등에서 핵실험을 하였습니다. 그 후유증은 지금도 계속되고 있습니다.

출처: Wikipedia[50]

21장 월남전에서 고엽제를 뿌리고 있는 미군 군용기입니다. 정글에 숨어 있는 적군을 찾기 위하여 나무들을 고사시키는 물질일명 에이젠트 오렌지을 사용하였습니다. 이 물질에 포함된 다이옥신은 이 지역에서 활동한 병사, 주민, 비행기 조종사, 물질을 운반한 사람 등 많은 사람들에게 피해를 주었습니다.

출처: Wikipedia[51]

제3부

미래 변화와 마주하기

22
영화 속의 기후변화

곽경환

"기후학자인 잭 홀 박사는 남극에서 빙하 코어를 탐사하던 중 지구에 이상변화가 일어날 것을 감지하고 얼마 후 국제회의에서 지구의 기온 하락에 관한 연구발표를 하게 된다. 급격한 지구 온난화로 인해 남극, 북극의 빙하가 녹고 바닷물이 차가워지면서 해류의 흐름이 바뀌게 되어 결국 지구 전체가 빙하로 뒤덮이는 거대한 재앙이 올 것이라고 경고한다."[71]

투모로우

2004년에 개봉한 영화 '투모로우The Day After Tomorrow'의 줄거리는 이렇게 시작됩니다. 20세기말 학계에서 제기된 이후 뉴스거리로 종종 보도되던 기후변화는 이 영화가 개봉된 21세기 초부터 대중 사이에 큰 화두가 되었습니다. 공상과학 영화임에도 지구를 구성하고 있는 대기, 해양, 암석, 생태계 등이 끊임없이 물질과 에너지를 교환하며 서로 균형을 이루고 있는 가운데 지구 온난화 현상이 이 균형을 깨뜨려서 전지구적 재앙이 닥친다는 화두를 던짐으로써 오락적인 재미뿐만 아니라 환경과학적인 메시지까지 동시에 잡은 영화로 평가받고 있습니다. 지구 온난화에 의해 역설적으로 지구의 상당부분이 빙하로 뒤덮인다는 발상이 영화 속에서는 다소 과장되게 표현되었습니다. 이는 홀로세 최적기 직전에 도래했던 영거드라이아스Younger Dryas 냉각기를 모티브로 하고 있습니다. 그리고 우리는 최근 들어 이와 유사한 한파, 폭염, 슈퍼태풍, 집중호우 등의 기상이변을 현실 세계에서 직접 경험하고 있습니다.

여기에서 한 가지 짚고 넘어가야 할 점은 기상Weather과 기후Climate가 다른 개념이라는 점입니다. 기상 또는 날씨는 우리가 하루하루 다르게 경험하는 대기 현상을 의미하며, 기온, 습도, 기압, 운량, 강수량 등으로 나타냅니다. 오늘의 날씨와 1년 전 오늘의 날씨는 엄연히 다르겠죠. 반면, 기후는 매년 일정하게 반복되는 평균적인 기상을 이르는 말이며, 한 지역의 기후를 '건조하다/습윤하다', '온난하다/한랭하다' 등으로 표현합니다. 우리가 오늘 아침에 어떤 옷을 꺼내 입을까 고민할 때에는 오늘의 기상 정보를 확인해야 하고, 올해 겨울에 얼마나 두꺼운 외투를 새로 장만할까 고민할 때에는 올겨울 기후 정보를 확인하는 것이 필요한 셈입니다.

영화 '투모로우'에 등장하는 기후변화는 매년 일정한 범위 안에서 반복되어 왔던 이 기후가 달라진다는 의미를 담고 있습니다. 우리나라에서는 2014년과 2015년에 장마철임에도 강수량이 적었던 7월의 마른 장마 사례, 2018년 1~2월은 기록적인 한파를 보였으나 2020년 1~2월은 유난히 따뜻했던 겨울 사례, 2018년 7~8월에 역대급 폭염이 장기간 지속된 사례, 2020년 7~8월의 기록적으로 길었던 장마 사례 등이 대표적입니다. 이렇듯 평년 기후의 변동 범위를 크게 뛰어넘는 기후변화가 발생한다면 우리는 기존의 일상생활과 삶의 방식을 고집할 수 없게 됩니다. 마치 더운 나라로 이사 간 사람에게 더 이상 두꺼운 외투가 필요하지 않은 것과 같습니다.

기후변화로 인한 기상이변 현상이 더욱 급격하고 빈번하게 발생하기 때문에 그 심각성이 큽니다. 단순히 지구 온난화를 기온이 1~2℃ 높아진 것으로만 생각한다면 큰 문제가 아닌 것처럼 보일 수도 있습니다. 기온은 하루에도 15℃ 이상 변하니까요. 그러나 연평균 기온이 1~2℃ 증가함에 따라 전세계 각 지역이 기상재해에 더 취약해진다는 점을 생각한다면 더 이상 지켜볼 수만은 없는 일입니다. 해수면 높이가 불과 수십 cm 상승한 결과로 이탈리아의 관광 도시 베네치아 같은 멀쩡한 해안도시가 홍수로 물에 잠겼고, 연평균 기온이 1~2℃ 상승한 결과로 북극의 빙하 면적이 70% 이상 줄어들었습니다. 몇 개월 동안 비가 거의 내리지 않았던 호주의 코알라 서식지는 꺼지지 않는 산불이 발생하면서 상당 부분 소실되기도 했습니다.

영화 '투모로우'는 바로 이렇듯 별일 아닌 것처럼 보이는 기후변화가 가져오는 큰 재난을 실감나게 보여주었습니다. 중위도에 사는 우리와는 큰 관련이 없는 것 같은 북극과 남극의 빙하가 녹았고, 해빙이 녹으면서 바닷물의 온도와 염분이 변하여 해류의 방향이 바뀌게 됩니다. 결과적으로 저위도의 따뜻한 바닷물이 고위도까지 올라가지 못하여 중·고위도 지역에 엄청난 한파가 불어닥친다는 내용이 그것입니다. 영화 속 내용이 공상과학 영화로만 그치지 않고 실제로도 발생할 수 있을까요?

정도의 차이는 있겠지만 전지구적으로 기온이 상승하면서 북극과 남극의 빙하가 녹고 있는 것은 엄연히 현재 진행형인 사실입니다. 가장 우려할 만한 것은 바닷물에 잠겨있는 북극 빙하가 녹는 것보다 대륙 위에 얼어있는 거대한 그린란드 빙하가 녹는 것이라고 합니다. 아이스 커피에 들어간 얼음이 녹아도 커피는 넘치지는 않지만, 가득 찬 커피잔에 찬물을 더 부으면 넘치는 것처럼요. 공교롭게도 육지인 그린란드 주변의 북대서양 해역은 낮은 수온과 높은 염분을 가진 표층의 해수가 가라앉아 심층 해류로 전환되는 곳입니다. 이 지역에서 대륙의 빙하가 녹아 염분이 낮아지고 해류의 흐름이 바뀔 것이라는 상상이 영화 속 허구에 그치지 않을 것이라는 우려가 설득력 있어 보이는 이유입니다. 약 12,800년 전에 갑자기 발생했던 전지구적인 한랭기영거 드라이아스처럼 말입니다.

설국열차와 잘못된 판단

18세기 이후의 빠른 현대 과학기술과 문명의 발달 과정에서 인류는 불과 200여년 만에 급격한 기후변화를 초래하였습니다. 지구로서는 무척이나 생소한 양상이라 난감할 수밖에 없는 상황입니다. 한편으로는 원인을 제공하였지만, 막상 기후변화가 가져온 대재앙 앞에서 인간은 너무나도 무력할 수밖에 없다는 점이 참 아이러니입니다. 영화 '설국열차'와 '지오스톰'은 인간이 지구공학적인 방법을 이용하여 기후변화에 대응하려고 노력했으나, 잘못된 판단의 댓가로 지구상에 엄청난 재난이 발생한다는 이야기를 다루고 있습니다.

지구공학geoengineering은 지구 온난화에 의한 기후변화를 막기 위해 인위적으로 기후시스템을 조절하고 통제하는 것을 목적으로 하는 과학기술의 한 분야입니다. 단순히 온실가스 배출량을 줄이는 기후변화 대응 정책에 그치지 않고, 좀 더 적극적으로 지구시스템 내의 에너지와 물질 순환의 한 부분을 바꾸는 기술을 얘기합니다. 이러한 시도가 과연 실현 가능성이 있고 또한 정당한 것인지? 앞으로 두 편의 영화에 비추어 생각해 보겠습니다.

봉준호 감독의 영화 '설국열차'의 서막은 지구 온난화를 해결하기 위해 CW-7이라는 물질을 성층권으로 쏘아 올려 태양복사에너지를 줄이려는 시도에서 시작합니다. 그러나 지구의 에너지 순환 과정을 완벽하게 이해하지 못한 인류의 오판은 지구를 급격한 빙하기에 접어들게 합니다. CW-7는 예상했던 것보다 더 오래 더 많은 양의 태양복사에너지를 차단했습니다. 빙하기에서 살아남은 사람들은 끝없이 궤도를 달리는 열차에서 살고 있습니다. 17년이 지난 어느 날, 꼬리칸에 타고 있던 사람들이 열차 맨 앞의 엔진칸을 차지하기 위해 폭동을 일으키게 됩니다.

실제로 성층권에 햇빛을 반사시키는 물질을 쏘아 올리자는 주장은 최근 들어 꽤나 많은 설득력을 얻고 있습니다. 가장 가까운 예가 1991년 엄청난 화산재를 대기 중에 뿜어냈던 필리핀 루손섬의 피나투보 화산 폭발입니다. 당시 화산에서 분출된 화산재의 일부는 높이 20 km 이상까지 솟구쳐 오르며 성층권에 도달하였고, 안정한 성층권에서 오랜 시간 머물러 햇빛을 차단하였습니다. 결과적으로 약 2년간 전 지구 평균기온을 약 0.6℃ 감소시켰습니다.

이와 비슷한 지구공학적인 아이디어로 대류권 상공에 구름응결핵을 살포하여 인공 구름을 만들어 햇빛을 반사시키는 방법, 지구 대기권 밖 인공위성 궤도에 거대한 우주 거울을 설치하여 지구에 도달하는 태양복사에너지를 줄이는 방법 등도 제안되고 있습니다. 태양복사에너지가 대기권을 통해 지구에 도달하고 지구가 방출하는 지구복사에너지가 온실기체에 의해 흡수되는 과정만 생각하면 꽤나 설득력 있어 보입니다.

그러나 설국열차의 배경이 된 빙하기와 같이 인간이 미처 계산하지 못한 부작용이 발생할 가능성이 있으므로 이러한 기술은 사전에 충분히 검증되어야 합니다. 또한, 모든 인류에게 큰 영향을 미치는 결과를 초래할 것이므로 한 연구그룹 또는 한 국가에 의해서 시도될 것이 아니라 모든 국가가 함께 머리를 맞대어 논의하고 합의해야 한다는 점도 중요합니다.

지구시스템의 에너지와 물질의 순환에는 매우 복잡한 양과 음의 되먹임 작용이 작동하고 있어 어느 하나의 행위가 지구 온난화를 매우 급격하게 가속화시킬 수도, 또는 반대로 냉각 효과를 급격하게 가져올 수도 있습니다. 이러한 과정을 인류가 모두 완벽하게 이해하고 있는 것은 아니기에 지구공학적인 방법을 적용하기 위해서는 더욱 신중해야 하고 많은 검토가 필요하다는 점을 잊어서는 안됩니다.

지구공학의 끝판왕, 지오스톰

영화 '지오스톰'은 '설국열차'에서보다 좀 더 적극적인 지구공학 방법들을 동원한다는 설정을 배경으로 하고 있습니다. 세계 정부 연합이 세계 인공위성 조직망을 통해 기후를 조절할 수 있도록 하는 '더치보이 프로그램'을 적용하고 있는데요. 이 '더치보이'가 오작동을 일으키면서 지구 시스템의 에너지 평형이 깨지고, 전세계적으로 급작스러운 기상이변이 발생하면서 인류의 생존을 위협한다는 내용입니다. 이 영화는 홍콩 도심 한복판에서 용암이 분출되고, 브라질의 리우데자네이루의 해변에는 살인적인 혹한이, 일본 도쿄에는 거대한 우박이, 러시아 모스크바에는 엄청난 폭염이, 인도 뭄바이에는 거대한 소용돌이가, 두바이 해변의 고층빌딩을 초대형 쓰나미가 먹어 삼키는 재난 상황을 실감나게 그려냈습니다.

'세계 각 지역을 관할하는 인공위성이 그 지역의 기후를 조절한다는 설정이 과연 현실적일까?' 이런 등등의 과학기술적인 문제는 잠시 뒤로 밀려 두겠습니다. 이 영화는 지구공학에서 파생될 수 있는, 아니 그럴 수밖에 없는 정치적, 윤리적 문제를 극명히 보여줍니다. 이러한 인공위성을 작동할 수 있는 권한인 킬코드를 한 국가의 대통령이 가지고 있다는 점에서 지구공학적 방법의 윤리적 한계를 잘 표현하고 있습니다. 인류 모두의 문제인 기후변화를 조절하는 능력이 어느 한 국가의 정치적 의도에 따라 사용될 수도 있는 위험성이 항상 존재하게 되는데 이는 세계대전을 일으키는 핵폭탄 발사 권한을 가진 셈입니다.

만약 지구공학적인 방법이 실현된다면 그러한 방법을 사용하기로 결정하는 권한은 누구에게 있어야 할까요? 이로 인해 지구 전체적으로는 이익일지 몰라도 지구 한 부분은 돌이킬 수 없는 큰 피해를 입을 수도 있는 상황이라면요. 우리가 영화를 영화로만 보지 않고 급격한 기후변화의 위기 속에서 인류의 미래를 내다보는 지혜를 찾을 필요가 있습니다.

결국 기후변화를 늦추기 위해서는 근본적으로 모든 국가가 나서서 온실기체의 배출을 줄이는 공동의 노력이 최선입니다. 영화 '투모로우'의 빙하기를 막기 위해서, 그리고 영화 '설국열차'와 '지오스톰'의 지구공학적인 방법이 가져올 부작용을 사전에 막기 위해서 인류 전체가 기후변화에 대응하는 노력이 절실합니다. 과거에 온실기체를 많이 배출한 국가는 누군지, 앞으로 누가 더 많이 온실기체 배출을 줄여야 하는지, 때론 눈치도 보고 간혹 큰소리도 치며 시끌벅적 싸우며 세간의 관심을 불러일으키는 논쟁을 해나가야 합니다. 다만 소모적이고 파국적인 논쟁보다는 모든 국가가 지구 전체의 문제라는 경각심을 가지고 결국에는 슬기롭게 해결책과 합의점을 찾아야겠습니다.

기후위기는 비단 전지구적인 관심사에 그치지 않습니다. 우리나라와 우리 모두에게 다가오는 새로운 위기상황입니다. 이미 구글과 애플 등 세계적 선도기업들이 참여하고 있는 RE100, 즉 기업에서 사용하는 에너지의 100%를 재생에너지로 대체하자는 국제적 기업간 협약 프로젝트가 확산해 가는 중입니다. 국내의 유수 국책경제연구소들은 향후 우리나라의 반도체를 비롯한 제조업 분야의 기업들이 RE100에 가입하지 않을 경우 상당한 불이익이 예상된다는 전망을 내놓고 있습니다. 대략 2030년경이면 대부분의 완성차 기업은 전기자동차를 주력으로 생산하게 됩니다. 이미 자동차 생태계에 엄청난 변화가 일어나고 있습니다. 제조업이 수출에서 차지하는 비중이 높은 우리나라 경제는 이미 기후위기의 높은 파고를 맞이하고 있습니다.

23

지구 온난화라는데 왜 겨울은 더 추울까?

곽경환

이상기후의 증가

2019년 1월에 체감온도가 영하 60℃에 이르는 한파가 미국 중서부 지역을 강타했습니다. 역사상 최악의 한파를 겪자 도널드 트럼프Donald Trump 미국 대통령은 '지구 온난화는 어찌된 것인가? 제발 빨리 돌아와라'라고 비웃는 트윗을 올립니다. 한 나라의 대통령이 올린 트윗이라고 하기에 너무 경솔했던 탓에 많은 사람들이 그 트윗을 비판했던 일이 있었습니다. 그렇다면 트럼프 대통령의 트윗처럼 지구 온난화는 멈추고 냉각기가 찾아온 것일까요? 대기 중 이산화탄소 농도는 계속 증가하고, 전지구 평균 기온와 해수면 높이도 해를 거듭할수록 역대 최고치를 경신한다는데 왜 겨울은 더 추울까요?

앞선 장에서 얘기했듯이 지구 온난화는 연평균으로 대변되는 기후적 현상인 반면에 춥다고 느끼는 겨울 날씨는 매일매일 변하는 기상 현상이라는 점에 주목할 필요가 있습니다. 연평균은 지속적으로 상승하는 가운데, 하루하루의 날씨가 보이는 변동폭도 점점 커지는 탓에 평년보다 더운 여름 날씨와 평년보다 추운 겨울 날씨의 빈도가 모두 점점 늘어가는 것입니다.

우리나라만 봐도 일년 중 여름은 점점 길어지고 봄과 가을은 점점 짧아지는 것이 피부에 와닿습니다. 이러한 기상이변의 대표적인 예가 바로 '폭염', '한파', '가뭄', '홍수'입니다. 언뜻 생각하기에 서로 반대인 현상들이 함께 증가하는 이유를 지구 온난화에서 찾을 수 있습니다.

폭염

우리나라의 폭염 현상은 지구 온난화와 함께 점점 심화되는 추세입니다. 폭염 일수는 일최고기온이 33℃ 이상인 날을, 열대야 일수는 밤최저기온이 25℃ 이상인 날의 횟수를 의미합니다[72]. 기상청 발표에 따르면 지난 2018년 여름에 우리나라 폭염 일수31.5일와 열대야 일수17.7일 모두 역대 최고 기록을 갈아치웠습니다. 당시 강원도 강릉에서는 밤최저기온이 30℃ 이상인 초열대야 현상도 관측되었습니다. 물론, 폭염의 원인은 지구 온난화 외에도 북태평양 고기압의 강화, 국지적인 도시 열섬, 지형적인 푄 현상 등 다양한 요인이 있습니다. 그럼에도 과거에 비해 점점 폭염의 강도와 지속 기간 모두 증가하는 추세의 원인은 지구 온난화에 의한 기상이변을 빼놓고는 생각할 수 없습니다.

지구가 뜨거워지면 해수면의 온도도 함께 높아집니다. 우리나라는 적도에서 올라오는 따뜻한 해류와 북쪽에서 내려오는 차가운 해류가 만나는 위치에 있는데, 해수면의 온도가 점점 높아질수록 따뜻한 해류의 영향을 더 많이 받게 됩니다. 또한, 우리나라 여름철에 무더운 날씨를 가져오는 해양성 기단인 북태평양 고기압은 해수면 온도가 높아지면서 더 세력을 키워서 북쪽으로 확장하게 됩니다. 더 강해진 북태평양 고기압의 영향권에 오랜 기간 머물수록 무더운 여름이 일찍 찾아오고 더 자주 폭염을 겪게 됩니다.

가뭄

가뭄은 폭염과 함께 찾아오는 기후변화의 또 다른 모습입니다. 숲이 우거진 우림 지역에 몇 달 동안 제대로 비가 내리지 않는 가뭄이 발생하고, 때로는 말라붙은 풀과 나무에 불이 옮겨붙어 대형 산불을 초래하기도 합니다. 2016년 캐나다, 2019년 호주, 2017년과 2018년에 연이은 미국 캘리포니아 산불 등의 공통점은 산불이 발생한 지역에 이상 고온 현상이 발생했다는 점입니다. 기온이 높아지면 습도가 낮아지고 지면의 물방울이 수증기로 증발하기 쉬운 조건으로 변합니다. 또한, 겨울철에 얼어붙었던 땅이 기온 상승에 의해 일찍 녹으면서 아직 잎이 나기 전에 메말라 있는 수목이 쉽게 불타는 것도 한 이유입니다.

꼭 산불이 아니더라도 기온 상승으로 인한 가뭄 현상은 생태계에 직접적인 타격을 입힙니다. 가뭄이 발생하면 농작물 수확량이 크게 감소하고, 동식물의 서식처가 통째로 없어지기도 합니다. 인류 역사에서 크고 작은 전쟁이 오랜 가뭄과 기근으로 인한 식량 부족에 기인했음을 생각해볼 때, 지구 온난화에 의한 기온 상승으로 치러야 할 대가가 결코 작지 않은 셈입니다.

태풍과 장마

지구 온난화에 의해 북태평양의 해수면 온도가 높아지면 강해지는 것이 또 하나 있습니다. 바로 강한 비바람을 몰고 오는 태풍입니다. 태풍은 바다에서 증발한 수증기가 잠열을 제공하여 점점 세력이 커지는데, 지구 온난화에 의해 해수면 온도가 높아지면 더 많은 수증기가 증발하면서 태풍의 강도도 더욱 세집니다.

과거에는 태풍이 발생하더라도 저위도에 머물다 소멸하거나 북상하더라도 강도가 낮은 편이었던 것이, 최근에는 강력한 태풍이 한반도에 영향을 주는 사례가 점차 늘어나고 있습니다. 2019년에는 7월에 다나스, 8월에 프란시스코, 레끼마, 크로사, 9월에 링링, 타파, 10월에 미탁 등 역대 가장 많은 7개의 태풍이 한반도에 영향을 주었습니다[73].

태풍은 짧은 시간 동안 광범위한 지역에 강한 바람과 많은 비를 가져오기 때문에 그 피해 규모도 엄청납니다. 태풍은 북태평양 고기압의 가장자리를 따라 북상합니다. 근래에 지구가 뜨거워지면서 가을철 해수면 온도가 높게 유지되어 북태평양 고기압이 물러가는 시기가 늦어지고 있습니다. 때문에 우리나라에 접근하는 가을 태풍이 점차 빈번해지고 있습니다. 대표적으로 2016년 10월 태풍 차바가 경남 지역에 큰 피해를 입힌 것처럼, 9월과 10월에도 강력한 태풍이 수확기의 농작물에 많은 피해를 입히는 사례가 잇따르고 있어 많은 주의가 필요합니다.

2020년 여름은 역대 최장기간 장마54일로 기록되었습니다[74]. 장마전선은 무덥고 습한 북태평양 기단과 북쪽의 서늘한 대륙성 기단이 경계를 이루면서 동서 방향으로 긴 비구름을 몰고 다니는데요. 평년 기준으로 6월 중순에 제주도를 시작으로 우리나라에 영향을 주었다가 7월 중순 이후에 중부 지방 이북으로 물러나는 것이 보통입니다. 오히려 2014년과 2015년에는 장마철임에도 강수량이 많지 않은 마른 장마가 이어지면서 지구 온난화가 여름철 강수 패턴을 바꿔놓은 것이 아니냐는 추측이 나왔었던 적이 있습니다.

그러던 장마전선이 2020년에는 6월말부터 심상치 않았습니다. 중국 남부 지역에 엄청난 양의 비를 내리면서 양쯔강이 범람하고 많은 이재민이 발생했습니다. 그 장마전선은 우리나라로 올라와서 8월 16일에 종료되기까지 남북으로 한반도를 오르락내리락하면서 전국적으로 엄청난 비를 뿌렸습니다. 한강에 놓인 서울의 잠수교는 역대 최장인 12일 동안 통제되었고, 그동안 홍수와는 거리가 멀었던 남부 지방의 섬진강 유역도 침수되는 피해를 입었습니다.

잠잠하던 장마전선이 갑자기 활성화된 이유가 무엇일까요? 과학자들은 그 해답을 지구 온난화에서 찾고 있습니다. 장마전선은 북태평양 기단과 찬 대륙성 기단의 세력 싸움에 의해 위치와 강도가 결정되는

데, 2020년 당시 지구 온난화로 인해 북극과 시베리아 지역에 유래 없는 고온 현상이 발생하였습니다. 여기서 고온이라 함은 평소보다 따뜻했다는 뜻이지 결코 적도처럼 더워졌다는 건 아닙니다. 어쨌든, 이로 인해 북극 지역과 중위도 지역 사이의 기온 차이가 작아지면서 북반구의 에어커튼 역할을 해주었던 제트류의 세기가 약해졌습니다. 결과적으로 북극의 찬 공기가 약해진 제트류를 따라 우리나라가 있는 중위도 지역까지 밀고 내려오면서 장마전선 북쪽의 찬 대륙성 기단이 강해졌던 것입니다. 성질이 다른 북태평양 기단과 찬 대륙성 기단이 서로 오랜 시간 줄다리기를 하는 동안에 그 가운데 놓인 지역에 많은 비가 내렸습니다.

한파

그럼 다시 처음 질문으로 돌아와서 지구 온난화라는데 왜 겨울에 더 추운지 생각해보겠습니다. 지구 온난화가 한파를 발생시키는 과정은 앞서 설명한 장마전선의 활성화 과정과 비슷합니다. 북반구 제트류가 지구 온난화에 의해 약화되는 것이 공통점인 것이죠. 제트류가 약화되어 겨울철 북극 지역의 찬 공기가 우리나라 근처까지 내려오게 되면 평년보다 더 강한 한파가 발생하게 됩니다.

이러한 과정을 북극진동AO, Arctic Oscillation이라고 합니다. 북극 지역의 기압이 고기압과 저기압 사이를 왔다갔다하면서 마치 펌프가 공기를 불어 넣듯이 저위도 지역으로 찬 공기를 공급하는 과정이 주기적인 진동의 모습을 띤다 하여 붙여진 이름입니다. 2018년 미국의 기록적인 한파와 폭설도 이러한 주기적인 진동에 의해 북극의 찬 공기가 북미 대륙으로 내려오면서 발생했습니다. 트럼프 미국 대통령이 이러한 과학적 사실을 몰랐다기보다는, 아마도 2019년에 파리기후협약에서 탈퇴하기 위한 명분을 미 중서부 지역의 기록적인 한파에서 찾고 싶었던 게 아닐까 싶네요.

바람과 먼지

지구 온난화로 인해 북극의 빙하가 녹으면서 북반구 고위도의 제트류가 약해지는 현상이 더욱 가속화되고 있고, 생각보다 더 광범위한 결과를 초래하고 있습니다. 제트류가 약해지면서 편서풍의 영향을 받는 중위도의 연평균 풍속이 감소하고 있는 것도 관련된 큰 변화 중의 하나입니다.

대기 중 오염물질은 바람에 의해 원활히 확산하여 제거되는 자정작용을 거칩니다. 그러나 해를 거듭할수록 우리나라 주변의 풍속이 감소하면서 대기오염물질이 머무르는 시간이 길어지는 대기 정체가 빈번해지고 결과적으로 대기질이 악화하게 됩니다. 관측자료는 이런 추정을 뒷받침해 줍니다. 최근 10년간 2012년에 우리나라의 연평균 $PM_{2.5}$ 농도가 가장 낮았고, 이 해는 반대로 연평균 풍속이 가장 높았었습니다[75].

한편 겨울철 한파 기간 이후에 날이 따뜻해지면서 며칠간 대기가 정체하고 대기질이 악화되는 현상이 잦아지고 있습니다. 우리말에 사흘 춥고 나흘 따뜻하다 하여 '삼한사온'이란 말이 있습니다. 하지만 요새는 이 말이 바뀌어 사흘은 춥고 나흘은 미세먼지라는 의미의 '삼한사미'라는 신조어가 생겨났는데 이것도 최근 감소 추세를 보이는 풍속이 만들어낸 새로운 날씨 패턴인 셈입니다.

전지구적인 대기대순환과 표층 해류의 순환은 지구에 도달하는 태양복사에너지를 저위도에서 고위도로 수송하는 한편, 오랫동안 지속되어온 기후를 유지하는 역할을 합니다. 그러나 지구가 따뜻해지면서 대기대순환과 표층 해류순환의 위치와 강도가 변화하고 연쇄적으로 지구 곳곳에서 '폭염', '한파', '가뭄', '홍수' 등 기상이변이 발생하고 있습니다. 이러한 기상이변의 원인에는 지구 온난화가 있으며, 지구 온난화에 의한 해수면 온도 상승과 제트류의 약화가 세계 각 지역의 기상이변을 발생시킨다는 사실을 함께 이야기해보았습니다.

지구 온난화와 기상이변의 증가는 이제 피할 수 없는 현실이 되어버렸습니다. 기후위기는 전혀 과장도 아니고, 어느 한쪽 진영만의 주장도 아닌 과학적 사실입니다. 지구 온난화가 기상이변의 원인이고 이는 기후위기를 불러일으켜 경제, 사회, 정치, 윤리 등 우리 삶의 제반 영역에 변화의 압력을 높여가고 있습니다.

찰스 다윈은 오랜 관찰과 분석, 상상력을 동원하여 그의 불후의 역작 '자연선택에 의한 종의 기원The origin of species by means of natural selection'을 집필합니다. 저서에 따르면, 생태계에 돌이킬 수 없는 어떤 변화가 발생하여 새로운 환경이 만들어지면, 이에 잘 적응하고 대처하는 종과 개체가 자손을 번창하는 쪽으로 종의 진화가 발생합니다. 변화의 압력을 선택압이라 불렀고, 선택압이 종의 진화를 이끈다고 하였습니다. 하여 누군가에겐 위기가 기회가 되기도 합니다. 다음 장에서 야생의 진화 과정과 여러 사건들을 살펴보며, 인류에게 다가온 새로운 위기, 기후위기를 어떻게 슬기롭게 대처해 나갈지, 그 실마리를 찾아보겠습니다.

24
여섯 번째 대멸종 - 진화의 이유

안태석

갈라파고스 제도Galalpagos Archipelago는 남미 에콰도르의 서쪽 태평양에 떠 있는 19개의 섬들입니다. 육지로부터 약 1,000 km 정도 떨어져 있고 주위에 다른 섬이 없어 고립된 상태입니다. 이 곳은 바다 이구아나*Amblyrhynchus cristatus*, marine Iguana, 갈라파고스 땅거북*Chelonoidis nigra*, Galapagos Tortoise, 갈라파고스 물개*Arctocephalus galapagoensis*, Galapagos fur seal과 같은 희귀종들이 있는 독특한 지역입니다.

남미 대륙에서 넘어온 단 한 종의 핀치새*Geospiza* 속, Finches가 섬들 이곳저곳에서 적응하여 살면서 땅에 사는 핀치, 나무에 사는 핀치, 나무에 사는 핀치는 또 나무의 아랫부분, 가운데, 윗부분에 사는 새로 분화하였습니다. 이렇게 서식지와 먹이, 활동시간 등 삶에 필수적인 여러 조건의 총합을 생태학적 지위ecological niche라고 합니다. 이 지위가 다르면 서로 경쟁 관계에 있지 않습니다.

이 핀치새를 비롯한 이 지역의 독특한 생물들을 연구한 다윈은 진화론을 설명한 '자연선택에 의한 종의 기원The origin of species by means of natural selection'을 집필합니다. 주요한 내용은 생물에게 나타나는 크고 작은 변이는 자연상태에서 적응하는 생물체에게는 매우 중요하고 이 변이들이 축적되어 새로운 종으로 진화한다는 사실입니다[76]. 이 이론에서 지질학적 시간이 지나면 새로운 종이 나타난다고 하였으나, 당 세대에서 획득한 형질이 유전물질즉 DNA을 변화시키지 못하므로 진화를 완벽하게 설명하지는 못합니다.

생물 종은 유전적으로 동일한 개체들의 모임입니다. '콩 심은 데에 콩 나고 팥 심은 데에 팥 난다'라는 말은 콩과 팥이 다른 종임을 나타내고 부모P와 유전적으로 같은 생물체가 후손F1으로 태어난다는 것을 말합니다. 종이란 두 개체P가 각각 유전자를 내어 재조합 과정을 거쳐 새로운 개체F1로 태어나고 이들 사이에도 유전자 재조합이 일어나 또 다른 후손F2을 만들 수 있을 때에 두 개체P는 동일 종으로 판정합니다. 말과 당나귀 사이에서 노새가 태어나지만 노새는 생식능력이 없어 말과 당나귀는 같은 종이 아닙니다. 같은 이유로 사자와 호랑이도 같은 종이 아닙니다.

새로운 종이 나타나는 과정을 분화speciation라고 합니다. 지리적 격리가 대표적인 분화의 이유입니다. 남미의 안데스산맥 동쪽과 서쪽은 예전에는 하나의 생물권이었으나, 산맥이 융기하면서 동서로 갈라졌습니다. 같은 종이 동서로 갈라지면서 다른 종이 됩니다. 구대륙유라시아 대륙과 신세계 아메리카 대륙에는 서로 전혀 다른 생물들이 살고 있습니다. 구대륙 사막지역에 낙타 *Camelus, Camel* 가 있고 신대륙에도 안데스산맥 서쪽 사막지대에는 라마 *Lama glama*, Llama 가 있습니다. 두 종은 전혀 다른 종이지만 사막과 고원이라는 자연환경에 적응하기 위한 신체 기관들은 서로 비슷합니다. 최근에 낙타와 라마 간의 이종교배를 통하여 후손 F1 을 만들어 내었다는 연구결과를 보면 두 종은 유전적으로 가까운 종이라고 판단됩니다.

진화

진화 evolution 는 세대에서 세대로 유전형질이 전달되는 도중에 일어나는 유전자의 변화가 누적된 결과입니다. 유전자 변화가 일어나는 요인은 돌연변이와 유성생식에 의한 유전자 재조합 등입니다. 이를 통해 종의 분화가 일어나며, 그 과정에서 다른 종들로 분리가 됩니다. 예를 들어 쥐와 다람쥐의 공통조상으로부터 현재의 쥐와 다람쥐가 갈라져 나왔고, 원숭이와 인간의 공통조상으로부터 점진적으로 종분화가 일어나 현재의 인간과 다른 유인원종이 탄생하였습니다.

진화가 일어나는 주요 작동 과정은 생물 집단과 환경의 상호 관계에 의해 유전형질이 선택되는 자연선택과 집단 안에서 이루어지는 유전자 부동 genetic drift 입니다. 자연선택으로 인해 생물 집단이 환경에 적응하는데 유리한 유전형질은 다음 세대로 전달되고 불리한 형질은 개체가 죽음으로써 사라지게 됩니다. 유전자 부동은 부모로부터 받은 유전자가 재조합과정에서 대립형질이 나타나는 경우의 변화를 말합니다. 즉, 유전자 재조합으로 환경에 적응하여 생존하는 기회를 얻게 되고 이는 자식들에게 전달되는 과정을 통하여 새로운 유전자, 형질이 고착되는 과정을 말합니다. 이러한 진화의 과정을 거쳐 생물들은 환경에 적응하여 새로운 종들로 분화합니다.

진화의 증거

진화과정을 확인하기 위해서는 반드시 각 진화과정에서 나타난 생물들의 흔적을 찾아야 합니다. 예로 사람과 고릴라의 조상이 같다면 같은 조상의 잔해뼈 등 생체와 발자국 등 흔적가 있어야 합니다. 그러나 그런 잔해는 찾지 못하는 경우가 더 많습니다. 이런 경우에는 다른 방법으로 진화과정을 설명합니다.

흔적기관vestigial organ은 동물의 기관 중 기능을 상실하고 흔적만 남아 있는 것을 말합니다. 사람의 꼬리뼈가 대표적인 예입니다. 고래와 물개 같은 해양 포유류의 지느러미에는 다리뼈의 흔적이 남아 있습니다. 동굴 속에 사는 곤충들은 빛이 없는 환경에서 눈이 퇴화되어 흔적만 남아 있습니다. 이처럼 주위 환경에 맞추어 생물의 모양과 기능이 달라지게 됩니다.

상동기관homologous organ은 사람의 팔, 고래의 앞지느러미, 박쥐의 날개처럼 기원은 같으나 살아가는 환경에 따라 기능과 형태가 변화된 기관을 말합니다. 상사기관analogous organ은 기원은 다르나 형태와 기능이 비슷한 기관을 말합니다. 예로 하늘을 나는 데 사용하는 나비의 날개, 박쥐의 날개, 새의 날개 등이 있습니다[77].

생물의 진화

북극여우*Vulpes lagopus*, arctic fox는 북극권에서 서식하는 여우입니다. 영하 섭씨 70도 이하인 추운 지역에 살고 있어 열을 뺏기지 않으려고 귀가 작고, 보온을 위하여 털이 깁니다. 발바닥에도 털이 있어 한기를 막아줍니다. 털 색깔은 계절에 따라 하얀색에서 회색, 검은색으로 바뀝니다. 이는 위장을 위한 것입니다. 이 털은 열 차단력이 뛰어나 방한 제품으로 애용되었고 이 때문에 멸종 위기로 내몰린 종입니다.

붉은여우*Vulpes vulpes*, red fox는 북극여우가 사는 곳 바로 남쪽인 툰드라, 타이가 지대와 온대 활엽수림 지대에 이르는 지역에 넓게 분포하고 있습니다. 환경 적응이 뛰어난 종으로 지역에 따라 개체 변이가 있습니다. 북극여우와 비교하면 귀가 크고 털이 짧으며 꼬리가 깁니다. 사는 지역에 따라 붉은색, 회색, 짙은 갈색 등 다양한 털 색깔을 가지고 있습니다. 반면, 사하라 사막에 사는 여우*Vulpes zerda*, fennec fox는 귀가 커서 체열을 쉽게 배출합니다[78].

북극여우와 붉은여우 그리고 사막에 사는 여우는 같은 조상에서 시작하여 각각 환경에 맞게 진화하였습니다. 환경에 따라 서로 달라지고 지금은 다른 종으로 구분되고 있습니다. 북극 지역에서 붉은 털을 가진 여우 개체는 독수리나 북극곰이 쉽게 찾아 사냥할 수 있어 금방 멸종하고 말았을 것입니다.

잡종강세heterosis는 같은 종 또는 이접한 종에서 다른 형질을 가진 부모P의 유전자 재조합 과정에서 부모의 우수한 형질을 양쪽으로부터 받는 자식F1이 나오는 것을 말합니다. 한 예로, 통일벼는 1970년대 우리나라에서 식량부족을 해결하고자 만들어낸 벼 품종입니다. 벼의 자포니카종과 인디카종을 교배하여 얻은 통일벼는 생산량이 기존 품종보다 30% 이상 높았고 식량문제 해결에 도움을 주었습니다. 소, 돼지, 닭 등 가축은 몸집이 빨리 커지고, 사료 효율이 좋고, 개체당 무게가 많이 나가고 질병에 강한 잡종강세를 만들어내어 상품으로 이용하고 있습니다.

이렇게 자연환경 조건에 의하여 생물이 진화한다고 하여 다윈은 '자연선택natural selection'이라고 하였습니다. 또, 이렇게 특정한 생물이 살아남는 것을 '적자생존survival of the fittest'라고 합니다.

호주의 독특한 생물들

호주에는 구대륙이나 신대륙에서와는 다른 독특한 생물들이 존재합니다. 대표적인 것이 코알라, 주머니쥐, 캥거루와 같은 유대류호주에는 248종입니다. 유대류는 태반이 불완전하기 때문에 채 성숙하지 않은 상태에서 새끼가 태어나고, 새끼는 암컷의 배에 있는 육아 주머니에 들어가 어미의 젖을 먹고 성장합니다. 또 다른 독특한 생물은 오리너구리*Ornithorhynchus anatinus*입니다. 단공류에 속하는 이 생물체는 알에서 태어나는 포유류입니다.

바다로 돌아간 고래

초기 생명체는 태양에서 오는 강한 자외선을 피하기 위해 수중생활을 하였습니다. 이후 산소 혁명으로 오존층이 형성되고 자외선이 차단되면서 바다의 생명체가 육상으로 진출했고 진화를 계속하여 포유류가 나타났습니다. 그런데, 이 포유류 중 일부는 다시 바다로 돌아갔습니다. 고래입니다.

물속에 살면 우선 강한 물의 부력을 받기 때문에 체구가 커져도 잘 가라앉지 않고 살아갈 수 있습니다. 하지만 공기의 부력은 물의 부력에 비해 보잘 것 없이 작기 때문에 육상의 생명체는 몸에 작용하는 중력의 대부분을 다리로만 버텨내야 합니다. 따라서 육상의 생명체는 체중에 한계가 있지만, 물속의 생명체는 비중만 잘 조절한다면 이론적으로는 무한히 큰 체중을 가질 수 있습니다.

물속에 살면서 고래의 앞다리는 지느러미로, 뒷다리는 꼬리로 흔적기관이 되었습니다. 허파는 물고기의 부레처럼 작용하여 깊은 바다 밑으로도 내려갈 수 있습니다. 큰 체구를 유지하려면 엄청 많은 물고기 또는 새우들을 한 번에 먹어 치워야 하므로 이빨 대신에 수염이 발달하여 먹이를 걸러내기도 합니다. 그 외 고래의 여러 기관들도 물속 생활에 적합하도록 진화하였습니다.

고래 외에 물개, 바다표범, 바다코끼리도 육상에서 바다로 돌아간 포유류입니다. 펭귄은 바다로 돌아간 조류입니다. 파충류인 뱀 중에도 바다로 돌아간 종들이 있습니다. 바다뱀의 특징은 독을 가지고 있다는 점입니다. 그 외에도 육상에서 바다로 돌아간 생물체들이 여럿 있습니다.

바이칼호의 물개

러시아 중앙에 위치하는 바이칼호Lake Baikal는 육지에 존재하는 물의 22%를 차지하는 거대한 물 덩어리입니다. 몽골의 셀렝게강으로부터 흘러온 물이 이 호수에 머물다 시베리아의 앙가라강으로 흘러들고, 이 강은 다시 예니세이강과 만나 북극해와 연결되어 있습니다. 바이칼호는 우리에게 친숙한 시베리아 고기압의 발원지 인근이기도 합니다. 겨울철 맹위를 떨치며 시베리아 전역으로 확장한 시베리아 고기압은 우리나라에 찬바람을 가져다줍니다. 여름철이 되면 호수 인근의 작은 고기압으로 세력이 약해져 간혹 사라져 버리기도 합니다.

이 호수에 사는 바이칼 물개*Pusa sibirica*, Baikal Seal 또는 Nerpa는 북극해로부터 예니세이강과 앙가라강을 따라 장장 3,000 km가 넘는 거리를 거슬러 이 호수로 유입된 것으로 추정하고 있습니다. 형태적으로 바다에 사는 물개와는 다르게 진화하였습니다. 체구가 작아지고 눈이 커진 것은 담수에 적응한 결과로 보고 있습니다. 참고로 바이칼호는 염분 농도가 낮은 담수호라 염분이 많은 바닷물에 비해 더 가볍고, 따라서 물의 부력이 줄어듭니다. 바다 물개의 체구를 유지한 채 바이칼호에서 살기 위해서는 물에 뜨기 위해 더 열심히 헤엄쳐야겠죠. 체구가 작고 민첩한 개체들이 수영하고 먹이를 잡는 데 더 유리했으리라 짐작됩니다.

아마존강의 돌고래

남미에 있는 세계 최대의 하천인 아마존강에는 돌고래 Inia geoffrensis, Amazon river dolphin가 살고 있습니다. 바다에서 아마존강을 거슬러 올라가 상류지역에 정착한 것으로 보고 있습니다. 상류지역은 부식물질에 의하여 물 색깔이 검은색입니다. 따라서 햇빛이 투과하지 않으므로 이 돌고래의 피부는 분홍색으로 변화했습니다. 또 앞이 보이지 않으니 눈은 퇴화되고 대신에 음파를 이용하여 먹이와 장애물을 찾아냅니다. 먹잇감인 물고기를 쉽게 잡기 위하여 부리는 길게 튀어나왔습니다. 아마존강이라는 환경에 적응한 결과입니다. 중국의 양자강에도 돌고래류가 있었는데 멸종하였습니다. 그 외 메콩강, 인더스강에도 돌고래류가 있습니다.

진화의 결과

진화의 결과, 각 생물체는 자연환경 조건에 적응하기 위하여 형태를 바꿀 뿐만 아니라 생리활성 물질 bioactive material을 분비합니다. 이러한 물질들은 우리가 약으로 사용하기도 합니다. 페니실린 penicillin 항생제는 곰팡이가 분비하며 세균의 성장을 억제하는 물질입니다. 통증을 완화하는 아스피린은 식물체에서 얻은 물질이고, 이 물질의 화학구조를 확인하고 유기합성으로 대량생산하는 약품입니다. 병원에서 수술할 때에 사용하는 마취제, 아편 등도 식물에서 얻은 것입니다.

박쥐는 초음파를 사용하여 먹이와 장애물의 위치를 확인합니다. 이 초음파는 레이더Radar라는 기술로 발전하였습니다. 도마뱀은 발바닥에 있는 돌기를 이용하여 벽과 천정에 붙어 이동합니다. 이를 응용하여 만든 장갑 등을 사용하면 거미 인간처럼 활동할 수 있습니다. 거미와 홍합이 만드는 접착용 실은 강도가 매우 강하여 공업용으로 사용이 가능합니다.

연꽃류의 잎에는 돌기가 있어 잎 위의 물방울이 표면장력으로 동그랗게 뭉칩니다. 이를 이용하면 먼지와 물이 묻지 않는 표면을 만들 수 있습니다. 국내에서도 이 재질로 만든 요구르트 용기를 사용하는 제품이 있습니다. 일부의 뱀은 혀에 적외선을 감지하는 기관을 가지고 있습니다. 이 적외선을 감지하는 기술을 이용하여 적외선 탐지 미사일을 개발하였습니다.

지구상에는 아직 탐사되지 않은 오지가 많이 있고 그 안에 사는 생명체들이 어떤 생존전략을 갖고 있는지 모릅니다. 산림을 불태우면 나무만 타는 것이 아니라 그 안에 사는 미생물, 곤충과 각종 동물들도 사라지고 맙니다. 이 생물들이 가지고 있는 무한한 가치도 함께 불에 타 버립니다. 이것이 우리 인간을 위해서라도 자연환경을 보존하여야 하는 이유입니다.

생태계의 진화

생태계도 시간이 지나면서 변화합니다. 이를 천이succession라 부릅니다.

천이는 생태계를 구성하는 생물의 구성원들, 특히 우점종dominant species이 바뀌는 것을 말합니다.

호수의 천이

호수는 자연적으로 주위에서 영양염류가 유입되면서 점차 부영양화 상태가 됩니다. 부영양화 상태가 되는 시간은 호수의 깊이, 수표면적, 주위 땅의 상태 등 여러 가지 요인에 의하여 결정되는데, 자연의 경우 1천 년 이상의 긴 시간이 필요합니다.

부영양화 상태가 되면 물속에 식물 플랑크톤과 수초가 많아지고 이들의 사체가 바닥에 쌓이고 주위에서 흘러들어온 토사도 함께 쌓이면서 점점 수심이 얕아집니다. 얕은 수심에는 더 많은 수초들이 뿌리를 내리고 자라고 죽고를 반복하면서 호수 가장자리부터 땅으로 메꾸어집니다. 이 과정을 육지화라고 합니다.

강원도 강릉시에 있는 경포호는 120여 년 전에 그 넓이가 지금의 두 배 이상이었다고 합니다. 육지화가 진행되면서 가장자리는 논으로 개발이 되고 수심은 점점 얕아져 호수 전체가 육지화가 될 가능성이 점점 더 커졌습니다. 이에 관계기관에서는 바닥에 가라앉은 유기물과 토사를 준설하고 유입수의 수질을 개선하는 노력을 하고 있습니다.

육지의 천이

용암이 흘러간 지역과 큰 산불이 일어난 지역 등은 생명체가 없는 상태입니다. 이곳에 1년생 풀이 자라고 이어서 다년생 풀, 관목이 자라면서 곤충과 동물들도 들어옵니다. 이어서 양수림인 소나무, 전나무 등이 들어옵니다. 양수림은 햇빛을 많이 받아야 잘 자라는 나무들입니다. 일단 큰 소나무가 자리 잡고 나면 나무 아래는 햇빛이 차단되므로 빛을 좋아하는 양수림 묘목들이 잘 자라지 못합니다. 그 대신 적은 빛에서 꾸준히 생장하는 활엽수 나무들, 음수림이 자라기 시작합니다. 참나무, 신갈나무, 단풍나무 등은 햇빛이 적어도 잘 자라는 대표적인 음수림 나무입니다. 참나무가 자라면서 소나무보다 키가 커지게 되면 양수림인 소나무는 사라지고 음수림인 참나무가 우점종이 되어 극상climax을 이루는 숲이 만들어집니다.

캐나다의 국기에는 단풍나무가 있습니다. 참나무 등이 극상인 우리나라와 달리 캐나다의 숲에선 단풍나무가 극상을 이루고 있습니다. 단풍나무를 그려 넣은 캐나다의 국기에는 자국의 자연을 지키겠다는 의지가 깃들여 있습니다.

멸종

멸종extinction은 생물종이 적자생존 과정에서 도태되는 현상입니다. 새로운 종이 나타나면서 환경에 적응하지 못한 생물이 도태되는 것은 매우 자연적인 현상입니다. 다만 인위적인 오염과 간섭으로 멸종되는 것은 막아야 합니다.

지역적인 멸종은 환경변화, 서식지 파괴, 질병의 전파 등으로 늘 일어나는 현상입니다. 지구에 생명체가 등장한 이래로 다섯 번의 대멸종 사건이 있었습니다. 그중 대표적인 사건은 약 6,600만 년 전에 일어난 공룡멸종 사건입니다. 당시 지구와 소행성이 충돌하면서 발생한 열, 폭풍과 먼지 등으로 공룡들은 멸종하였습니다. 이를 모티브로 한 인류멸종 시나리오를 바탕으로 여러 영화들이 제작되었습니다. 가장 최근엔 영화 '돈 룩 업Don't look up'이 2021년에 개봉하였습니다.

현대에는 인위적인 야생 서식처의 파괴와 함께 지구 온난화 때문에 멸종이 일어나고 있습니다. 오늘날 소 떼 목장으로 개발되어 가는 아마존 산림은 과거 수차례의 빙하기를 거치는 동안 다양한 야생 동식물의 피난처였습니다. 우리가 채 알지 못하는 여러 생물들의 서식처이며 지구 생물다양성의 보고와 같은 곳입니다. 동남아시아 해안가의 습지생태계를 유지하며 쓰나미로부터 해안을 지켜주던 망그로브 숲은 이제 대부분 새우 양식장으로 변화했습니다. 덕분에 우리는 예전보다 싼 값에 새우요리를 먹고 있습니다. 대규모 단일작물 재배, 살충제의 사용으로 인한 생물종 멸종 사례들에 대해서는 이미 앞서 언급한 바 있습니다.

현재 진행 중인 기후변화는 보다 광범위한 방식으로 멸종을 초래하고 있습니다. 과거에는 새알이 부화하는 시기와 나방의 애벌레가 나오는 시기가 일치하여 새끼 새가 쉽게 먹이를 얻을 수 있었으나, 지구온난화로 나방의 애벌레가 나오는 시기가 빨라졌습니다. 그 결과, 새끼가 부화하여도 먹을 애벌레는 이미 나방이 되어 버린 후라서 먹이를 충분히 얻지 못하여 멸종의 길로 들어서게 됩니다. 북극이 따뜻해지면서 예전에 하나로 쭉 연결되던 빙하가 여러 조각으로 갈라지고 있습니다. 작게 쪼개진 빙하는 야생동물의 왕래를 방해하며 넓은 서식처를 필요로 하는 북극곰의 생존을 위협하고 있습니다.

기후가 따뜻해지면 남쪽에 서식하던 병원균이 북쪽으로 이동해 새로운 질병을 야기하기도 합니다. '소나무암'이라 불리는 재선충병은 솔수염하늘소라는 곤충을 매개체로 하여 확산합니다. 솔수염하늘소는 날씨가 따뜻한 남쪽지방에 널리 서식하였지만 지구 온난화의 결과로 향후 전국으로 확산해갈 것이라 예상하고 있습니다. 건조한 곳에서도 잘 살아남아 우리 국토를 푸르게 수놓았던 소나무는 아쉽게도 미래의 더워진 한반도에서 보기 힘들 듯 합니다. 더위에 약하기 때문입니다. 이미 솔잎혹파리, 재선충 등의 병충해와 고온건조한 날씨로 인한 생육불량 때문에 많은 소나무가 고사해가고 있습니다. 먼 훗날 우리의 후손은 추사 김정희의 '새한도塞寒圖' 속 소나무를 알래스카에서 발견한 은행나무 잎 화석처럼 기후변화의 증거라 배우게 될 겁니다.

그럼 진화의 기작이 계속 작동한다면 환경이 변화함에 따라 적응하지 못하는 생명체는 멸종하게 되고, 이에 적응하는 새로운 종이 등장하게 될까요? 안타깝게도 그런 일보다는 인간의 환경 재구성 때문에 지구상에서 멸종하는 생물종은 더 많아질 것 같고, 이에 적응할 새로운 종이 나타날 시간은 부족해 보입니다. 지질학적 시간에서 관찰된 멸종속도에 비해 지난 수백 년 간 관측된 멸종속도는 1,000~10,000배 이상 빠른 것으로 추산되고 있습니다. 이것이 우리가 의도했든 의도치 않았든 이미 엎질러진 물이 스스로 마를 때까지 손 놓고 기다릴 수만은 없는 이유입니다.

25
미래를 위한 행동들

강신규

세계는 '일순간의 폭발이 아니라 한동안 흐느끼는 사이에' 종말을 맞을 것이다. 지구라는 우주선의 생명체들이 그러한 운명을 맞이하는 것을 상상하는 것은 그다지 어려운 일이 아니다. 그러나 그럼에도 불구하고 나는 미래, 우리의 미래에 대한 희망을 가지고 있다. 물론 우리가 삶의 방식을 바꿀 때에만, 그것도 하루 빨리 바꿀 때에만 희망은 존재한다. 시간이 많지 않다. 그러한 변화들은 바로 당신과 내가 가져오는 것이다. 변화를 일으킬 책임을 남에게만 미룬다면 좌초는 피할 수 없다. 내가 희망을 가질 수 있는 이유는 네 가지이다. 인간의 두뇌, 자연의 회복력, 전세계 젊은이들에게서 찾아볼 수 있는, 또 타오르게 할 수 있는 에너지와 열정, 그리고 마지막으로 불굴의 인간 정신이 그것이다. – 제인 구달, 희망의 이유[79] 중에서

'인간 환경'은 그 시간적 깊이와 공간적 광활함, 환경을 구성하는 여러 참여자들의 다양한 조합과 특성으로 인해 무궁무진한 환경 이야기를 만들어왔고 앞으로도 그럴 것입니다. 이 책에서는 '인간 환경'에 관한 몇 가지 에피소드를 통해 인간 환경이 변화해온 과정과 변화의 이유를 찾아보았습니다. 이 여정의 마지막 이야기로 오늘날 인간 환경의 위기와 희망의 실마리를 살펴보는 시간을 마련했습니다.

무엇이 문제인가?

생태계, 인구, 지구기후, 온실가스, 기후변화, 작물재배, 인류문명, 전쟁, 아랄해, 목화, 농업의 물사용, 꿀벌, 생물다양성, 생물종 복원, 육식, 축산, 질병, 수은, 건강, 플라스틱, 쓰레기, 생물농축, 녹조현상, 부영양화, 영양염, 수질오염, 농업의 에너지 사용, 농약, 위해성, 대기오염, 화석연료, 신재생에너지, 원자력 에너지, 미세먼지, 황사, 오존, 영화 속의 기후변화, 지구온난화, 한파, 가뭄, 이상기후, 극한기후, 진화, 멸종

이 책에서 다룬 이야기 꼭지들입니다. 모아보니 일견 중구난방 복잡해 보입니다. 하지만 '변화와 이유'라는 측면에서 들여다보면 인구, 자원에너지 포함, 폐기물부산물 포함의 세 가지 범주로 단순화할 수 있습니다. 마지막 빙하기 이후 온난하고 습해진 지구는 인간과 여러 동식물이 번성하는 생명의 터전이 되었습니다. 특히 인간은 곡물 재배와 목축을 시작하

면서 수렵과 채집이라는 자연의 한계를 벗어나는 단초를 마련하였고, 더 많은 곡식과 고기를 수확하고 의료와 위생이 발전하면서 1800년대에 이르러 비약적인 인구증가를 경험하게 됩니다.

인구증가의 다른 모습은 자원 이용량의 증가입니다. 농지와 목장을 만들고자 산림과 초지를 개간했고, 경작에 많은 물과 영양염을 이용했고, 고기를 얻고 농작물과 가축을 지키기 위해 혹은 게임의 일종으로 야생동물을 남획하였고, 모피를 얻고자 담비 등 털가죽 동물을 멸종 단계로 몰아넣었던 적이 있습니다. 또한, 산업과 교통 등에 다량의 화석연료를 사용하며, 철과 알루미늄, 희토류 등 온갖 종류의 광물금속을 채굴하고, 이젠 더 나아가 많은 위성을 쏘아 올리는 등 우주 공간까지 이용하고 있습니다. 이제 이들 자원은 한껏 늘어난 인구와 높아진 생활수준을 유지하는 사회경제시스템의 일부가 되었습니다. 급증한 인구는 환경위기의 서막을 열었습니다.

하지만 이들 자원은 그 양이 무궁무진하지 않습니다. 반면, 태양, 바람, 조류, 수력 에너지 등은 자연적으로 계속 만들어지는 영구적 에너지원입니다. 신선한 공기, 깨끗한 물, 기름진 토양, 여러 동식물과 같이 잘만 이용하면 스스로 회복하여 지속적으로 사용할 수 있는 재생가능자원도 있습니다. 하지만 영구자원이나 재생가능자원을 제외하곤 모두 재생불능자원에 속합니다. 화석연료, 금속광물, 점토 등 비금속 무기물 등이 그 예입니다.

지켜야 할 재생가능자원과 아껴야 할 재생불가능자원

자원의 측면에서 오염현상은 재생가능자원을 재생불가능한 상태로 바꾸어 버리는 것입니다. 원자력발전소 사고로 오염된 공기와 흙과 물, 건조지의 지하수 이용에 따른 토양염류화, 과도한 남획으로 인한 개체군 소멸 등을 예로 들 수 있습니다. 인간의 개입이 사라지면 자연은 서서히 회복하여 원래와 비슷한 상태로 되돌아갈 겁니다. 다만 영화 '설국열차'에서 보듯이 자연이 회복하는 동안에 인간은 힘들고 가혹한 시기를 보내게 됩니다.

사막화, 대기오염, 수질오염 등 재생가능자원이 황폐화되는 과정을 목격한 인류는 그 반전의 모멘텀으로 1992년 유엔리우환경회의를 개최하여 지속가능한 개발sustainable development 아젠다에 합의하였고, 2015년 유엔총회에서 '2030지속가능발전 의제sustainable development goals, SDGs'를 도출하기에 이르렀습니다. 우리나라는 지속가능 발전법, 저탄소 녹색성장 기본법, 국제개발협력 기본법 등 정부정책과 관련법을 제정하여 국제적인 UN-SDGs 이행에 동참하고 있습니다.

회복능력을 가진 재생가능자원과 달리 재생불능자원은 사용 후 쓸모를 다하면 폐기물혹은 쓰레기로 버려집니다. 그러나 사람에게 폐기물인 것이 생태계의 다른 구성원에겐 자원이 되거나 아니면 별다를 것 없는 기존 구성요소 중의 하나가 되기도 합니다. 음식물 쓰레기는 다른 생물에게 먹이가 되고, 토양에 양분이 될 수 있습니다. 석유 연소에서 나온 이산화탄소는 사람에겐 폐기물이지만 대기 입장에선 이미 있는 대기 구성요소의 하나일 뿐입니다. 어쨌든 분명한 것은 자원 사용량이 늘어나면 폐기물도 같이 늘어난다는 사실입니다.

자연이 스스로 정화하거나 수용할 수 있는 폐기물의 양은 무한하지 않습니다. 농경지의 비료가 강과 호수로 흘러가 녹조현상을 유발하고 화석연료의 연소로 배출된 이산화탄소가 지구를 뜨겁게 달구고 있습니다. 철과 알루미늄, 플라스틱 등 많은 쓰레기를 적극적으로 재활용하고, 비료와 살충제를 필요한 양만큼만 사용하고, 화석연료 사용량을 점차 줄여감으로써 폐기물 배출량을 줄여야 하는 이유입니다.

한편 자원을 이용하고 폐기물을 배출하면서 인류는 생물의 대멸종 시대를 열었습니다. 과거 지구역사에서 5번의 대멸종이 발생했습니다. 운석충돌과 화산폭발 등이 대멸종의 이유였습니다. 가장 최근인 약 6,500만 년 전의 대멸종은 운석충돌과 기후변화로 인한 공룡멸종 사건입니다. 하지만 미국생물다양성센터는 "우리는 공룡들의 멸종 이래로 가장 심각한 대멸종 사태에 직면해 있다"며 "하루에도 10여 종이 멸종하는 가운데 오늘날 대멸종이 진행되는 속도는 과거 대멸종의 1000배에서 1만 배로 추정된다"고 설명하고 있습니다. 이미 여섯 번째 대멸종 시대에 접어들었으며 그 대멸종의 이유는 바로 우리 인간입니다.

역사적으로 자원과 폐기물이 거꾸로 사람의 삶에 영향을 미친 사례가 여럿 있습니다. 고대문명지의 토지황폐화는 토양과 수자원 남용의 결과이고, 최근의 아랄해 황폐화 역시 수자원 남용 때문입니다. 과거 우리나라에서 괴질이라 불렸던 콜레라는 분변과 구토물 등을 매개로 확산하여 페스트보다 더 많은 인명피해를 입혔습니다. 1970년대에 중동에서 발발한 전쟁의 여파로 발생한 두 차례의 석유파동은 세계적인 경제침체를 야기하였습니다. 아이러니하게 석유파동은 셰일가스 개발을 앞당겨 상용화에 성공함으로써 미국을 세계 최대 산유국으로 만들었습니다. 대기로 배출된 온갖 폐기물들이 산성비, 오존홀, 미세먼지, 지구온난화 등 여러 문제를 유발하였고 이들은 환경문제를 넘어 사회경제적 문제로까지 확장되었습니다.

환경과 안보, 이를 지키기 위한 국제 사회의 노력들

이러한 배경에서 1980년대 들어 재해, 질병, 식량, 테러, 에너지, 환경오염 등의 위협으로부터 국민의 안전과 생명을 지켜야 한다는 '비전통적 안보'의 중요성이 거론되기 시작했습니다. 그리고 마침내 2020년 전세계를 뒤흔든 코로나19 대유행을 맞이하여 질병으로 인해 국경이 닫히고 국민의 이동과 생활을 제한하는 등, 총만 안 들었다 뿐 마치 전쟁과 같은 상황을 경험하게 됩니다.

'비전통적 안보' 문제의 주요한 특징은 국가의 경계를 넘어 세계 각국이 관여하며, 문제해결을 위해선 국제협력이 필수적이라는 것입니다. 하지만 사안별로 각국의 이해가 충돌하다 보니 세계 각국이 협력해 문제를 해결하기란 결코 쉽지 않습니다. 그럼에도 다행히 국제협력으로 환경문제를 해결해 간 몇몇 사례들이 이뤄지면서 문제해결의 희망을 싹틔우고 있습니다.

람사르협약Ramsar Convention, 1971년

자연자원과 서식지 보호에 관한 첫 번째 국제협약입니다. 정식 명칭인 “물새 서식지로서 국제적으로 중요한 습지에 관한 협약”에서 얘기하듯이 물새 서식 습지대를 대상으로 하기 때문에 습지협약이라고도 합니다. 우리나라는 1997년에 가입하였고 현재 강원도 인제군의 대암산 용늪과 경남 창녕군의 우포늪, 장항습지 등 20여 곳 이상을 보호습지로 등재하였습니다.

대기오염물질의 장거리 이동에 관한 협약CLRTAP, 1979년

1970년대 북유럽의 산성비 문제가 심각한 환경문제로 대두되었습니다. 평소 빗물에 대기 중의 이산화탄소가 녹아들면서 약산성을 띠게 됩니다. 하지만 인구도 많고 산업시설이 집중한 서유럽 각국에서 배출한 이산화황과 질소산화물 등이 바람을 타고 북유럽으로 들어옴에 따라 빗물의 산성도가 높아졌고 이는 수목고사와 호수 물고기 떼죽음을 야기하였습니다. 이에 1975년 스웨덴 등 북유럽 국가들이 국경을 넘는 대기오염 문제를 공식 제기하였고 1979년 스위스 제네바에서 이에 관한 협약이 채택되었습니다. 이 협약은 국경을 넘어 이동하는 대기 오염물질에 대해 장기적, 단기적 피해의 가능성에 대처하여 공동의 해결책을 모색한 지역규모의 환경문제 해결 사례입니다. 비슷한 문제가 북미대륙의 미국, 캐나다, 멕시코 간에도 발생하여 해결한 바 있습니다. 이런 노력들은 오늘날 국경을 넘나드는 미세먼지, 황사 문제를 겪고 있는 동북아시아 각국의 대기질 환경문제 해결에 좋은 모범 사례입니다.

몬트리올 의정서 Montreal Protocol, 1987년

'오존층 파괴 물질에 관한 몬트리올 의정서'는 오존층의 파괴 물질인 염화불화탄소화합물 CFCs의 생산과 사용을 규제하려는 목적에서 제정한 협약입니다.

바젤협약 Basel Convention, 1989년

유해 폐기물의 국가간 이동과 교역 규제를 목적으로 1989년 스위스 바젤에서 체결되었습니다. 다른 환경 관련 국제협약과 달리 바젤협약은 미국, EU 등 선진국이 아닌 아프리카 등 77그룹이 주도적인 역할을 하여 탄생하였습니다. 이 협약은 개발도상국이 선진국의 쓰레기장이 되어서는 안 되겠다는 위기의식에서 출발하였습니다.

미국-캐나다 대기질 협정 Air Quality Agreement, 1991년

유럽과 마찬가지로 1970년대 당시 캐나다 동부와 미국 동북부 지역도 산성비 피해에 시달리게 되었고, 이에 대한 책임 소재를 두고 두 나라 간에 논쟁이 시작되었습니다. 각국의 산성비 발생원에 대한 과학적인 조사가 시작되었고, 결과적으로 두 나라 모두 상대국의 산성비 발생에 원인을 제공하고 있음을 규명하였습니다. 즉, 캐나다에서 발생하는 산성비의 50%는 미국이 기여하였고, 미국에서 발생하는 산성비의 15%

는 캐나다가 기여했다고 알려졌습니다. 이를 바탕으로 1991년에 협정이 체결되었고 각국은 모두 산성비의 원인물질인 이산화황과 질소화합물을 감축하는 의무규정을 마련하였습니다. 지역의 대기환경문제를 다룬 미국-캐나다 협약과 유럽국가들의 CLRTAP 협약은 동북아시아 미세먼지로 고통 받는 우리에게 시사하는 바가 큽니다.

생물다양성협약UNCBD, 1992년

생물다양성협약 제2조, "생물다양성이란 육상, 해상, 그 밖의 수생생태계 및 생태학적 복합체ecological complexes를 포함하는 모든 자원으로부터의 생물 간 변이성을 말하며, 종들 간 또는 종과 그 생태계 사이의 다양성을 포함한다."

이 글은 세 가지 종류의 생물다양성을 언급하고 있습니다. "생물 간 변이성"은 종간, 종내의 유전자 다양성 즉 유전적 다양성을 말합니다. "종들간"은 우리가 흔히 말하는 종다양성 즉 얼마나 다양한 종이 있느냐 하는 것입니다. 마지막으로 "종과 그 생태계 사이의 다양성"은 생태계 다양성이라 불리는 것으로 생태계의 구성요소, 구성요소들 간의 관계 등을 통칭하여 나타나는 생태계의 차이를 의미합니다. 쉬운 예로는 논, 밭, 하천, 마을, 산이 혼재한 시골은 도시보다 더 다양한 생태계를 가지므로 생태계 다양성이 높다고 할 수 있습니다.

이 협약으로 인해 생물다양성의 보전과 지속가능한 이용에 대한 세계 각국의 노력이 진행되었고 타국의 생물자원을 이용할 경우 이에 상응한 보상을 하도록 하여 일부 국가에 의한 종 및 유전자원의 수탈을 방지하는 데에 도움이 되고 있습니다. 다만 과거 탐험이라는 이름으로 혹은 제국주의 시절 식민지 경영이라는 명목 하에 수탈해간 많은 유전자원은 문화재와 마찬가지로 여전히 해결하지 못한 문제입니다.

사막화 방지 협약UNCCD, 1994년

공식명칭은 '심각한 한발 또는 사막화를 겪고 있는 아프리카 국가 등 일부 국가들의 사막화 방지를 위한 유엔 협약'입니다. 이 협약은 기후변화협약UNFCCC, 생물다양성협약UNCBD와 더불어 유엔 3대 환경협약의 하나입니다. 1994년에 채결된 이 협약의 배경에는 1960대부터 근 30년간 지속되었던 아프리카의 심각한 사막화 현상이 있습니다. 하지만 사막화는 비단 아프리카만의 문제가 아니며, 세계 곳곳의 건조지에서 광범위하게 발생하는 문제입니다. 우리나라는 2011년 창원에서 제10차 당사국 회의를 개최한 바 있습니다. 한국은 1960년대 이래로 산림녹화를 성공적으로 진행한 세계적으로 유례없는 나라로서 우리의 우수한 조림 및 산림관리기술을 사막화에 어려움을 겪고 있는 국가들에게 지원하는 사업을 진행하고 있습니다.

기후변화협약UNFCCC과 파리협정, 1992~2015

기후변화에 관한 유엔 기본 협약United Nations Framework Convention on Climate Change, UNFCCC는 지구 온난화의 원인물질인 온실가스의 배출량을 줄이기 위한 국제협약입니다. 1992년부터 시작해 2015년 파리협정에 이르기까지 다사다난한 협약과정을 거쳐 왔습니다. 미국 등 주요국이 빠지고 기한 연장에 실패한 1997년의 교토 의정서와 달리, 파리협정은 2015년 12월 12일에 미국을 포함한 195개국이 채택하여 체결이 성사되었습니다. 이후 미국의 트럼프 대통령은 파리협정 탈퇴를 선언했지만 후임인 바이든 대통령은 협정에 다시 복귀하였습니다.

파리협정에서 지구 온난화에 따른 기온 상승 폭을 산업혁명 전 대비 2℃ 이내로 제한하기 위한 세계 각국의 온실가스 배출 감축 노력을 명시하였습니다. 우리나라는 세계 7위의 온실가스 배출국가로서 파리협정의 주요 이해당사자이기도 합니다. 문재인 대통령이 "2050년 탄소중립 달성"을 선언함에 따라 앞으로 우리나라의 파리협정 이행에 속도가 붙을 것으로 예상됩니다.

미나마타 협약Minamata Convention on Mercury, 2017년

미나마타병의 원인물질이며, 장거리 이동과 생체 축적성이 높은 대표적인 유해물질인 수은의 사용과 배출량 감소를 목적으로 합니다.

위에 언급한 국제협약 외에도 오늘날 인류가 처한 환경위기의 실체와 그 원인을 과학적으로 규명하여 극복방안을 제시하려는 여러 국제적 노력이 진행되어 왔습니다.

새천년생태계평가MA, Milennium Ecosystem Assessment

서기 2000년, 인류는 새천년의 첫해를 맞이합니다. 그리고 UN의 주도로 세계 전문가들이 모여 지구생태계에 대한 종합평가서를 작성하기 시작했습니다. 그로부터 5년 후 새천년생태계평가 보고서가 출간되었습니다. MA는 지구생태계에 대한 현황평가를 넘어, 생태계와 사람과의 관계에 주목합니다. '자연보호', '생태계 보존'이 구호와 감성에 머물지 않고 우리 인류의 삶과 정치경제 그리고 안전과 불가분의 관계가 있음을 얘기합니다. 특히 MA는 생태계가 인간에게 네 가지 필수적인 서비스를 주어 왔다고 얘기합니다. 식량, 물, 자원을 제공하는 공급서비스, 대기질, 수질, 홍수, 기후 등의 조절서비스, 생태관광, 여가, 경관미를 포함하는 문화서비스, 마지막으로 위의 세 가지 서비스가 유지되는 데에 필요한 광합성, 물질순환, 서식지 공급 등의 지원서비스입니다. 이들 생태계의 서비스가 원활히 작동할 때 인류는 건강하고 안전하고 자유로워집니다. 즉 생태복지를 누리게 됩니다.

기후변화에 관한 국제간 협의체 IPCC, The Intergovernmental Panel on Climate Change

1988년에 설립된 이래로 인류가 당면한 기후변화의 위험을 평가하는 임무를 맡아 왔습니다. IPCC는 UNFCCC 활동을 뒷받침하는 보고서를 발표해 왔고, 기후변화 논쟁과 토론에 필요한 공신력 있는 과학적 증거들을 제공함으로써, 기후변화협약을 성사시키는 데에 큰 기여를 하였습니다. 이에 2007년 노벨평화상 수상자로 선정됩니다. 1990년에 처음 발간된 IPCC 평가보고서는 2021년까지 총 6차에 걸쳐 수정 보완되면서 기후변화의 실태와 원인, 전망, 대책에 관한 광범위한 과학적 증거와 견해들을 제공해 왔습니다.

생물다양성과학기구 IPBES, The Intergovernmental Science-Policy Platform on Biodiversity and Ecosystem Services

IPCC는 기후변화협약 UNFCCC 의 과학적 자문을 담당해 왔습니다. 유사하게 생물다양성협약 CBD 을 뒷받침하기 위한 기구로써 2012년 UNEP의 주도 하에 IPBES가 설립되었습니다. IPBES는 생물다양성과 생태계 서비스 분야의 과학연구 결과를 종합적으로 평가하여 정책의 수립과 이행을 지원하는 제반 역할을 담당하고 있습니다. 향후 기후변화협약에 상당한 영향을 미쳐온 IPCC처럼, IPBES도 생물다양성 관련 국제협상과 정책수립에 큰 영향을 미칠 것이라 예상합니다. IPBES는 '역량강화', '지식 및 데이터', '토착민 지역공동체' 등 3개 대책위원회 TF 로 구성되며, 그중 '지식 및 데이터' 부문의 상설기술지원단을 우리나라의 국립생태원에 유치하여 운영하고 있습니다.

문제와 마주하기

환경문제 해결을 위한 여러 국제적 노력은 환경의 중요한 특징인 시차성, 광역성, 상호연관성을 보여준 사례입니다. 오존홀, 황사, 미세먼지, 산성비, 지구 온난화, 해양쓰레기, 원자력발전소 사고 등의 문제에서 알 수 있듯이 바다와 대기에 배출된 물질은 국경을 넘어 광역적으로 영향을 미칩니다. 또한 이 문제들은 징후가 나타나고 해결의 실마리가 보이기까지 짧으면 수년에서 길게는 백 년 이상의 오랜 시간이 걸립니다. 이런 이유로 문제의 해결을 위해서 여러 나라가 협력해야 하고, 이미 폐기물을 많이 배출했고 해결할 기술력을 가진 나라와 그렇지 않은 나라 간의 갈등을 조정해야 하는 험난한 협상 과정을 거치게 됩니다.

우리는 일상생활 속에서 크고 작은 여러 문제에 봉착하며 살아갑니다. 문제를 해결하기도 하고 실패하기도 하고 그냥 안고 가기도 하고 모른 척 외면하기도 합니다. 문제의 원인이 분명하고 관계가 단순하고 경계가 작을수록 해결의 실마리는 커집니다. 반대로 원인이 불명확하거나 관계가 복잡하거나 경계가 넓은 경우엔 해결하기가 매우 곤란해집니다. 따라서 문제해결에 앞서 문제의 원인과 관계와 경계를 파악하고자 '무엇이 문제인가?'라는 질문을 던지게 됩니다.

오존홀 문제에 대처한 몬트리올 의정서는 지구 규모의 환경문제 해결 가능성을 보여준 가장 성공한 국제환경협약으로 손꼽히고 있습니다. 오존홀 모니터링, 오존파괴물질 사용금지, 대체물질 개발 등 원인이 명확하고 관계가 단순하고 관여한 물질과 사회경제활동 파급력이 제한적이라 해결책을 제안하고 실행에 옮기는 데에 저항이 크지 않았기 때문입니다.

반면에 유엔의 3대 환경협약이라 불리는 사막화, 생물다양성, 기후변화 문제는 해결의 실마리가 상당히 불확실한 상황입니다. 원인과 관계가 복잡하고 자연생태계는 물론 사회경제정치 영역이 복잡하게 얽혀 있어 문제의 경계가 불분명합니다. 따라서 과학과 공학만으론 문제를 해결할 수 없습니다. 사회정치 분야를 비롯해 철학과 예술예능 분야에 이르기까지 그간 우리 인류가 발전시켜온 모든 학문과 기술을 융합하는 창의적인 해결책이 필요합니다.

이들 문제는 인류의 발전 과정에서 파생하여 생겨난 것입니다. 하지만 엎질러진 물과 같아서 그간의 발전성과를 모두 토해낸다고 해도 다시 원래로 되돌릴 수는 없습니다. 인구증가를 완화하고 자원 사용량을 줄이되 재순환을 극대화하여 폐기물량을 줄임으로써 자연생태계의 회복능력을 크게 훼손하지 않는 것이 먼저입니다. 이미 벌여놓은 일만으로도 환경의 변화를 막거나 피할 수 없는 상황입니다. 변화의 과정과 이유를 이해하려는 노력을 지속하면서, 너무 나쁘지 않은 새로운 상태에서나마 땅과 물과 대기와 생물다양성을 안정시켜 나가는 것이 최선의 방안일 겁니다. 지난 오류를 되새기며 다가오는 변화를 마주하고, 환경위기로부터 생존의 희망을 찾아가는 우리 인류의 도전은 이미 시작되었습니다.

맺음말 - 변화의 이유

기후, 에너지와 물질, 생물다양성을 아우르는 자연환경을 비롯해 문화적 전통을 포함한 사회와 경제환경, 사람 혹은 집단 간의 대립과 분쟁을 풀어가는 정치환경 등 우리는 복잡한 환경 속에서 살아가고 있습니다. 이 모든 환경으로부터 완벽하게 고립된 삶을 상상할 수 있을까요? 한바다 외딴 섬의 로빈슨 크루소도, 티베트 산악동굴의 묵언 수행승에게도 불가능한 얘기입니다.

우주의 먼지와 가스로부터 우리의 태양과 지구라는 행성이 탄생한 후로 지구의 기후는 끊임없이 변화해 왔습니다. 지각은 생성과 소멸을 거듭하였고, 이는 대륙을 움직이는 힘이 되었습니다. 그 와중에 끝없는 생물의 진화는 흥망성쇠의 수레바퀴를 돌리듯 여러 생물의 등장과 소멸을 이끌었습니다.

장구한 지구 역사에서 현생인류의 탄생과 번영은 찰나와 같은 최근의 일이라, 우리 인류는 지구환경의 장대하고 때론 극적이었던 변화의 대부분을 경험하지 못했습니다. 다만 화석과 지각의 흔적으로부터 그 변화의 크기와 규모를 가늠하여 오늘과 비교해볼 뿐입니다. 그로부터 우리가 알게 된 사실이 있습니다. “변화는 지속 중이며 점차 빨라지고 있는데 오늘날 그 변화를 추동하는 주된 힘은 바로 우리 인류에게 있다”는 것입니다. 이제 인류는 지구 생태계의 일개 생물종이 아니라 지구의 역사를 써가는 핵심종이 되었습니다.

한껏 늘어났고 앞으로 더 늘어날 인구는 편리한 생활에 필요한 에너지와 자원을 더 많이 요구할 것입니다. 그리고 온갖 폐기물을 자연에 배출할 겁니다. 이미 먼지, 온실가스, 물과 식량, 광물과 에너지, 그리고 폐기물은 사회의 안전을 위협하는 수준을 넘어, 간혹 분쟁의 씨앗이 되곤 합니다. 우리는 불안한 마음으로 앞으로 닥쳐올 기후변화가 우리와 우리 아이들 세대에 어떤 영향을 미칠지 염려하고 있습니다.

아이러니하게도 이러한 불안과 긴장, 분쟁 속에서 문제해결의 싹이 자라고 있습니다. 급격한 서식 환경의 변화가 자연의 선택압을 높여 폭발적인 종의 멸종과 진화를 이끌었던 것처럼, 인류가 유발한 환경변화는 거꾸로 우리의 생활, 사고, 행동의 변화를 요구하고 있습니다. 재활용, 쓰레기 분리수거 등 온갖 환경규약들이 우리 생활에 스며들었고 기후변화협정은 서서히 위력을 발휘하며 국가의 사회경제정책 변화를 견인하고 있습니다.

이미 우리는 어수선함 속에서 희망의 싹을 틔우고 키워갈 미래로의 여정에 들어섰습니다. 인류의 이 새로운 여행은 비록 고달프겠지만 외롭지는 않을 것입니다. 과학적 탐구와 지식이 디딤돌이 될 것이며 문화 예술과 사회정치를 아우르는 우리의 상상력과 의지가 모여들어 횃불이 되어 줄 것입니다. 이처럼 작고 소중한 불씨가 독자분의 마음에 피워 오르길 바라며 우리의 환경 이야기 꾸러미를 매듭짓습니다.

이 책의 구성과 내용에 소중한 의견을 주신 서울대학교 이도원, 연세대학교 강호정 교수님과 구상으로부터 3년의 출간 과정 동안 여러 도움을 주신 북스힐 박상형님께 감사드립니다.

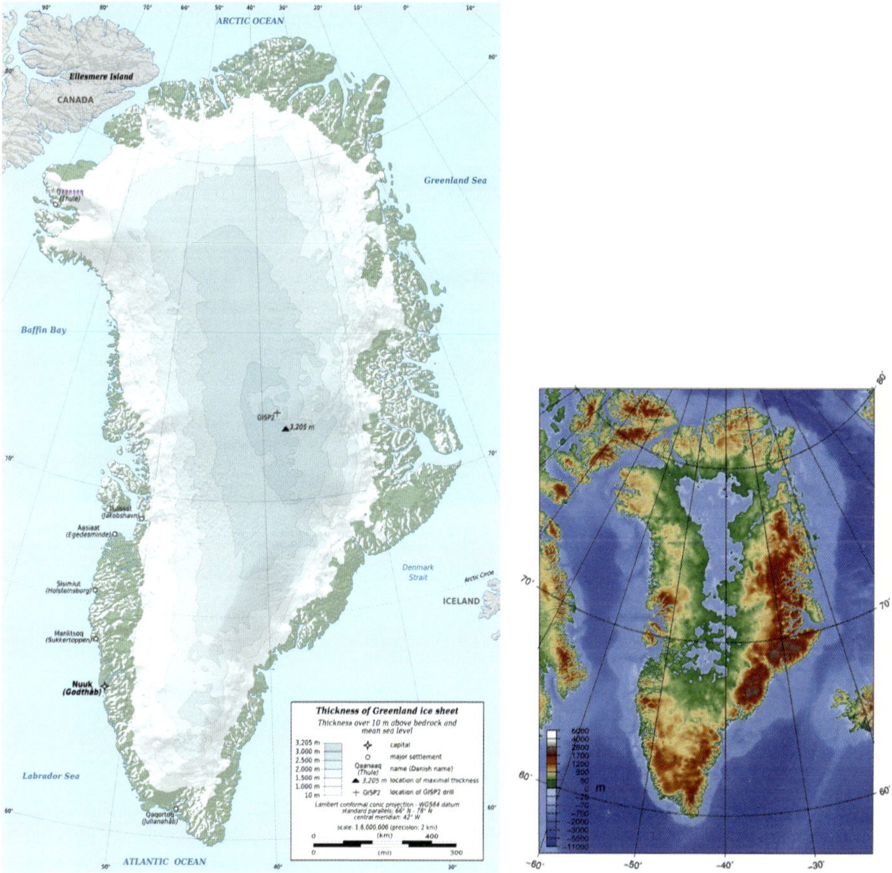

22장 좌 그린란드 빙하. 빙하의 두께가 최대 3000 m에 달합니다. 우 빙하가 없을 시 우리가 보게 될 그린란드 지표의 모습. 현재 그린란드 빙하의 부피는 약 260만 세제곱미터이며, 모두 녹을 시 해수면을 5~7 m 상승시킬 수 있습니다. 출처: Wikipedia[52,53]

22장 1991년 6월 12일의 피나투보 화산폭발 장면미국 지질조사국 Dave Harlow 촬영. 6월 15일의 폭발은 더 큰 규모의 재앙적 수준이었고, 화산재는 35 km 상공까지 치솟아 성층권에 다량의 먼지를 불어 넣었습니다. 출처: USGS, Wikipedia[54]

22장 2008년 파나투보 호수의 전경. 1991년 화산폭발 후에 빗물이 고여 만들어진 분화구 호수, 즉 칼데라 호수입니다. 백두산 천지도 칼데라 호수입니다.

출처: USGS, Wikipedia[55]

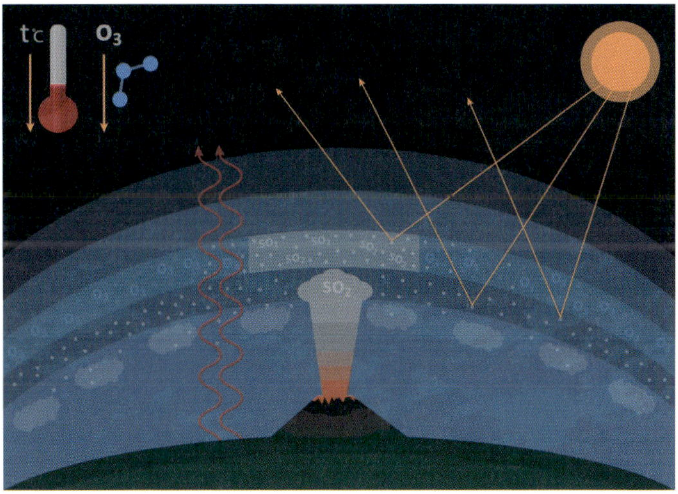

22장 화산폭발에 의해 성층권으로 분출된 이산화황이 오랜 시간동안 머물면서 햇빛을 차단하여 대기의 온도를 낮추는 역할을 합니다. 저작권 구입

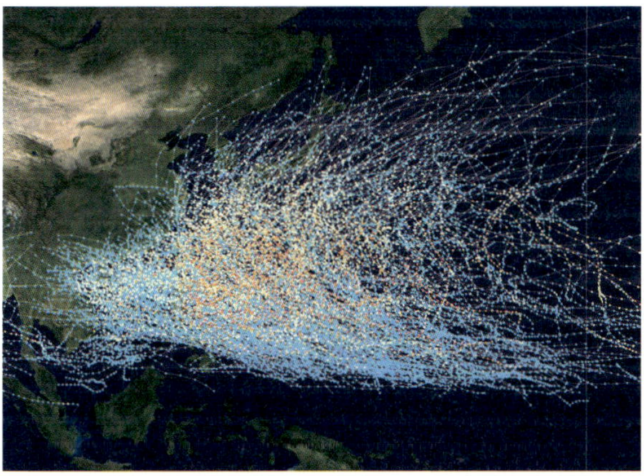

23장 좌 1980년부터 2005년 사이에 발생한 태풍의 진행경로와 강도붉은색일수록 강함. 강한 태풍은 주로 필리핀 동쪽 해상에서 발생해 우리나라와 일본쪽으로 북동진합니다. 우 2002년 8월 31일 한반도 전역을 뒤덮은 태풍 루사Rusa의 MODIS 위성사진. 초속 56.7 m의 강풍과 영동지방에 최고 871 mm의 강우량, 200명이 넘는 인명피해를 초래한 강력한 태풍이었습니다. 한편 2002년의 태풍 루사와 2003년의 태풍 매미는 다량의 토사를 하천에 유입시켜 탁수문제를 유발한 계기가 되었습니다. 출처: Wikipedia[56,57]

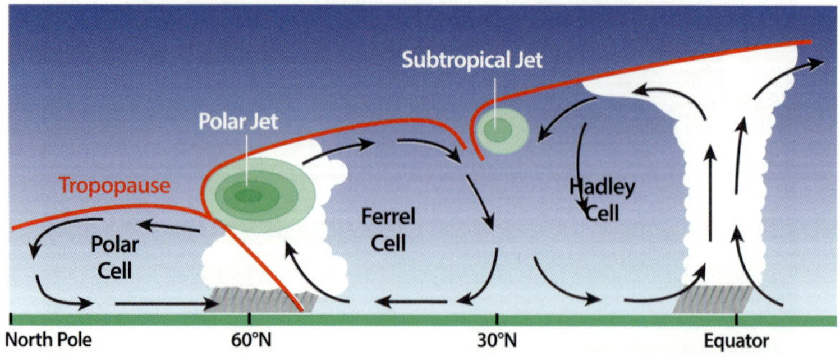

23장 위 극제트류polar jet와 아열대제트류subtropical jet의 발생 개념도. 대기 대순환 과정에서 대기 상층부에서 북쪽으로 이동하는 공기는 지구자전의 영향으로 동쪽으로 휘어 불어갑니다. 결국 위도 30도와 60도 부근의 대기 상층부에서 강하게 서에서 동으로 불어가는 제트류가 발생합니다. 우 지구를 횡단하는 제트류는 지역적 기압배치에 따라 뱀처럼 요동치며 돌고 있습니다.

출처: Wikipedia[58,59]

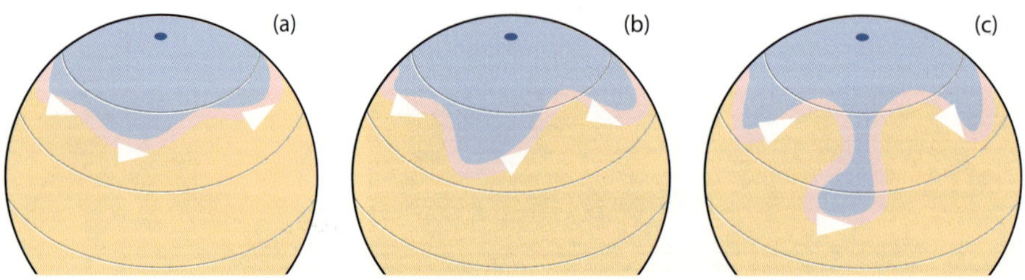

23장 북반구 극소용돌이polar vortex의 변동 개념도. 극지방 찬공기 주변의 강한 극제트류polar jet stream 경로가 변동하는 과정을 그림으로 표현하였습니다. 추운 겨울에 제트류는 남쪽으로 확장하고 상대적으로 따뜻한 여름에 북쪽으로 물러갑니다. 간혹 그림(c)와 같이 소용돌이의 일부가 저위도쪽으로 돌출하여 본문에서 언급했던 것처럼 2019년 1월 미국 중서부 지역의 기록적인 한파가 발생하기도 합니다.

출처: Wikipedia[60]

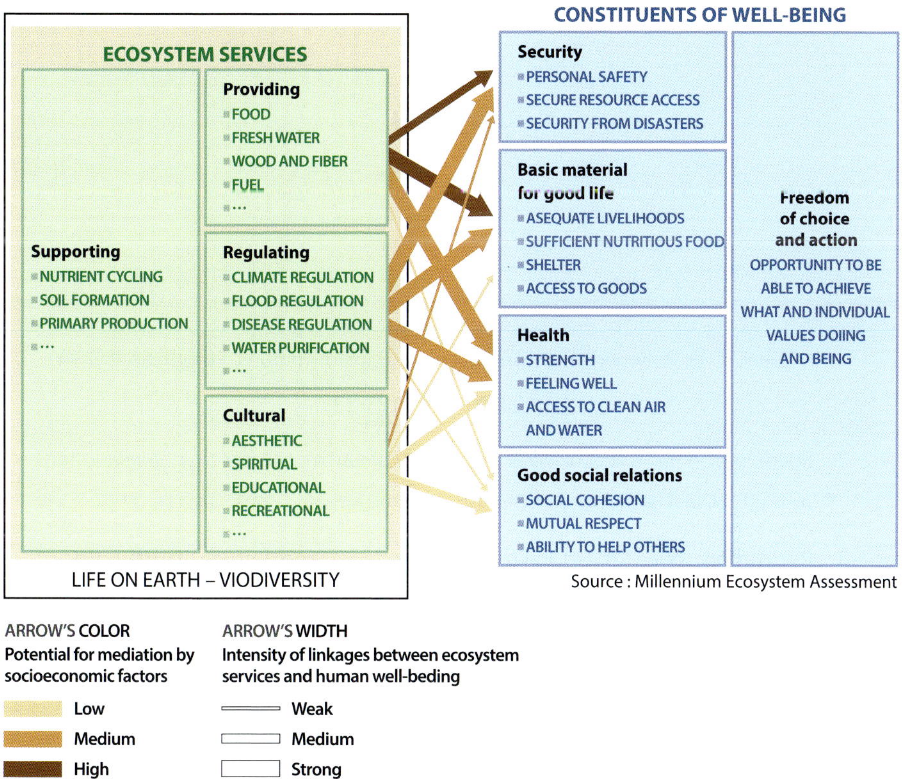

25장 새천년생태계평가MA가 제안한 생태계서비스ecosystem service 체계 개념도입니다. 생태계는 인류에게 '지원, 제공, 조절, 문화적 서비스'을 제공하여 인류의 '안전, 풍요, 건강, 사회적 관계'를 증진합니다. 이로써 인류는 보다 폭 넓은 '선택과 행동의 자유'를 가질 수 있습니다. 그렇지 않은 경우와 비교해 보세요. 위 그림을 보다 쉽게 이해할 수 있습니다. 출처: Millennium Ecosystem Assessment Synthesis Report

참고문헌

1 Nakai, K. 등. Polymersome-to-coacervate transformations. Europhian Plymer Journal. 2017. 94:125-135.

2 Sperling, E..A. 등. The ecological physiology of earth's second oxygen revolution. Annual Review of Ecology, Evolution, and Systematics, 2015. 46:215-235.

3 Ruddiman, W.F. (2014) Earth's Climate: Past and Future. Third Edition. Macmilland Education.

4 Cunliffe, B. (2015) By Steppe, Desert, and Ocean: The Birth of Eurasia. Oxford University Press.

5 Sixth Assessment Report of IPCC (2021) Climate Change 2021: The Physical Science Basis.

6 Townsend, C.R., Megon M., Harper, J. (2011) Essentials of Ecology. 정연숙 외 역서, 핵심생태학, 월드사이언스.

7 황상익 (2013) 수명이야기(1). 다산포럼(www.dasan.org).

8 유엔식량기구(UNFAO). Desert locust crisis 2020-2021. www.fao.org/locusts/en/.

9 Manco, Jean (2013) Ancestral Journeys: The Peopling of Europe from the First Venturers to the Vikings. Thames & Hudson.

10 이상희, 윤신영 (2015) 인류의 기원. 사이언스 북스.

11 "Fourth and last expedition" in contents from Wikipedia on Alfred Wegener.

12 Cochran G., Harpending, H. (2009) The 1000 Year Explosion: How Clvilization Accelerated Human Evolution. 김명주 역. 1만년의 폭발. 글항아리.

13 레프 구밀료프 (2016) 상상의 왕국을 찾아서. 권기돈 역. 새물결.

14 Anderson, D.G., Maasch, K.A., Sandweiss, H. (2007) Climate Change & Cultural Dynamics: a global perspective on mid-holocene transitions. Academic Press.

15 Matsumura, S., Kosaka, Y. (2019) Arctic-Eurasian climate linkage induced by tropical ocean variability. Nature Communications, 10: 3441.

16 Hengst, D. (2009) The dodo and scientific fantasies: durable myths of a tough bird. Archives of Natural History. 36:136-145.

17 Rich, E.E. (1955) Russia and the colonial fur trade. The Economic History Review New Series. 7:307-328.

18 윤희숙 (1979) 아편전쟁이전의 중, 영무역에 대한 고찰. 성균관대학교 석사학위 논문.

19 찰스 디킨스 (1854) 어려운 시절.

20 벤저민 리버만, 엘리자베스 고든 (2018) 시그널. 진성북스.

21 UN 세계 도시화 전망 보고서: 2018년 개정판 (2019).

22 최기련 (2018) 에너지와 기후변화. 자유아카데미.

23 BP statistical review of world energy (2013).

24 환경부 환경용어사전(http://me.go.kr).

25 국제에너지기구 (2017) 세계에너지전망.

26 Agora Energiwende (2020) The European power sector in 2019.

27 국제원자력기구(IAEA) Power Reactor Information System, "Nuclear Share of Electricity Generation in 2019".

28 국제원자력기구, “Chernobyl: Looking Back to Go Forward”, Proceedings of an International Conference, Vienna, 2005.

29 세계보건기구(WHO) (2016) “1986-2016: Chernobyl at 30”

30 Brumfiel, G. (2011) “Directly comparing Fukushima to Chernobyl” in Nature Newsblog.

31 국제원자력기구, "Fukushima Nuclear Accident Update Log" in April, 2011.

32 Schneider, M., Froggatt, A. (2019) "The World Nuclear Industry Status Report 2019". A Mycle Schneider Consulting Project.

33 Sternberg, T. 2010. Unravelling Mongolia's extreme winter disaster of 2010. Nomadic Peoples, 14(1): 72-86.

34 Zhang, X.Y. 등 (2003) Sources of Asian dust and role of climate change versus desertification in Asian dust emission. Geophysical Research Letters 30, doi:10.1029/2003GL018206.

35 Kimura, R. and Shinoda, M. (2010) Spatial distribution of threshold wind speeds for dust outbreaks in northeast Asia. Geomorphology 114: 319-325.

36 Sato, T. 등 (2007) Water sources in semiarid northeast Asia as revealed by field observations and isotope transport model. Journal of Geophysical Research, 112: DOI:10.1029/2006JD008321.

37 Chen, F. 등 (2020) Asian dust-storm activity dominated by Chinese dynasty changes since 2000 BP. Nature Communications, DOI: 10.1038/s41467-020-14765-4.

38 존 스타인벡 (1939) 분노의 포도.

39 Eldevochir, E. (2016) Livestock statistics in Mongolia. FAO Asia and Pacific Commission on Agricultural Statistics, 16, 6.3.5.

40 Kang, W. 등 (2020) Assessing the degree of land degradation and rehabilitation in the Northeast Asia dryland region using net primary productivity and water use efficiency. Land Degradation & Development, DOI: 10.1002/ldr.3506.

41 이윤경 (2014) 한국 호수의 주질지표 개발 연구. 강원대학교 박사학위 논문.

42 Small, I. 등 (2001) Acting on an environmental health disaster: the case of the Aral Sea. Environmental Health Perspectives. 109:547-549.

43 Keysr, D. (2009) UNEP Meeting on the 'Diagnostic Study for the Development of an Action Plan for the Rehabilitation of the Aral Sea Basin', held in the Palais des Nations, Geneva, Switzerland, from 31 August to 4 September 1992. Environmental Conservation. 19:282.

44 강신규 등 (2018) 생명환경과학. 씨아이알.

45 이종범 등 (2014) 인간과 환경. 북스힐.

46 농촌진흥청 농약안전시스템. http://pis.rda.go.kr

47 Rachel Carson (1962) Silent Spring.

48 U.S. Food and Drug Administration (2017), Pesticide Residue Monitoring Program, Fiscal Year 2017 Pesticide Report.

49 http://www.panthalassa.org/the-trash-isles-an-official-country/

50 Bullard, J.E. 등 (2021) Preferential transport of microplastics by wind. Atmospheric Environment. 245:1352-2310.

51 Donahue, M.J. 등 (2019) Evaluating exposure of northern fur seals, Callorhinus ursinus, to microplastic pollution through fecal analysis. Marine Pollution Bulletin. 138:213-221.

52 https://venturebeat.com/2019/07/29/google-announces- winners-of-the-2019-google-science-fair/.

53 Singha, S. 등 (2021) Novel bioplastic from single cell protein as a potential packaging material. ACS Sustainable Chemistry et Engineering. 9:6337-6346.

54 Naharki, K. and Regmi, S. (2020) Risk assessment of pesticidal toxicity and threats on pollinators: A review on honey bee. Turkish Journal of Agriculture - Food Science and Technology. 8:2556-2561.

55 Gisder, S. and Genersch, E. (2021) Direct Evidence for Infection of Varroa destructor Mites with the Bee-Pathogenic Deformed Wing Virus Variant B, but Not Variant A, via Fluorescence In Situ Hybridization Analysis. Journal of Virology. 95:

56 Cornelissen, B. 등 (2019) Global warming promotes biological invasion of a honey bee pest.. Global Change Biology. 25:3642-3655.

57 Proffitt, K.M. 등 (2010) Spatio-temporal overlap between Yellowstone bison and elk - implications of wolf restoration and other factors for brucellosis transmission risk. Journal of Applied Ecology. 47:281-289.

58 Nichols, J.E. (1951) Rabbit control in Australia: Problems and possibilities. Nature. 168:932-934.

59 우동걸 등. 2015. 눈 위 발자국 추적을 통한 담비의 겨울철 생태특성 파악. 환경영향평가: 24:532-548.

60 Ball, G.C. (2020) Protecting biodiversity and economic returns in resource-rich tropical forests. Conservation Biology. 35:263-273.

61 김범근 등 (2014) 육질등급별 한우의 물리화학적 및 관능적 특성. 한국식품과학회지. 33:287-293.

62 이재훈 (2010) valuation of detection methods and characterization of Shiga toxin producing *Escherichia coli* (STEC). 건국대학교 대학원 석사학위 논문.

63 김경태 (2005) Ecological Footprint를 활용한 도시환경용량평가. 경북대학교 석사학위 논문.

64 최기섭 (2008) 약독화 두창 백신 개발을 위한 research bank 구축. 질병관리본부 연구보고서.

65 박흥식 (2011) 중세 말기 유럽의 성직자와 교회에 미친 흑사병의 영향. 서양사연구. 44:41-82.

66 Marr, J.S. (2013) The 1802 Saint-Domingue yellow fever epidemic and the Louisiana purchase. Journal of Public Health Management and Practice. 19:77-82.

67 스티브 존슨 (2008) 감염지도. 김영사 (김명남 역).

68 Tabucanon, G.M.P. 등 (2014) Protection for resettled island populations: The Bikini resettlement and its implications for environmental and climate change migration. Journal of International Humanitarian Legal Studies. 5:7-41.

69 Chamie, K. 등 (2008) Agent Orange exposure, Vietnam War veterans, and the risk of prostate cancer. Cancer. 113:2464-2470.

70 https://www.wise-geek.com/what-is-yellow-rain.htm.

71 네이버 영화(http://movie.naver.com).

72 기상청 기상자료개방포털(http://data.kma.go.kr).

73 기상청 국가태풍센터, 한반도 영향태풍 분석보고서 2019.

74 기상청 기후분석정보 (2020년 12월호).

75 Kim, H.C. 등 (2017) Recent increase of surface particulate matter concentrations in the Seoul Metropolitan Area, Korea. Scientific Reports. 7:4710.

76 Negrel, D.C. and Klwindorfer, S. (2021) Behavioural response to songs between genetically diverged allopatric populations of Darwin's small tree finch in the Galápagos. Journal of Evolutionary Biology. 34:816-829.

77 Gossag, A.M. (1912) Human evidence of evolution. Scientific American. 73:294-295.

78 Statham, M.J. 등 (2014) Range-wide multilocus phylogeography of the red fox reveals ancient continental divergence, minimal genomic exchange and distinct demographic histories. Molecular Ecology. 23:4813-4830.

79 Goodall, J. and Berman. P. (1999) Reason for hope: a spiritual journey. 박순영 역. 희망의 이유. 궁리

그림과 사진의 출처

1. commons.wikimedia.org/wiki/File:HohRiverTrail_7322.jpg
2. commons.wikimedia.org/wiki/File:Blue_Linckia_Starfish.JPG
3. commons.wikimedia.org/wiki/File:Genetic_engineering_logo.png
4. commons.wikimedia.org/wiki/File:Golden_Rice.jpg
5. commons.wikimedia.org/wiki/File:The_Grapes_of_Wrath_(1939_1st_ed_cover).jpg
6. en.wikipedia.org/wiki/File:Dust_Bowl_-_Dallas,_South_Dakota_1936.jpg
7. en.wikipedia.org/wiki/File:Farmer_walking_in_dust_storm_Cimarron_County_Oklahoma2.jpg
8. commons.wikimedia.org/wiki/File:Monaco_by_night.JPG
9. commons.wikimedia.org/wiki/File:TariatLandscape.jpg
10. en.wikipedia.org/wiki/Population_density#/media/File:World_human_population_density_map.png
11. population.un.org/wpp
12. en.wikipedia.org/wiki/World_population#/media/File:World_population_(UN).svg
13. commons.wikimedia.org/wiki/File:Wegener_Expedition-1930_026.jpg
14. commons.wikimedia.org/wiki/File:De_Wegener_Kontinente_018.jpg
15. commons.wikimedia.org/wiki/File:Vostok-ice-core-petit.png

16 commons.wikimedia.org/wiki/File:Younger_Dryas_temperature_variation.png.

17 commons.wikimedia.org/wiki/File:Spatial_distribution_of_rice,_millet_and_mixed_farming_sites_with_a_boundary_of_rice_and_millet_and_possible_centers_of_agriculture.png.

18 commons.wikimedia.org/wiki/File:Zhujiangrivermap.png

19 upload.wikimedia.org/wikipedia/commons/1/10/20090529_Great_Wall_8185.jpg

20 pixabay.com/ko/photos/도도-새-멸종-된-페인트-등-259248

21 commons.wikimedia.org/wiki/File:Flag_of_Irkutsk_Oblast.svg

22 commons.wikimedia.org/wiki/File:Sable_skins_Bargusinski.jpg

23 국회의사당(오르세미술관 소장); 워털루다리(캐나다국립미술과 소장)

24 commons.wikimedia.org/wiki/File:LondonSmog.jpg

25 commons.wikimedia.org/wiki/File:IAEA_02790015_(5613115146).jpg

26 commons.wikimedia.org/wiki/File:Fukushima_I_by_Digital_Globe.jpg

27 commons.wikimedia.org/wiki/File:Smog_over_Almaty.jpg

28 commons.wikimedia.org/wiki/File:Fanhe_Town_10_day_interval_contrast.png

29 commons.wikimedia.org/wiki/File:Min_ozone.jpg

30 commons.wikimedia.org/wiki/File:Alder_showing_ozone_discolouration.jpg

31 commons.wikimedia.org/wiki/File:Ozone_cracks_in_tube1.jpg

32 commons.wikimedia.org/wiki/File:ChinaDustOverEastAsia.jpg

33 commons.wikimedia.org/wiki/File:Aral_Sea_1989-2008.jpg

34 commons.wikimedia.org/wiki/File:CottonPlant.JPG

35 https://commons.wikimedia.org/wiki/File:CottonPlant.JPG

36 https://commons.wikimedia.org/wiki/File:Microcystis_aeruginosa.jpeg
https://commons.wikimedia.org/wiki/File:Anabaena_sperica2.jpg

37 North American Lake Management Society

38 commons.wikimedia.org/wiki/File:1955._Fort_tri-motor_spraying_DDT._Western_spruce_budworm_control_project._Powder_River_control_unit,_OR._(32213742634).jpg

39 commons.wikimedia.org/wiki/File:DDT_WWII_soldier.jpg

40 commons.wikimedia.org/wiki/File:The_build_up_of_toxins_in_a_food_chain.svg

41 commons.wikimedia.org/wiki/File:Albatross_at_Midway_Atoll_Refuge_(8080507529).jpg

42 pixabay.com/ko/photos/벌-곤충-꽃-넥타-꿀벌-515023/

43 en.wikipedia.org/wiki/Almond#/media/File:Almondtrees.jpg

44 pixabay.com/ko/photos/늑대-바이슨-물소-둘러싸인-80497/

45 commons.wikimedia.org/wiki/File:Asian_Black_Bear_area.png

46 commons.wikimedia.org/wiki/File:Formosan_black_bear_suckling_cubs.jpg

47 ko.wikipedia.org/wiki/대장균#/media/파일:EscherichiaColi_NIAID.jpg

48 commons.wikimedia.org/wiki/File:Coronavirus._SARS-CoV-2.png

49 commons.wikimedia.org/wiki/File:1346-1353_spread_of_the_Black_Death_in_Europe_map.svg

50 upload.wikimedia.org/wikipedia/commons/5/54/Atomic_bombing_of_Japan.jpg

51 en.wikipedia.org/wiki/Agent_Orange#/media/File:110303-F-XN622-007_U.S._Air_Force_aircraft_spraying_defoliant.JPG

52 commons.wikimedia.org/wiki/File:Greenland_ice_sheet_AMSL_thickness_map-en.png

53 commons.wikimedia.org/wiki/File:Topographic_map_of_Greenland_bedrock.jpg

54 commons.wikimedia.org/wiki/File:Pinatubo91eruption_plume.jpg.

55 commons.wikimedia.org/wiki/File:Mount_Pinatubo_20081229_01.jpg

56 commons.wikimedia.org/wiki/File:Pacific_typhoon_tracks_1980-2005.jpg.

57 commons.wikimedia.org/wiki/File:Yutu_2018-10-24_1610Z.jpg

58 commons.wikimedia.org/wiki/File:Jetcrosssection.svg

59 commons.wikimedia.org/wiki/File:Jetstreamconfig.jpg

60 commons.wikimedia.org/wiki/File:Jetstream_-_Rossby_Waves_-_N_hemisphere.svg

찾아보기

ㄴ

ㄷ

ㄹ

ㅁ

ㅂ

ㅅ

ㅇ

ㅈ

ㅊ

ㅋ

ㅌ

ㅍ

ㅎ

기타

인간과 환경

문제와 희망을 엿보다

초판 1쇄 발행 2022년 9월 5일
초판 2쇄 발행 2025년 2월 5일

지은이 강신규 · 안태석 · 곽경환
김범철 · 김희갑 · 한영지
펴낸이 조승식
펴낸곳 도서출판 북스힐
등록 1998년 7월 28일 제22-457호
주소 서울시 강북구 한천로 153길 17
전화 02-994-0071
팩스 02-994-0073
홈페이지 www.bookshill.com
이메일 bookshill@bookshill.com

값 18,000원
ISBN 979-11-5971-447-4

Published by bookshill, Inc. Printed in Korea.